建筑工程CAD制图丛书

建筑电气

CAD制图（第二版）

孙成明　付国江　编著

化学工业出版社

·北京·

本书主要介绍 AutoCAD 应用基本知识、电气工程图的基本知识及各种绘图技巧。讲授 AutoCAD 软件中的各种工具的基本应用及综合图形的绘制和编辑方法。通过丰富的实例讲解电气工程图中强电系统和弱电系统的系统图和平面图绘制过程及相关技术知识。另外还介绍了天正电气软件的各种图库及工具在电气工程图绘制中的应用。

本书注重简明实用，可供从事建筑电气工程的技术人员使用，也可以作为建筑电气工程相关专业师生的教学参考书。

图书在版编目（CIP）数据

建筑电气 CAD 制图/孙成明，付国江编著 . —2 版 . —北京：化学工业出版社，2016.6（2022.11 重印）

（建筑工程 CAD 制图丛书）

ISBN 978-7-122-26978-2

Ⅰ.①建⋯　Ⅱ.①孙⋯②付⋯　Ⅲ.①建筑工程-电气设备-计算机辅助设计-AutoCAD 软件　Ⅳ.①TU85-39

中国版本图书馆 CIP 数据核字（2016）第 094161 号

责任编辑：左晨燕　　　　　　　　　装帧设计：张　辉
责任校对：边　涛

出版发行：化学工业出版社（北京市东城区青年湖南街 13 号　邮政编码 100011）
印　　装：北京七彩京通数码快印有限公司
787mm×1092mm　1/16　印张 16½　字数 423 千字　2022 年 11 月北京第 2 版第 6 次印刷

购书咨询：010-64518888　　　　　　售后服务：010-64518899
网　　址：http://www.cip.com.cn
凡购买本书，如有缺损质量问题，本社销售中心负责调换。

定　价：58.00 元　　　　　　　　　　　　　　　　版权所有　违者必究

前言

自从《建筑电气 CAD 制图》出版发行以来得到了广大读者的热情支持，取得较好的出版发行效果，有些读者对本书还提出了非常宝贵的建设性意见，尤其是对于天正电气软件的实例等方面。对于读者的热情支持本书作者在此表示深深的谢意。

为了更好地为广大读者服务，满足广大读者的需求，《建筑电气 CAD 制图（第二版）》在原书的基础上进行了修订与增补，除对全书做了进一步的修订外还在原书的基础上做了一些增补。主要是在第十三章天正电气软件介绍中加入了较大量的工程实例。这样可以使本书内容更加全面，尤其是在专业软件广泛应用的今天更为重要，也便于读者更好地学习掌握相关专业技能。

《建筑电气 CAD 制图（第二版）》除对基本内容进行介绍外还配有丰富的实例，具体讲解基本及复杂图形的绘制方法。因 CAD 的功能丰富，本书只是提供基本内容和方法，读者可以根据讲授内容的启发用不同的方法完成绘图。但不论什么方法都应尽可能简便。简洁实用的风格也是本书作者所追求的目标。对电气设计中常出现的问题，本书专门有常见问题解决章节论述。为适应建筑电气行业流行的设计软件的应用，本书还对天正电气设计软件做了比较详细的介绍，并配有丰富的工程实例，以使本书涉及的内容更加广泛、全面，有利于广大读者学习应用。

本书第一章至第八章以及第十一章、第十二章由孙成明编著；第九章、第十章由付国江编著；第十三章由付国江、孙成明共同编著。全书由孙成明统稿。

在本书编著过程中刘美菊、王然冉、李界家、高恩阳、张万江、许可、沈滢、韩慧阳等也做了部分工作。

由于建筑电气技术本身和建筑电气 CAD 绘图技术发展很快，新知识、新技术不断出现，本书篇幅所限不能完全反映新的变化，另外本书编著者水平有限，难免会有一些不足之处，诚恳欢迎读者批评指正。

编著者
2016. 2

第一版前言

计算机技术的发展使各行各业的科技水平得到了极大的提升，建筑电气行业的计算机辅助设计技术也得到了更加广泛的应用。AutoCAD 以及其他一些工程设计软件在建筑电气的设计中起到了主要作用。为适应建筑电气行业本身的迅猛发展和设计软件技术的发展，作者对建筑电气 CAD 制图从基础到提高做了一些归纳梳理，写作风格力求简洁实用，通俗易懂。

本书适合行业内工程技术人员自学使用，也可以作为大专院校教学参考书。全书共分为十三章，除对基本内容进行介绍外还配有丰富的实例，具体讲解基本及复杂图形的绘制方法。因 CAD 的功能丰富，本书只是提供主要的内容和方法，读者可以根据讲授内容的启发用不同的方法完成绘图。但不论采用什么方法都应尽可能简便实用。对电气设计中常出现的问题，本书专门有常见问题解决章节论述。为适应建筑电气行业流行的设计软件的应用，本书还对天正电气设计软件做了比较详细的介绍，以使本书涉及的内容更加广泛，拓宽读者视野。

本书第一章至第八章以及第十一章、第十二章由孙成明编著，第九章、第十章、第十三章由付国江编著，此外，李界家、张万江、王然冉、刘美菊、沈滢、许可、高恩阳也参加了本书的部分工作。全书由孙成明统稿。

由于建筑电气技术本身和建筑电气 CAD 绘图技术发展很快，新知识新技术不断出现，本书篇幅所限不能完全反映新的变化。

另外由于作者水平有限，书中难免会有一些不足之处，诚恳欢迎读者批评指正。

编著者

2012. 5. 30

目 录

第一章
建筑电气基本知识

第一节　电气工程施工图纸幅面及其内容表示

一、图幅、图框及标题栏

1. 图幅

图纸幅面代号有五类：A0～A4，幅面的尺寸见表 1-1，其中 B 为宽，L 为长，a 为装订侧边宽，c 为边宽，e 为不留装订边时的边宽。有时，因为特殊需要，可以加长，由基本图幅的短边成整数倍增加幅面，例如图幅代号为 A3×3 的图纸，一边为 A3 幅面的长边 420mm，另一边为 A3 幅面的短边 297mm 的 3 倍，即 297×3＝891mm，如图 1-1 所示。

表 1-1　图纸幅面尺寸　　　　　　　　　　　　　　　　单位：mm

尺寸代号 ＼ 幅面代号	A0	A1	A2	A3	A4
$B×L$	841×1189	594×841	420×594	297×420	210×297
a	25				
c	10			5	
e	20		10		

长边作为水平边使用的图幅称为横式图幅，如图 1-2(a) 所示。短边作为水平边使用的图幅称为立式图幅，如图 1-2(b) 所示。A0～A3 可用横式图幅或立式图幅，A4 只能用立式图幅。

2. 图框

图纸幅面由边框线、图框线、标题栏、会签栏等组成，有不留装订边和留有装订边两种。当不留装订边时，图纸的四个周边尺寸相同，边宽为 e，如图 1-2 所示。对 A0、A1 幅面，周边尺寸取 20mm；对 A2、A3、A4 幅面，则取 10mm，见表 1-1。当留装订边时，装订的一边边宽为 a，其他边宽为 c，如图 1-3

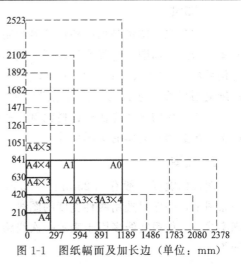

图 1-1　图纸幅面及加长边（单位：mm）

所示。各边尺寸大小按照表 1-1 选取。

加长幅面的图框尺寸，按所选用的基本幅面大一号的图框尺寸确定。

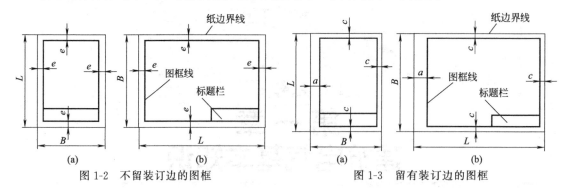

图 1-2　不留装订边的图框　　　　　图 1-3　留有装订边的图框

不留装订边和留装订边图纸的绘图面积基本相等。图框线的线宽要符合表 1-2 的规定。

表 1-2　图框和标题栏的线宽　　　　　　　　单位：mm

图幅代号	图框线	标题栏	
		外框线	分格线
A0　A1	1.4	0.7	0.35
A2　A3　A4	1.0	0.7	0.35

3. 标题栏

标题栏的方位一般是在图纸的右下角，如图 1-2 所示。标题栏的长边应为 180mm，短边宜为 40mm、30mm 或 50mm。标题栏中的文字方向为看图方向，即图中的说明、符号均应以标题栏为准。

标题栏的格式，目前尚无统一的规定，但其内容都大致相同，主要包括：设计单位名称，工程名称，专业负责人，设计总负责人，设计人，制图人，审核人，校对人，审定人，复核人，图名，比例，图号，日期等。

标题栏外框线和标题栏分格线的线宽要符合表 1-2 的规定。

二、绘图比例、线型及字体

1. 比例

大部分电气图都是采用图形符号绘制的（如系统图、电路图等），是不按比例的。但位置图即施工平面图、电气构件详图一般是按比例绘制，且多用缩小比例绘制。通常用的缩小比例系数为：1∶10、1∶20、1∶50、1∶100、1∶200、1∶500。最常用比例为 1∶100，即图纸上图线长度为 1，其实际长度为 100。

对于选用的比例应在标题栏比例一栏中注明。标注尺寸时，不论选用放大比例还是缩小比例，都必须是物体的实际尺寸。

2. 线型

图线的宽度一般有 0.25mm、0.35mm、0.5mm、0.7mm、1.0mm、1.4mm 六种。同一张图上，一般只选用两种宽度的图线，并且粗线宜为细线的 2 倍。实线又可分为粗实线和细实线，一般粗实线多用于表示一次线路、母线等；一般细实线多用于表示二次线路、控制线等。

通常采用的线型见表1-3。

表1-3　线型及用途

名称	线型	用　　途
实线	——————	基本线,简图主要内容用线,可见轮廓线,可见导线
虚线	- - - - - -	辅助线,屏蔽线,机械连接线,不可见轮廓线,不可见导线,计划扩展内容用线
点划线	—·—·—	分界线,结构围框线,功能围框线,分组围框线
双点划线	—··—··—	辅助围框线

3. 字体

图面上有汉字、字母和数字等,书写应做到字体端正、笔画清楚、排列整齐、间距均匀。且应完全符合国家标准 GB/T 14691—1993 的规定。即:汉字采用长仿宋体;字母用直体(正体),也可以用斜体(一般向右倾斜,与水平线成 75°),可以用大写,也可以用小写;数字可用直体(正体),也可以用斜体。字体的号数,即字体的高度(单位:mm)分为 1.8、2.5、3.5、5、7、10、14、20 八种。字体宽度约等于字体高度的 2/3,汉字笔划宽度约为字体高度的 1/5,而数字和字母的笔划宽度约为字体高度的 1/10。

图面上字体的大小,应依图幅而定。一般使用的字体最小高度见表1-4。

表1-4　字体最小高度

图幅代号	A0	A1	A2	A3	A4
字体最小高度/mm	5	3.5	2.5	2.5	2.5

三、标高及方位

1. 标高

在建筑电气和智能建筑工程施工图中,线路和电气设备的安装高度通常用标高表示。标高有绝对标高和相对标高两种表示法。绝对标高又称为海拔标高,是以青岛市外黄海平面作为零点而确定的高度尺寸。相对标高是选定某一参考面或参考点作为零点而确定的高度尺寸。建筑电气和智能建筑工程施工平面图均采用相对标高。它一般采用室外某一平面或某层楼平面作为零点而计算高度。这一标高称为安装标高或敷设标高。安装标高的符号及标高尺寸标注如图 1-4 所示。图 1-4(a) 用于室内平面、剖面图上,表示高出某一基准面 3.000m;图 1-4(b) 用于总平面图上的室外地面,表示高出室外某一基准面 4.000m。

2. 方位

电力、照明和电信平面布置图等类图纸一般是按上北下南,左西右东表示电气设备或建筑物、构筑物的位置和朝向,但在许多情况下,都是用方位标记表示其方向。方位标记如图 1-5所示,其箭头方向表示正北方向(N)。

四、定位轴线

建筑电气与智能建筑工程线路和设备平面布置图通常是在建筑平面图上完成的。在这类图上一般标有建筑物定位轴线。凡承重墙、柱、梁等主要承重构件的位置所画的轴线,称为定位轴线。定位轴线编号的基本原则是:在水平方向,从左到右用顺序的阿拉伯数字;在垂直方向采用英文字母(U、O、Z除外),由下向上编号;数字和字母分别用

图 1-4　安装标高表示方法　　图 1-5　方位标记

点划线引出。定位轴线标注式样如图 1-6 所示。

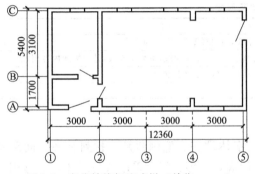

图 1-6　定位轴线标注式样（单位：mm）

通过定位轴线能够比较准确地表示电气设备的安装位置，看图时方便查找。

五、详图

详图可画在同一张图上，也可画在另外的图上，这就需要用一标志将它们联系起来。标注在总图位置上的标记称详图索引标志，标注在详图位置上的标记称详图标志。图 1-7（a）是详图索引标志，其中"$\dfrac{2}{—}$"表示 2 号详图在总图上；"$\dfrac{2}{3}$"表示 2 号详图在 3 号图上。

图 1-7（b）是详图标志，其中"5"表示 5 号详图，被索引的详图就在本张图上；"$\dfrac{5}{2}$"表示 5 号详图，被索引的详图在 2 号图上。

(a) 详图索引标志　　　　　　　　　　(b) 详图标志

图 1-7　详图标注方法

第二节　建筑电气工程施工图的组成和内容

建筑电气是以电能、电气设备和电气技术为手段，创造、维持与改善建筑环境实现某些功能的一门学科，它是随着建筑技术由初级向高级阶段发展的产物。20 世纪 80 年代以后，建筑电气再不仅仅是照明、动力、变配电等内容，而已开始形成以近代物理学、电磁学、电场、电子、机械电子等理论为基础，应用于建筑领域内的一门新兴学科，并在此基础上又发展与应用了信息论、系统论、控制论以及电子计算机技术，向着综合的方向发展。同时，人们根据建筑电气工程的功能和技术的应用，习惯地提出了强电工程和弱电工程。进入 21 世纪，2001 年国家标准《建筑工程施工质量验收统一标准》（GB 50300—2001）颁布实施，正式将建筑电气的强电工程和弱电工程分别定为建筑电气工程和智能建筑工程，成为两个相互独立的分部工程。

一、建筑电气工程

建筑电气工程是为实现一个或几个具体目的且特性相配合的，由电气装置、布线系统和用电设备电气部分的组合。这种组合能满足建筑物预期的使用功能和安全要求，也能满足使用建筑物的人的安全需要。按照《建筑工程施工质量验收统一标准》（GB 50300—2001）的规定，建筑电气工程包括 7 个子分部工程，24 个分项工程，见表 1-5。

二、建筑电气工程图

1. 建筑电气工程施工图的组成

建筑电气工程图主要用来表达建筑中电气工程的构成、布置和功能，描述电气装置的工作原理，提供安装技术数据和使用维护依据。

表 1-5　建筑电气工程分部分项工程划分

分部工程	子分部工程	分项工程
建筑电气	室外电气	架空线路及杆上电气设备安装,变压器、箱式变电所安装,成套配电柜、控制柜(屏、台)和动力、照明配电箱(盘)及控制柜安装,电线、电缆导管和线槽敷设,电线、电缆穿管和线槽敷线,电缆头制作、导线连接和线路电气试验,建筑物外部装饰灯具、航空障碍标志灯和庭院路灯安装,建筑照明通电试运行,接地装置安装
	变配电室	变压器、箱式变电所安装,成套配电柜、控制柜(屏、台)和动力、照明配电箱(盘)安装,裸母线、封闭母线、插接式母线安装,电缆沟内和电缆竖井内电缆敷设,电缆头制作、导线连接和线路电气试验,接地装置安装,避雷引下线和变配电室接地干线敷设
	供电干线	裸母线、封闭母线、插接式母线安装,桥架安装和桥架内电缆敷设,电缆沟内和电缆竖井内电缆敷设,电线、电缆导管和线槽敷设,电线、电缆穿管和线槽敷线,电缆头制作、导线连接和线路电气试验
	电气动力	成套配电柜、控制柜(屏、台)和动力、照明配电箱(盘)及安装,低压电动机、电加热器及电动执行机构检查、接线,低压电气动力设备检测、试验和空载试运行,桥架安装和桥架内电缆敷设,电线、电缆导管和线槽敷设,电线、电缆穿管和线槽敷线,电缆头制作、导线连接和线路电气试验,插座、开关、风扇安装
	电气照明安装	成套配电柜、控制柜(屏、台)和动力、照明配电箱(盘)安装,电线、电缆导管和线槽敷设,电线、电缆穿管和线槽敷线,槽板配线,钢索配线,电缆头制作、导线连接和线路电气试验,普通灯具安装,专用灯具安装,插座、开关、风扇安装,建筑照明通电试运行
	备用和不间断电源安装	成套配电柜、控制柜(屏、台)和动力、照明配电箱(盘)安装,柴油发电机组安装,不间断电源的其他功能单元安装,裸母线、封闭母线、插接式母线安装,电线、电缆导管和线槽敷设,电线、电缆穿管和线槽敷线,电缆头制作、导线连接和线路电气试验,接地装置安装
	防雷及接地安装	接地装置安装,避雷引下线和变配电室接地干线敷设,建筑物等电位连接,接闪器安装

建筑电气工程施工图的种类很多，主要包括：照明工程施工图、变电所工程施工图、动力系统施工图、电气设备控制电路图、防雷与接地工程施工图等。

2. 建筑电气工程图的主要内容

成套的建筑电气工程图的内容随工程大小及复杂程度的不同有所差异，其主要内容一般应包括以下几个部分。

（1）封面　上面主要有工程项目名称、分部工程名称、设计单位等内容。

（2）图纸目录　是图纸内容的索引，主要有序号、图纸名称、图号、张数、张次等。便于有目的、有针对性地查找、阅读图纸。

（3）设计说明　主要阐述设计者应该集中说明的问题。诸如：设计依据、建筑工程特点、等级、设计参数、安装要求和方法、图中所用非标准图形符号及文字符号等。帮助读图者了解设计者的设计意图和对整个工程施工的要求，提高读图效率。

（4）主要设备材料表　以表格的形式给出该工程设计所使用的设备及主要材料。主要包括序号、设备材料名称、规格型号、单位、数量等主要内容，为编写工程概、预算及设备、材料的订货提供依据。

（5）系统图　用图形符号概略表示系统或分系统的基本组成、相互关系及其主要特征的一种简图。系统图上标有整个建筑物内的配电系统和容量分配情况、配电装置、导线型号、截面、敷设方式及管径等。

（6）平面图　是在建筑平面图的基础上，用图形符号和文字符号绘出电气设备、装置、灯具、配电线路、通信线路等的安装位置、敷设方法和部位的图纸，属于位置简图，是安装施工和编制工程预算的主要依据。一般包括动力平面图、照明平面图、综合布线系统平面图、火灾自动报警系统施工平面图等。因这类图纸是用图形符号绘制的，所以不能反映设备的外形大小和安装方法，施工时必须根据设计要求选择与其相对应的标准图集进行。

建筑电气工程中变配电室平面图与其他平面图不同，它是严格依设备外形，按照一定比例和投影关系绘制出的，用来表示设备安装位置的图纸。为了表示出设备的空间位置，这类平面图必须配有、按三视图原理绘制出的立面图或剖面图。这类图我们一般称为位置图，而不能称为位置简图。

（7）电路图　用图形符号并按工作顺序排列，详细表示电路、设备或成套装置的全部基本组成和连接关系，而不考虑其实际位置的一种简图。这种图又习惯称为电气原理图或原理接线图，便于详细理解其作用原理，分析和计算电路特性，是建筑电气工程中不可缺少的图种之一，主要用于设备的安装接线和调试。电路图大多是采用功能布局法绘制的，能够看清整个系统的动作顺序，便于电气设备安装施工过程中的校线和调试。

（8）安装接线图　表示成套装置、设备或装置的连接关系，用以进行接线和检查的一种简图。这种图不能反映各元件间的功能关系及动作顺序，但在进行系统校线时配合电路图能很快查出元件接点位置及错误。

（9）详图　详图（大样图、国家标准图）是用来表示电气工程中某一设备、装置等的具体安装方法的图纸。在我国各设计院一般都不设计详图，而只给出参照××标准图集××图实施的要求即可。如某建筑物的供配电系统设计说明中提出"竖井内设备安装详 90D701-1"，"防雷、接地系统安装详 99D501-1、03D501-3"。"90D701-1"、"99D501-1"、"03D501-3"分别是《电气竖井设备安装》、《建筑物防雷设施安装》、《利用建筑物金属体做防雷及接地装置安装》国家标准图集的编号。

第三节　建筑电气工程图例

一、建筑电气系统图

建筑电气系统各子分部、分项工程的图纸中都包含有系统图。如变配电工程的配电系统图、电力工程的电力系统图、照明工程的照明系统图以及火灾自动报警系统图、建筑设备监控系统图、综合布线系统图、有线电视系统图等。系统图主要反映系统的基本组成，主要电气设备、元件等连接关系及它们的规格、型号、参数等，掌握该系统的组成概况。举典型实例说明如下。

1. 典型楼宇供配电系统

中大型楼宇的供电电压一般采用 10kV，有时也可采用 35kV，变压器装机容量大于 5000kV·A。为了保证供电可靠性，应至少有两个独立电源，具体数量应视负荷大小及当地电网条件而定。两路独立电源运行方式，原则上是两路同时供电，互为备用。此外，必要时还需装设应急备用发电机组。

电力系统中电力的输送与分配，必须由母线、开关、配电线路、变压器等组成一定的供电电路，这个电路就是供电系统的一次结线，即主结线。智能楼宇由于功能上的需要，一般都采用双电源进线，即要求有两个独立电源，常用的高压供电方案如图1-8所示。

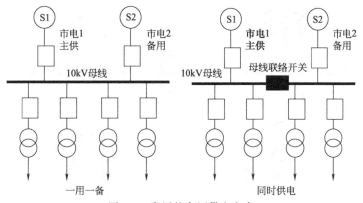

图1-8　常用的高压供电方案

国内外智能楼宇低压配电方案基本上都采用放射式，楼层配电则为混合式。混合式即放射、树干的组合方式，如图1-9所示。有时也称混合式为分区树干式。图1-10为高压配电系统图。表1-6为主要设备表。

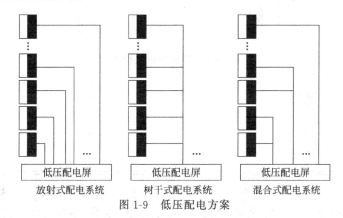

图1-9　低压配电方案

表1-6　主要设备表

序号	名称	型号	序号	名称	型号
1	主变压器	SF7-16000/35	6	35kV侧电压互感器	JCC5-35W
2	35kV侧隔离开关	GW4-35DWV	7	10kV侧断路器	SN10-10/1250
3	35kV侧断路器	SW4-35Ⅱ	8	10kV侧隔离开关	GN19-10/1250
4	35kV侧电流互感器	LCWD1-35	9	10kV侧电流互感器	FZJ-10
5	35kV侧避雷器	FZ-35	10	10kV侧避雷器	FZ-10

图1-11为10kV侧配电系统图，它是图1-10的延续。通过变压器的降压，再将两路电源分配给不同的负荷。表1-7为主要设备表，说明各设备的名称及型号。

表1-7　主要设备表

序号	名称	型号	序号	名称	型号
1	10kV侧电压互感器	JDZJ-10	4	10kV侧汇流母线	LMY37X8
2	10kV侧隔离开关	GW19-10/630	5	旁路母线	LMY37X8
3	补偿电容器	TBB3-10-3000/100	6	10kV侧断路器	SN10-10/630

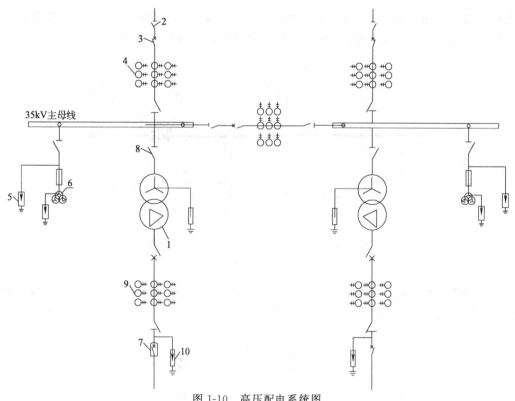

图 1-10　高压配电系统图

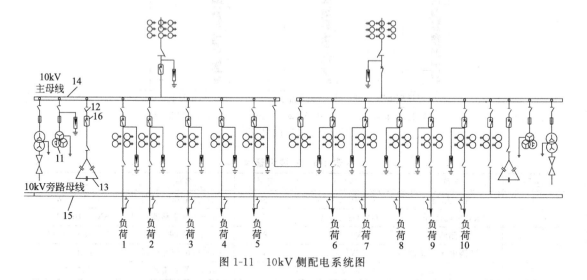

图 1-11　10kV 侧配电系统图

2. 电缆电视系统图例

图 1-12 为电缆电视系统图。主要反映外部信号通过干线输入后通过均衡器、放大器、分配器、分支器进行分配与传输电路。图中所标注的是电缆和电气设备的技术型号与参数等。

二、建筑电气平面图

建筑电气平面图主要有强电平面图和弱电平面图。强电平面图主要有插座开关配电箱电

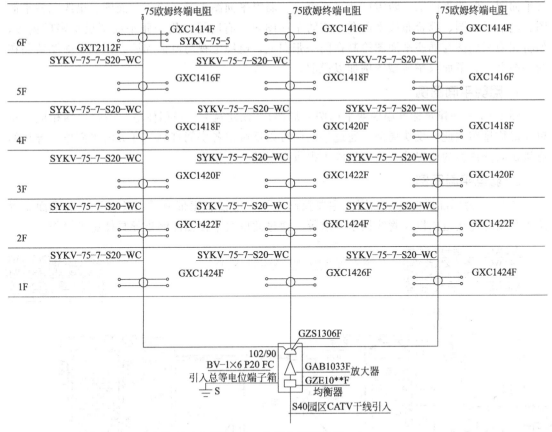

图 1-12　电缆电视系统图

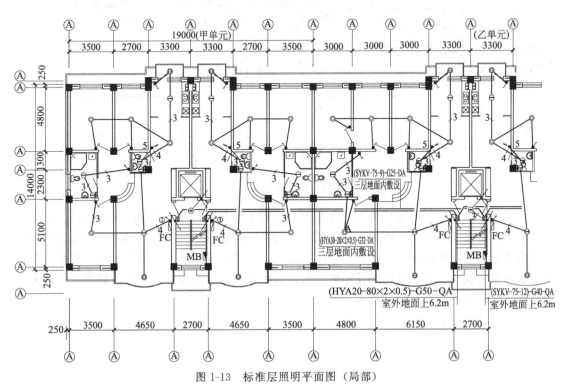

图 1-13　标准层照明平面图（局部）

气平面图、照明平面图、防雷接地平面图等。弱电平面图主要有消防平面图、电缆电视平面图、电话平面图、综合布线平面图、安防平面图等。有时可以用一张平面图反映多项内容，如将照明平面图与插座平面图绘制在同一张图上，电缆电视与电话和综合布线平面图绘制在同一图上等。下面只举典型图例加以说明。

1. 照明平面图例

图 1-13 为一建筑标准层照明平面图（局部）。该建筑为一民用住宅，因每户均相同且每单元对称排布因此只反映局部。通过平面图可以反映出各房间灯具及开关的平面位置导线的连接走向分户箱的位置等，为电气施工提供必要的技术依据。

2. 弱电平面图例

图 1-14 为标准层弱电平面图。主要反映电视、电话、宽带网插座及对讲电话平面布置位置和线缆连接走向以及管线技术要求等。通过此电气平面图能够指导具体施工操作。

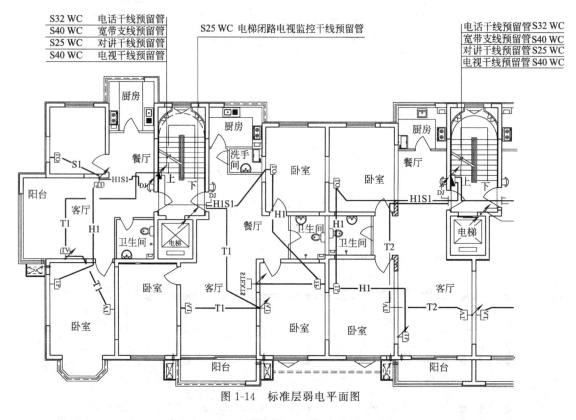

图 1-14　标准层弱电平面图

平面图是工程施工的主要依据，也是用来编制工程预算和施工方案的主要依据。如变配电所电气设备安装平面图（还应有剖面图）、电力平面图、照明平面图，防雷、接地平面图、火灾自动报警系统平面图、综合布线系统平面图、防盗报警系统平面图等。这些平面图都是用来表示设备安装位置、线路敷设部位、敷设方法及所用导线型号、规格、数量、管径大小等。建筑电气常用图例符号见附录 2。

第二章
AutoCAD基本知识与设置

Autodesk 公司所推出的 AutoCAD 软件是目前最为流行的工程设计软件之一，该软件进行了多次升级换代，AutoCAD 2008 已经具有相当完备的功能和易用的特点，与该软件应用于其他各个领域相同，AutoCAD 也成功地应用于电气设计。本章主要介绍 AutoCAD 2008 基本知识与设置，为适应面更广，对安装了 AutoCAD 2010 软件的读者也做了界面设置提示。

第一节　AutoCAD 2008 软件安装与启动退出

一、软件的安装

使用 AutoCAD 2008 软件，首先必须进行软件安装。找到安装包文件中的 setup 安装图标，双击进行安装，将能看到图 2-1 所示的界面。

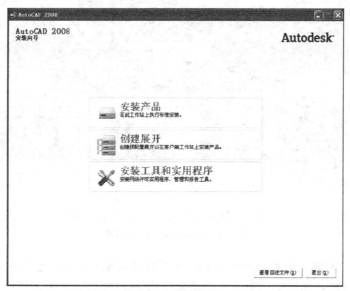

图 2-1　安装界面

单击图 2-1 界面中的"安装产品"选项，按照安装提示步骤一步步进行安装。过程中必须输入正确的注册号，才能正常使用。安装结束后会在桌面上出现一个快捷图标。

二、启动与退出

1. 启动

要启动 AutoCAD2008 简体中文版，有三种方法。

（1）双击桌面上的快捷图标 ![icon]，进入工作界面。

（2）电脑左下角开始/所有程序/ AutoCAD2008 简体中文版/进入工作界面。

（3）双击桌面"我的电脑"图标，打开安装目录文件夹（一般在 C：盘 Program Files 文件夹内找到 AutoCAD2008/ACAD. exe）双击 ACAD. exe 进入工作界面。

2. 退出

（1）单击界面右上角关闭按钮。

（2）在菜单中单击文件/退出。

第二节　AutoCAD 界面与基本设置

一、AutoCAD 界面

启动 AutoCAD2008 后，软件界面见图 2-2，包括以下内容：

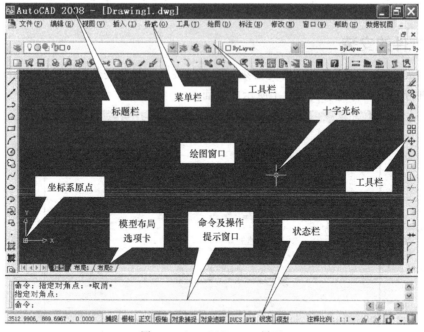

图 2-2　AutoCAD 2008 界面

（1）标题栏　左侧为显示 AutoCAD 2008 图标及 CAD 文件标题名称及后缀（.dwg 表示为 dwg 格式文件），如不专门命名则自动命名为 Drawing1。右侧为最小化按钮和最大化按钮或还原按钮以及退出按钮。

（2）菜单栏　点击后出现下拉菜单，菜单包括所有的命令及功能选项。菜单栏中如有指示符号的还另有子菜单，可以选择要执行的命令或选项。如视图菜单中有重画、重生成等操作命令（见图 2-3）。

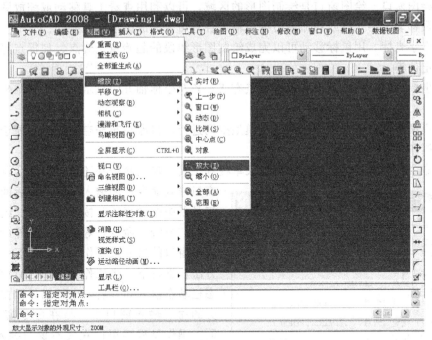

图 2-3　AutoCAD 2008 菜单

（3）工具栏　工具栏是 AutoCAD 2008 中十分方便快捷的工具，工具栏中有许多工具按钮，只要点击相应按钮就可以执行对应操作命令，是命令输入的最常用方法。为使绘图区能更大，一般在桌面上只出现常用的工具栏，如需要新工具，可在工具栏上任意处单击右键，出现菜单后再用左键点选要使用的工具。工具栏可用左键按住拖动鼠标附着在上部或左右两

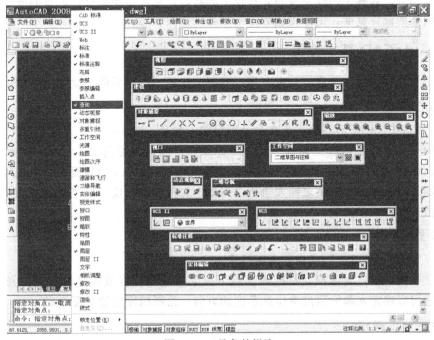

图 2-4　工具条的提取

侧（见图 2-4 提取工具栏）。平时不用的工具栏可点击其上的退出按钮退出。

（4）绘图窗口　绘图窗口是绘制图形的区域，可以利用查看工具移动或缩放图形，利用各种工具及移动十字光标或在命令行窗口输入各种命令完成图形绘制操作。

（5）十字光标　用鼠标移动可以完成绘制图形线段的起始点、终点、捕捉点等操作。对用户坐标定位等。

（6）坐标系原点　二维坐标系的原点有 X、Y 及坐标轴方向显示。若是三维坐标则增加 Z 轴显示。

（7）模型布局选项卡　一般绘图在模型空间进行，打印在布局空间进行，便于图纸视口设置方便打印。

（8）命令及操作提示窗口　除利用菜单栏和工具栏输入命令外还可以在命令及操作提示

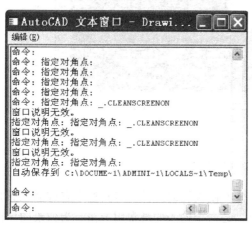

图 2-5　文本窗口

窗口输入命令，如输入 line 命令后回车，与点工具条中的"直线"按钮或选择"绘图"菜单中的"直线"命令是等价的。此外命令及操作提示窗口的另一重要作用是提示下一步的操作方法，进行下一步工作。AutoCAD 2008 的状态栏动态输入如开启，也可以显示在十字光标旁的动态输入窗口中，与在命令窗口效果相同。操作过程还可以在文本窗口显示，按 F2 键或输入 TEXTSCR 命令可以打开文本窗口（见图 2-5 文本窗口）。

（9）状态栏　状态栏用于显示 AutoCAD 当前的状态，如十字光标所处的位置坐标，命令和功能按钮的状态等（见图 2-2 AutoCAD 2008 界面底部）通过状态栏可以设置多项状态的打开与关闭等。如其中的线宽按钮如在按下的状态，则显示图形已经设置的线条宽度，否则不显示线条的设置宽度，追踪按钮如压下则处于追踪状态。

二、AutoCAD 基本设置

初始设置主要包括：开启、自定义用户界面、选项、图形界限、设置绘图单位等。

1. 图形界限

菜单："格式"→"图形界限"或在命令窗口输入命令：limits。

命令窗口提示左下角点坐标（一般为坐标原点）默认或重新输入后，右提示右上角坐标，（一般为 A4 纸大小的右上角坐标）默认或重新输入，如 A4 的幅面不能承载所绘制的图形应重新输入右上角的坐标使之能大于所绘图形。为打印时方便一般坐标选择为 A4 图纸坐标值的倍数即保持纵横比例。

2. 绘图精度

菜单："格式"→"单位"或在命令窗口输入命令：units。

出现"图形单位"对话框，根据需要点下拉菜单选择长度或角度的类型以及单位和精度。此外还可以确定光源的强度单位和角度的方向。绘图精度设置见图 2-6。

3. 自定义工具栏

菜单："视图"→"工具栏"或在命令窗口输入命令：toolbar。

出现"自定义工具栏"对话框，如图 2-7 所示。

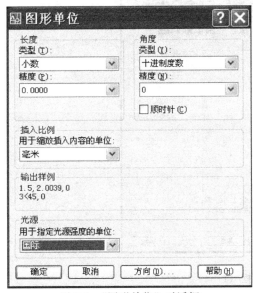

图 2-6 "图形单位"对话框

图 2-7 自定义用户界面（1）

首先出现的界面只是左面半部，用右下角展开按钮展开右半部，选择目录树中的某一部分点击＋号展开。如选择绘图，会出现如图 2-8 所示右侧界面，选择要自定义的绘图工具（如矩形），根据自己的要求进行编辑定义。需要指出的是 AutoCAD 的用户界面已经经多次改进比较完美，如无必要可不必改动。

4．选项

菜单："工具"→"选项"或在命令窗口输入命令：options。

图 2-9 选项对话框（1）"文件"。类似于电脑系统中的资源管理器可以通过文件选项卡中的目录树查询不同文件夹如 AutoCAD 支持文件、驱动程序、菜单文件等。

图 2-8 自定义用户界面（2）

图 2-10 选项对话框（2）"显示"选项卡能够对界面中如屏幕颜色、字体、屏幕菜单、十字光标大小、显示精度、显示性能等进行设置。

图 2-11 选项对话框（3）"打开和保存"选项卡能够对文件另存为的类型、缩微预览、文件的安全措施、文件打开、外部参照等进行设置。其中文件的安全措施中的安全选项可以对文件进行加密。

图 2-12 选项对话框（4）"打印和发布"选项卡能够对打印的默认设备、打印到文件、后台处理、打印并发布日志文件、自动发布、基本打印选项、指定打印相对于选项等进行

图 2-9　选项对话框（1）

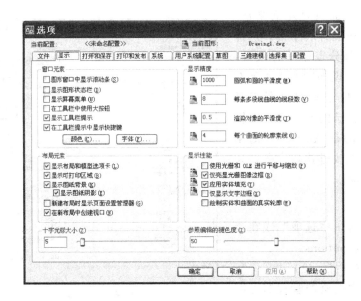

图 2-10　选项对话框（2）

设置。

图 2-13 选项对话框（5）"系统"选项卡可以设置三维性能、当前定点设备以及布局重生成选项和数据库连接选项、基本选项等。

图 2-14 选项对话框（6）"用户系统配置"选项卡可以设置 Windows 标准操作，如双击进行编辑、自定义右键单击、插入比例、字段、坐标输入优先级、关联标注等。如插入比例单位可选择毫米为单位或厘米，右键单击出现快捷菜单等。

图 2-15 选项对话框（7）"草图"选项卡可以设置自动捕捉设置选项、自动追踪设置选项、自动捕捉标记大小、对象捕捉选项、靶框大小等设置。

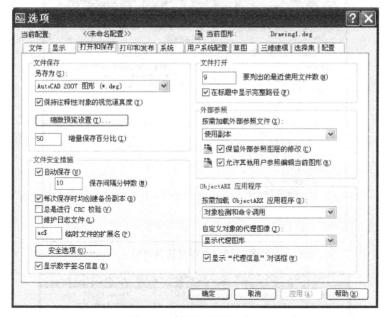

图 2-11　选项对话框（3）

图 2-12　选项对话框（4）

图 2-16 选项对话框（8）"三维建模"选项卡可以设置三维十字光标、显示 UCS 图标、动态输入、三维对象、三维导航等。

图 2-17 选项对话框（9）"选择集"选项卡可以设置拾取靶框大小、选择集模式、夹点大小、夹点等。

图 2-18 选项对话框（10）"配置"选项卡可以设置配置文件。如图所示，配置文件为 TElec7、TElec8 等。

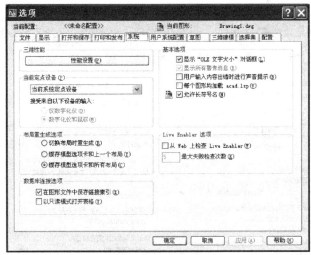

图 2-13　选项对话框（5）

图 2-14　选项对话框（6）

图 2-15　选项对话框（7）

图 2-16　选项对话框 (8)

图 2-17　选项对话框 (9)

图 2-18　选项对话框 (10)

第三节　AutoCAD 显示与查看

AutoCAD 显示与查看的方式主要有图形缩放、平移、鸟瞰视图等。

一、图形缩放及平移

图形缩放及平移可以应用标准工具条中的工具进行操作。

（1）平移（图 2-19 中上面的手）　点击后出现手用左键按下移动鼠标即可拖动图形平移。

（2）实时缩放（图 2-19 中的有加减号放大镜）　点击后按住左键上下推动即可缩放。

（3）窗口缩放（图 2-19 中有矩形窗口放大镜，放大镜手柄有箭头，按住此图标有下拉菜单，即下面的缩放工具中的内容相同）　点击后用左键点击要缩放物体的左上角按住拖动鼠标出现窗口到物体的右下角点击即可以将物体放大到充满绘图窗口。

图 2-19　图形缩放及平移

（4）返回（图 2-19 中有返回箭头的放大镜）　点击此工具可返回到缩放前的状态。

（5）动态缩放（窗口缩放右邻）　点击后出现一窗口调整其大小即为缩放的大小。

（6）比例缩放（图 2-19 中有 X 放大镜）　点击后命令行提示输入缩放比例回车即可。

（7）中心缩放（图 2-19 中有四个向中心指向箭头放大镜）　点击后命令行提示输入缩放的中心点后在输入缩放比例，即围绕此中心缩放。

（8）对象缩放（图 2-19 中有物体放大镜）　点击后出现一小方形拾取框用鼠标移动此框点击要缩放的对象后对象即充满窗口。

（9）放大（图 2-19 中有加号放大镜）　点一下放大至原来 2 倍。

（10）缩小（图 2-19 中有减号放大镜）　点一下缩小为原来一半（此工具对图形受边界限制不能平移时有效）。

（11）全部缩放（图 2-19 中有纸张的放大镜）　点击后缩放至窗口显示设置幅面大小。

（12）范围缩放（图 2-19 中有四面箭头放大镜）　点击后缩放至图面对象满窗口显示。

实际应用中按住鼠标左键拖动鼠标也可以实现图形平移，缩放的方法很多只要熟练掌握其中几种方法，能够方便查看即达到目的。

（13）鸟瞰视图　是用另一个独立的小窗口显示图形，默认的情况下，整个图形显示在鸟瞰视图上。使用鸟瞰视图就像在空中俯视一样，可以掌握当前视图在整个图形中的位置，快速地找出并放大某个部分。在绘制大型图样时使用鸟瞰视图尤其方便。通过菜单："视图"→"鸟瞰视图"。出现鸟瞰视图窗口拖动鼠标移动其中的小窗并调整其大小，选定要查看的区域后回车即可以使选定的区域在绘图区显示。见图 2-20。

AutoCAD 更新很快，为照顾更多读者以往使用习惯，本书主要采用 AutoCAD2008 版本讲解，如果读者使用 AutoCAD2010 版本软件，请设置为经典模式则与本书所介绍内容可以类比应用。点击 AutoCAD2010 右下角的切换工作空间选项卡出现菜单后点选 AutoCAD经典，界面即与 2008 相似，设置见图 2-21。

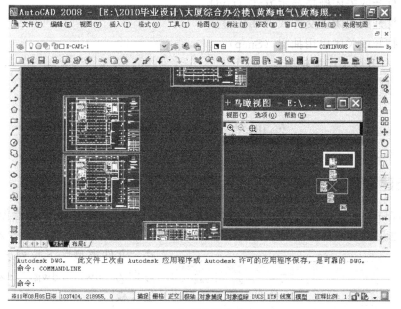

图 2-20　鸟瞰视图操作窗口

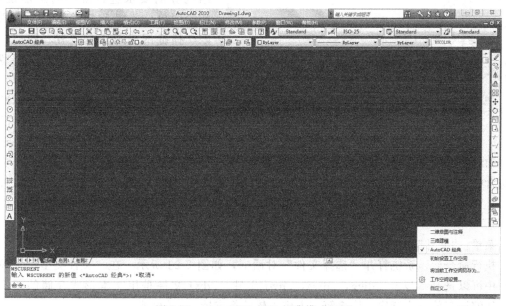

图 2-21　AutoCAD 2010 经典模式界面

二、AutoCAD 功能键介绍

F1 键：获得在线帮助。

F2 键：切换文本窗口和绘图区窗口。

F3 键：打开或关闭对象捕捉模式。

F4 键：校准数字化仪。

F5 键：视图查看模式循环切换。

F6 键：打开或关闭动态用户坐标系。

F7 键：打开或关闭栅格显示方式（Gid）。

F8 键：打开或关闭正交方式（Ortho）。

F9 键：打开或关闭启用捕捉（Snap）。

F10 键：打开或关闭极轴追踪。

F11 键：打开或关闭对象捕捉追踪。

第四节　文　件　操　作

一、新建文件

启动软件后系统将自动生成一个文件名 Drawing1.dwg，即进入默认的绘图环境，如果启动后要创建新的图形文件，可以点击菜单"文件"→"新建"。系统将打开图 2-22 对话框。

图 2-22　"选择样板"对话框

在"文件类型"下拉列表框中有后缀分别为 .dwt，.dwg，.dws 的 3 种图形样板。

在每种图形文件中，系统根据绘图任务的要求进行统一的图形设置，如绘图单位类型和精度要求、绘图界限、捕捉网格与正交设置、图层、图框和标题栏尺寸及文本格式、线型和线宽等。

一般情况下，.dwt 文件是标准的样板文件，通常将一些规定的标准的样板文件设置成 .dwt 文件，若要进入默认的绘图环境可选择 acadiso.dwt 样板文件；.dwg 文件是普通的样板文件；而 .dws 文件是包含标准图层、标注样式、线型和文字样式的样板文件。根据需要可选需要的样板文件。

二、打开已有的图形文件

菜单："文件"→"打开"。

执行命令后，系统打开"选择文件"对话框，如图 2-23 所示。在"文件类型"下拉列表框中可以选择 .dwt，.dwg，.dws，.dwf 文件。.dwf 文件是用文本形式存储的图形文件，能够被其他程序读取，许多第三方应用软件都支持 .dwf 格式。

三、保存图形文件

1. 保存

保存文件可以点击工具栏："标准"中的 🖫 按钮，或菜单："文件"→"保存"。

执行上述命令后，若文件已命名，则 AutoCAD 自动保存；若文件未命名（即为默认的文件名 drawing1.dwg），则系统打开"图形另存为"对话框，如图 2-24 所示，用户可以命名保存。在"保存于"下拉列表框中可以指定保存文件的路径；在"文件类型"下拉列表框中可以指定保存文件的类型。

图 2-23 "选择文件"对话框

图 2-24 "图形另存为"对话框

2. 另存为

图形文件另存为的方法是菜单："文件"→"另存为"。

执行上述命令后，系统打开"图形另存为"对话框，AutoCAD用另存为保存，并把当前图形更名。

需要指出的是：保存的文件类型有很多选项，如果还要用较低的版本打开文件的话，应选择保存低版本的类型，使当前的版本与较低的版本兼容。

3. "保存"和"另存为"的使用区别

① 当首次保存一个图形文件时，"保存"和"另存为"的效果是一样的，都会弹出一个文件保存对话框。

② 如果该文件被保存过，当使用"保存"命令时则不弹出任何对话框，而且直接快速地对该文件进行保存。若使用"另存为"则弹出另存为对话框，用户可以重命名，并选择新位置进行保存。

四、文件加密

在AutoCAD中可以对有安全加密要求的文件使用密码保护功能，对指定图形文件执行加密操作。具体方法是菜单中"文件"→"另存为"出现对话框后选择对话框中的菜单"工具"→"安全选项"后出现对话框，在"密码"选项卡的文本框中输入密码，然后单击"确定"按钮打开"确认密码"对话框，并在文本框中确认密码。见图 2-25。

为文件设置密码后，再打开已加密的文件则自动出现"询问密码"对话框（图 2-26），输入正确的密码后方可打开保存的图形文件。在进行加密设置时，可点击对话框中的"高级"按钮，设置密码的级别。

图 2-25 "安全选项"对话框   图 2-26 "询问密码"对话框

第五节　基本设置操作

一、绘图单位设置

绘图环境设置的第一步就是设置所要使用的基本图形单位。例如毫米或者英寸。用户可以根据自己的需要设置与建立图形相应的基本单位。选择如图 2-27 所示下拉菜单点击单位选项，即出现如图 2-28 所示的对话框。然后在对话框中设置长度类型、精度、角度类型、精度以及缩放拖放内容的单位等即可。也可以使用命令：UNITS。其具体操作如下：

在命令行输入：UNITS，然后回车（Enter）

菜单栏："格式"→"单位"

即出现图 2-28 的"图形单位"对话框，便可进行设置。

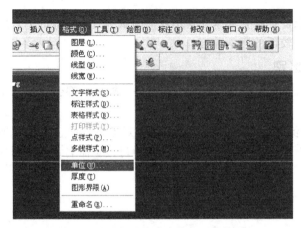

图 2-27 选择"格式│单位"菜单项   图 2-28 "图形单位"对话框

---

1. 选择长度

用户可以分别在长度类型和精度下拉列表框中设置图形单位的长度和精度。单击"类型"框右边的下三角按钮，AutoCAD弹出一个长度单位下拉列表框（共5种），分别为小数、工程、分数、建筑、科学。如图2-29所示，用户可以根据需要从中选择一种长度单位类型。单击"精度"框右边的下三角按钮，AutoCAD弹出可供用户使用的9种长度单位精度，最大精确到小数点后8位。系统的默认值为小数类型，精度为0.0000。

图 2-29 "图形单位"对话框
"长度"单位设置

2. 选择角度

设置图形的角度和精度的方法和长度设置方法基本一致。用户可以在"角度"选择区中的类型下拉菜单中选择一个适当的角度类型，然后在精度下拉菜单中选择适当的精度。单击"精度"框右边的下三角按钮，AutoCAD弹出可供用户使用的9种角度单位精度，最大精确到小数点后8位。最后在缩放拖放内容的单位下拉菜单中选择设计中心块的图形单位。系统默认的角度类型为十进制度数，角度精度为0，拖放比例为毫米。在系统默认情况下角度是以逆时针方向为正方向，如果在角度设置对话框中选择顺时针，则是以顺时针方向为正方向。

3. 选择方向

在图2-28的对话框中单击"方向（D）"按钮，则弹出图2-30所示的对话框，在对话框中选择起始角度方向，逆时针为角度增加的正方向。

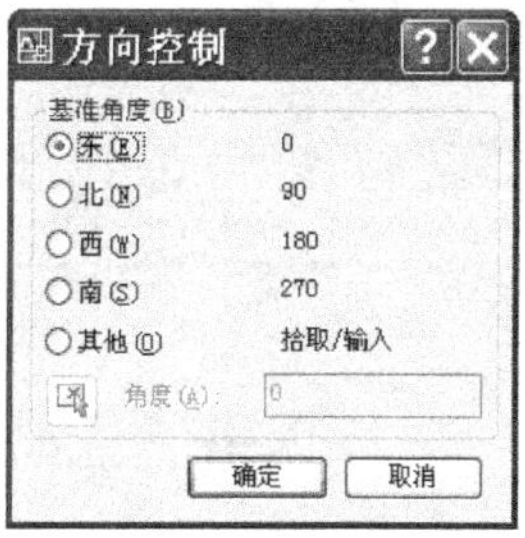

在"基准角度（B）"选择区内，可以选择东、北、西、南或者其他来选择角度测量的起始位置。其中其他按钮，可以单击"拾取/输入"，然后通过拾取两个点来确定基准角度。

图 2-30 "方向控制"
对话框

二、图形界限设置

在AutoCAD中，可以把绘图区看作是一张无穷大的图纸，所以为了使绘制的图形完全显示在当前绘图窗口内，绘图前一般需要根据图形的范围设置图形界限。

在中文版AutoCAD 2008中，选择"格式（O）"→"图形界限（A）"命令，或者在命令行中直接输入LIMITS命令可以在模型空间中设置一个想象的矩形绘图区域，该区域即称为图形界限，即图限。

在世界坐标系中，图形界限由一对二维点确定，即左下角点和右上角点。例如，设置一张图纸的左下角点为（0，0），右上角点为（15，13），则该图纸的大小为15×13。

图形界限所确定的区域是可见栅格指示的区域，如图2-31所示。当发出LIMITS命令后，COMMAND命令提示行将显示下面的信息：

指定左下角点或[开(ON)/关(OFF)]〈0.0000,0.0000〉：

LIMITS命令中有两个选项："开（ON）和关（OFF）"，开（ON）和关（OFF）选项可以决定能否在图限之外指定一点。如果选择了"开（ON）"选项，将打开图形界限检查，这时用户将不能在图限之外结束一个对象，也不能使用移动或复制命令将图形移到图限之外，但可以指定两个点（中心和圆周上的点）来画圆，圆的一部分可能在界限之外；如果

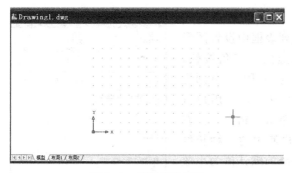

图 2-31　栅格指示区域

选择了"关"（OFF）选项时，AutoCAD禁止界限检查，这时可以在图形界限之外画对象和指定点。

界限检查只是帮助用户避免将图形画在假想的矩形之外。下面举个例子：如果将当前图纸界限设置为 15000 × 13000，选择"格式（O)"→"图形界限（A)"命令，当然也可以在命令行直接输入（LIMITS）。

① 在命令行输入：LIMITS，然后回车（Enter）。

② 指定左下角点或 ［开（ON)/关(OFF)]〈0.0000，0.0000〉:，回车（Enter）

③ 指定右上角点〈420.0000，297.0000〉:15000，13000　然后按回车（Enter）键即可。

所设置好的绘图区域为 15000×13000 的范围。

第三章
AutoCAD基本操作

AutoCAD 通过基本的操作方法实现复杂图形的绘制，在执行基本操作命令时要做必要的设置，本章主要介绍基本操作及设置的有关内容。

第一节　命令的输入方式及对象的选择

AutoCAD 在绘图图形中需要输入命令，系统根据不同的命令执行不同的任务，一般各种操作命令是针对不同的对象而言的，因此在操作过程中要选择不同的对象。

一、命令的输入方式

AutoCAD 绘制图形或编辑图形需要输入命令，如要画一直线有多种命令输入方式。

（1）利用菜单输入命令　在菜单栏中"绘图"→"直线"点击后完成命令输入。另外还可以通过屏幕菜单输入命令，方法是在菜单栏中"工具"→"选项"点击后出现选项对话框点显示选项后打开屏幕菜单即可在屏幕菜单中输入。但因已有正常菜单一般不采用屏幕菜单。

（2）利用工具条输入命令　通过点击工具条中的直线工具直接可以输入命令（见图 3-1 命令输入方式）。

（3）在命令行输入命令　在命令行如输入命令 line 后回车完成命令输入。此外如在状态栏中将动态输入（DYN）按钮压下则输入的命令将在十字光标旁的小窗口出现。命令行除提供输入命令外还有提示下一步操作功能。不但能够提示下一步如何进行，还能提示各种选项的命令代码。因此每一步操作都应关注命令行提示。

（4）右键输入命令　在绘制图形过程中单击右键出现菜单后在其中选择所需的命令进行操作。

在命令输入及操作过程中如要终止命令或停止操作可点击 Esc 键退出。命令执行过程中可点击 Enter 键（回车键）进行确认，也可以点击右键进行确认，如点击右键没有确认可在出现的菜单中点击确认选项。

二、对象的选择方法

AutoCAD 对图形进行编辑和操作需要选择对象，选择对象分为用十字光标选择对象和用拾取框选择两种情况，用十字光标主要是用光标点击对象或用下述方法 1、方法 2 选择对

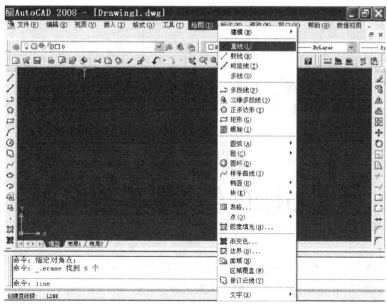

图 3-1　命令输入方式

象，用拾取框则适用于以下各种方法。

（1）矩形包围窗口选取对象　十字光标移动到要选择的物体左上角点左键后向右下方拉动出现一矩形窗口，拉动矩形右下角点扩大矩形窗口直至完全包围要选择对象后再点击左键后对象即被选中（变成虚线状）。规则包围窗口见图 3-2。

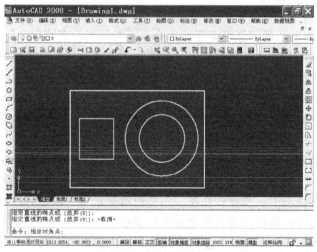

图 3-2　规则包围窗口

（2）矩形交叉窗口选取对象　与包围窗口不同的是在对象的右下角点击左键后向对象的右上角方向拖动形成一矩形窗口，此窗口只要与要选择的对象相交后再点击左键对象即被选中（变成虚线状）。此方法适用于较大型对象不易被包围或根本无法包围的情况。

（3）多边形包围窗口选取对象　如要删除对象可以先点击工具栏中的删除按钮，出现一小拾取框，如果对象比较散乱可以用多边形包围窗口方式选取。在命令行或动态输入窗口中输入 WP 命令后回车，则逐点拉动点取的窗口是不规则的，将此不规则的窗口包围对象后回车即选中对象，再回车后可将对象删除。不规则包围窗口见图 3-3。

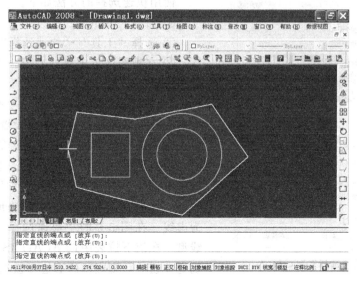

图 3-3　不规则包围窗口

（4）多边形交叉窗口选取对象　如要删除对象可以先点击工具栏中的删除按钮，出现一小拾取框，如果对象比较散乱也可以用多边形交叉窗口方式选取。在命令行或动态输入窗口中输入 CP 命令后回车，则逐点拉动点取的窗口是不规则的，将此不规则的窗口与对象相交后回车即选中对象，再回车后可将对象删除。

（5）线段相交选取对象　如要删除对象可以先点击工具栏中的删除按钮，出现一小拾取框，如果对象比较散乱也可以用线段交叉窗口方式选取。在命令行或动态输入窗口中输入 F 命令后回车，则逐点拉动点取的是线段，将此线段与对象相交后回车即选中对象，再回车后可将对象删除。

（6）选择全部对象　如果要删除全部对象则点取工具条中的删除按钮后，输入命令 ALL 后回车，即选取了全部对象，再回车即删除全部对象。

（7）在选中的对象中取消选中　如果用拾取框选择了全部对象，但又不想选择其中部分对象可以按住 Shift 键后再点取其中不需要选取的对象。

（8）使用选择集过滤器　在选择对象时，通过对所创建的选择集使用一个过滤器可以限制哪些对象将被选择。选择集过滤器可以根据一些特性，如颜色、线型、对象类型或者这些特性的组合去选择对象。例如，可以创建一个选择集过滤器，以便在指定的图层上仅选择蓝色的图。

可以根据过滤条件快速定义一个选择集。首先创建一个选择集，然后根据执行编辑命令并使用前一个选择集。"对象选择过滤器"对话框可以定义较为复杂的过滤条件，并且可以保存和恢复命名的过滤器。既可以使用过滤器在执行一个编辑命令前确定一个选择集，也可以在 AutoCAD 提示选择对象时透明地使用。不论使用哪种模式，只有那些符合过滤器条件的对象才可以添加到选择集中。

在使用颜色和线型过滤器时，AutoCAD 仅管理那些明确使用颜色或线型标记的对象，而管理那些使用图层的颜色或线型标记的对象。要选择一个颜色设置为"图层"的对象（例如，一个圆是蓝色的，是因为它所在的图层是蓝色的），必须设置一个符合那个特定的图层的过滤器或者将颜色过滤器设置为 By Layers。

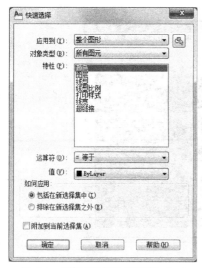

图 3-4 "快速选择"对话框（一）

使用快速选择的方法如下。

① 命令：qselect。

② 选择"工具"→"快速选择"菜单项。

③ 在视图区单击鼠标右键，在弹出的快捷菜单中选择"快速选择"菜单项。

"快速选择"对话框如图 3-4 所示，通过对这个对话框可以对多种参数进行设置。

在图纸对象丰富，不能通过简单的框来选择时，快速选择的优势更为突出。下面通过简单的例子来说明快速选择的功能。如图 3-5 中所示的图形，其中有矩形、圆形和五边形，其中五边形为虚线。在图 3-6 的"快速选择"对话框中选择线型，在值下拉表中选 ACAD_ISO02W100，点击确定按钮后，则虚线的五边形被选中。

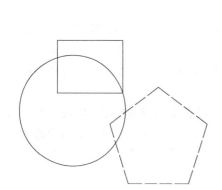

图 3-5　应用快速选择进行选择

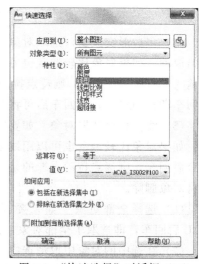

图 3-6　"快速选择"对话框（二）

第二节　目标对象的捕捉与追踪

为提高绘图精度和效率，AutoCAD 对目标对象有自动捕捉功能。该功能对于一些特殊的点可以进行设置捕捉，当遇到设置捕捉的点可以像磁铁一样自动捕捉定位非常方便快捷。对象捕捉设置方法如下。

一、对象捕捉

在菜单中选择"工具"→"草图设置"→"对象捕捉"。或在状态栏中对象捕捉选项卡上单击右键，再在菜单中选设置后出现对话框（图 3-7）。

其中有 13 个选项。可以分别单选也可以全部选择和全部清除。分别介绍各种捕捉功能。

① 端点：是直线或曲线段的两端点。

② 中点：线段或圆弧等对象的中点。

③ 圆心：圆或圆弧的圆心。

④ 节点：节点对象，如捕捉点、等分点或等距点等。

⑤ 象限点：象限点是圆上的四等分点，即圆的十字中心线与圆的交点。

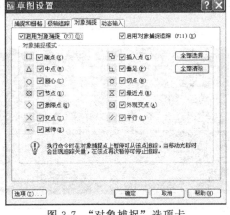

图 3-7 "对象捕捉"选项卡

⑥ 交点：线段、圆弧等对象的相交点。

⑦ 延伸：直线或圆弧的延长线上的点。

⑧ 插入点：图块、图形、文本和属性等的插入点。

⑨ 垂足：绘制垂直几何关系时，捕捉到对象上的垂足。

⑩ 切点：圆或圆弧上的切点。

⑪ 最近点：捕捉离拾取点最近的线段、圆或圆弧等对象上的点。

⑫ 外观交点：捕捉对象的虚交点，如某直线的延长线与对象的交点。

⑬ 平行：捕捉与参照对象平行的线上符合指定条件的点。如画一条与已经存在的线段平行的线。

此外还可以通过右键单击工具栏出现菜单，点击设置出现对话框，选择对象捕捉后可以出现对象捕捉工具条，见图 3-8。该工具条左端有临时追踪点和捕捉自两个按钮，右端有无捕捉和对象捕捉设置两个按钮。其他是前面所述 13 个工具按钮。

图 3-8 对象捕捉工具条

① 临时追踪点：创建对象捕捉所使用的临时点，如捕捉与指定点水平或垂直等方向的点。

② 捕捉自：捕捉与临时参照点偏移一定距离的点。

③ 无捕捉：关闭对象捕捉模式，不使用捕捉方式。

④ 对象捕捉设置：点击后开启对象捕捉对话框，进一步设置对象捕捉模式。

二、自动追踪功能设置及应用

自动追踪功能是指按指定角度绘制对象，或者绘制与其他对象有特定关系的对象。自动追踪是非常有效的辅助工具，分为对象捕捉追踪和极轴追踪两种方式。

1. 极轴追踪

极轴追踪是在画直线时，当设置了极轴追踪后（将状态栏中的极轴选项卡压下），如果画直线的另一端使直线处于水平或垂直时能自动出现虚线并使线段吸附，方便画水平和垂直线段。如果动态输入开启还能在动态输入窗口显示另一点与上一点的距离和角度。见图 3-9。

2. 设置极轴追踪

右键单击状态栏出现菜单后选择设置，出现"极轴追踪"对话框。除水平垂直状态可以追踪外，其他角度方向也可以设置追踪，在对话框中点击新建后，输入要追踪的角度确定后即可以对所设置的角度方向追踪。如设置 45°角方向后用工具栏中的直线工具画直线第一点

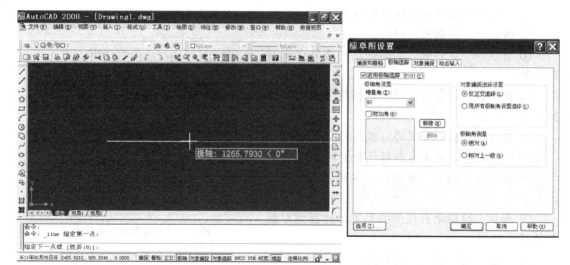

图 3-9　极轴追踪示意图　　　　　　　　图 3-10　"极轴追踪"选项卡

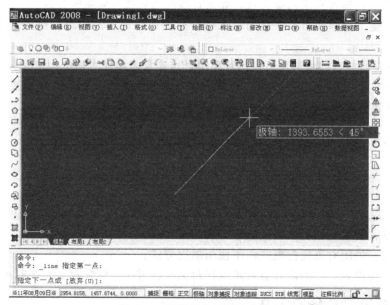

图 3-11　预设角度的极轴追踪

后十字光标移动至 45°方向出现追踪（见图 3-11）。

3. 对象追踪

对象追踪是对对象上的点进行追踪，可以仅正交追踪也可以设置为用所有极轴角进行追踪（图 3-10 中选项），用此功能对画图定位很方便。仍以直线为例，做一与矩形一边方向上的直线初始点的追踪。点击直线工具按钮后，再使光标在要追踪的矩形的角点停留，出现捕捉框（对象捕捉应打开）后，光标往左移动（需要的方向）即出现追踪（见图 3-12）。

4. 正交模式

在状态栏中压下正交按钮或点击 F8 后为正交模式，此时如果画直线，则只能是画水平线或垂直线。若所需的线段都是水平或垂直的，用此功能非常方便。如果想取消正交则再次点击正交按钮或 F8。正交模式所绘直线见图 3-13。

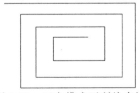

图 3-12　对象追踪示意图　　　　　　　图 3-13　正交模式下所绘直线

5. 栅格捕捉

在状态栏中有捕捉和栅格两个选项，所谓栅格是在绘图区建立一些固定间距的格方便掌握绘图比例，捕捉是能使光标被这些格线的校点捕捉，便于精确定位。在状态栏中右击栅格后点菜单中的设置后出现对话框可以设置栅格的间距、捕捉间距、每条主线的栅格数等。不使用栅格捕捉功能时可将相应按钮点起。"捕捉和栅格"选项卡见图 3-14。

图 3-14　"捕捉和栅格"选项卡

第三节　图　　层

为了完成复杂的图形，AutoCAD 提供了图层工具。图层可以将不同类型对象进行分类分组管理。各个图层结合起来形成一个完整的图形。AutoCAD 有图层特性管理器，可以方便地对不同图层进行操作，如建立新图层，设置当前图层，修改图层颜色和线型，打开或关闭图层，冻结或解冻图层，锁定或解锁图层等。如某图层被锁定后便不能被修改，避免在其他图层绘制时误对该层的损坏。不同图层有不同的特点也便于管理分类。

一、图层设置

菜单："格式"→"图层"。或在工具栏中右键单击出现菜单后点图层后出现图层工具，点击图层工具中图层特性管理器按钮。出现"**图层特性管理器**"对话框（图 3-15）。

图 3-15　"图层特性管理器"对话框

在对话框中标题栏下有 7 个按钮，依次为新特性管理器、新组过滤器、图层状态管理器、新建图层、新建所有视口均冻结的图层和置为当前按钮。按钮下方为图层列表框，通过图层特性管理器对话框可以完成图层的设置和管理。

每点击新建图层按钮一次后将出现一个新图层，可以点击相应的位置设置如图层名称、开关灯（图层可见不可见）、冻结、上锁解锁、颜色、线型（如线型较少可以通过加载添加更多线型）、线宽、打印方式、是否打印、视口冻结等。其中所谓冻结（如点击后出现冰花状），则表示此图层（视口）上对象不能显示和编辑修改。颜色、线宽、打印样式点击后均有对话框可供选择。点击新建所有视口均冻结的图层按钮后也将新图层但视口均是冻结的。删除按钮点击一次删除相应图层，但当前图层不能被删除。选中某图层后点置为当前按钮则此图层被置为当前。

二、管理图层特性和状态

在图层特性管理器中点击图层状态管理器，出现对话框（图 3-16），进行图层状态管理。各选项功能如下。

① 新建按钮：创建新的图层状态（如图 3-16 中 1）。

② 删除按钮：删除选定图层状态。

③ 输入按钮：打开输入图层状态对话框，将外部图层状态文件加载到当前图形。

④ 输出按钮：打开输出图层状态对话框，将当前选定的图层状态保存到外部图层文件中。

⑤ 要恢复的图层特性：可以选要恢复的设置。

⑥ 全部选择按钮：选择全部设置。

⑦ 全部清除按钮：选择全部清除。

⑧ 关闭图层状态中未找到的图层复选框：恢复图层状态时，关闭未保存设置的新图层，

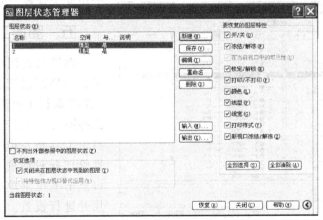

图 3-16　图层状态管理器

以便图形的外观与保存图层状态时一样。

⑨ 恢复按钮：将图层恢复为先前保存的设置。

⑩ 关闭按钮：关闭图层状态管理器并保存所做更改。

三、使用图层过滤器特性对话框过滤图层

在实际应用中，当设计的图形包含大量图层时，可以使用图层过滤器，通过设置过滤条件，筛选出满足条件的图层。在图层特性管理器对话框中单击新特性过滤器按钮，打开对话框（见图 3-17）。

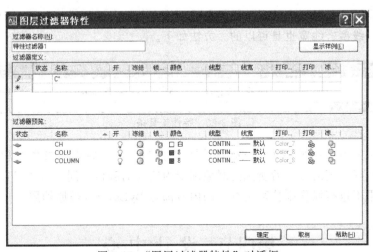

图 3-17　"图层过滤器特性"对话框

应用此对话框可以过滤出要选择的图层，如图 3-17 名称中输入 C* 则以 C 开头的图层被过滤出来。其中 * 代表一组字符，? 代表一个字符。当然还可以选择如开关、冰冻状态、锁定状态、颜色、线型、线宽、打印状态、视口冰冻状态等作为过滤对象。

四、使用新组过滤器过滤图层

在图层特性管理器中点击新组过滤器按钮，出现组过滤器 1、组过滤器 2 等，再点击所有使用的图层后出现所有图层，将所要分组的不同类别图层拖到不同的组中，确定后即实现

图 3-18 新组过滤器

分组便于管理。见图 3-18。

五、图层工具应用

图层工具用于设置图层修改图层。如果图层工具条没有显示，可以在工具栏中单击右键，出现菜单后选择图层后出现工具条（见图 3-19）。点击工具条左边按钮即出现图层特性管理器对话框。在图层窗口中可以点击下拉菜单后选择所需要的图层并进行设置。此外还有选择某图层后的置为当前按钮和返回上一个图层以及图层特性管理器按钮。这对于管理图层来说是一个非常方便实用的工具。

图 3-19 图层工具条

六、图层内颜色、线型、线宽的其他设置方法

图层已经设置好后图层内的对象的颜色线型线宽等即与图层设置相同，但在一层中要出现不同的颜色、线型、线宽也是可以的，方法如下。

图 3-20 特性工具条

利用特性工具条（见图 3-20），选中图层中对象后，点击特性工具条中相应栏目如点击颜色下拉菜单选择所要的颜色后所选的对象即变为所要的颜色。同样方法可以改变对象的线型和线宽。如果不进行操作则特性工具栏的内容都是 ByLayer（随原图层）。

第四节　设　计　中　心

AutoCAD 的设计中心为用户提供了图形管工具。通过设计中心用户可以方便地重复利用和共享图形。

一、AutoCAD 的设计中心功能

① 浏览计算机中的图形文件，查看图形文件中的对象（如图层、文字、图块、样式、线型等），利用已有的对象进行复制或粘贴为当前文件服务。

② 利用设计中心方便在本机中查找可用的图形。并且可以以不同的方式查找。

③ 打开图形文件，或将图形文件以块的方式插入到当前图形中。

④ 可以在大图标、小图标、列表和详细资料等显示方式之间切换。

在 AutoCAD 中为方便使用，一般经常要使用一些块在文件中。

用户可以单击"标准工具栏"中的"设计中心 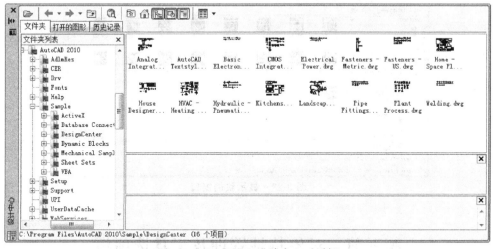 "按钮，或菜单："工具"→"选项板"→"设计中心"打开设计中心窗口（如图 3-21）。

图 3-21　AutoCAD 设计中心对话框

二、设计中心选项卡应用

（1）文件夹　选择文件夹选项后，AutoCAD 设计中心窗口左侧的树状视图和 3 个选项卡可以帮助用户查找所需的内容，其中树状图中的"＋"号可以点击展开子文件夹，点击选择需要的内容加载到当前文件中。查找到所需内容（右侧窗口中）可以通过拖曳或复制粘贴的方法复制到当前文件中。

（2）打开图形　打开图形选项卡（见图 3-22）。在对话框中分别显示所选择的图形的标准样式、表格样式、线型布局等内容，同样可以用拖曳等方法进行复制利用。

（3）历史记录　"历史记录"选项卡显示设计中心以前打开的文件列表。双击列表中的

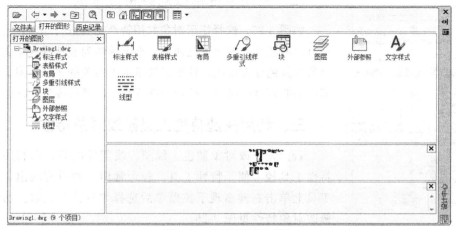

图 3-22　打开图形选项卡

某一个图形文件,可以在"文件夹"选项卡中的树状视图中定位此图形文件并将其内容加载到显示区中。

(4)利用文件中的块 在文件夹选项卡中,选择需要的文件后选择需要的图形文件点击文件夹前的"+"号出现子目录,点击其中块,则显示全部块,见图 3-23。可拖曳所需的块至当前文件进行复制利用。同样道理,也可以选择图层等内容,选择所需对象。

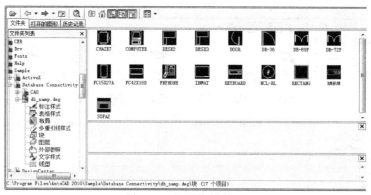

图 3-23 显示块的窗口

第五节 对象特性管理及工具选项板

AutoCAD 中的特性管理工具可以方便地对对象特性进行管理编辑,介绍如下。

一、特性对话框的应用

用户可以单击"标准工具栏"中的"特性 📄"按钮,或菜单:"工具"→"选项板"→"特性"打开"特性"对话框(见图 3-24)。其中有常规、三维效果、打印样式、视图、其他等选项内容,如选择了对象后点击各栏目将出现下拉列表,选择其中内容,即可改变对象的某一特性。如点击颜色出现下拉列表若干颜色供选择点击后即可改变对象的颜色。

图 3-24 "特性"对话框

二、利用特性修改对象特性举例

如图 3-25,选择矩形对象并用特性工具进行编辑,点击常规项目中的颜色,出现下拉列表,出现颜色列表选择其中的蓝色后对象的颜色变为蓝色。特性工具显示了对象的多项信息,可以在需改动的栏目中点击下拉列表进行修改,或直接输入数据。

三、利用快捷特性工具修改对象特性

若只是修改对象颜色、线型、线宽等内容,则利用快捷的特性工具较方便。特性工具,较为常用,如没有取出,可以在工具上单击右键出现下拉菜单后选择"特性"提取。特性工具修改对象特性见图 3-26。

图 3-26 是修改对象的颜色,此外还可以修改线型、线宽、

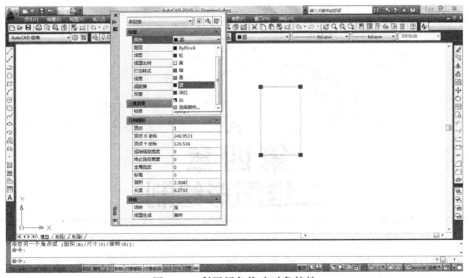

图 3-25　利用颜色修改对象特性

打印样式等。

四、工具选项板的应用

AutoCAD 提供了丰富的绘图工具，工具选项板可以提供一般较常用的各种图形供选用。使用工具选项板的方法如下。

菜单："工具"→"选项板"→"工具选项板"。或单击标准工具栏中的"工具选项板 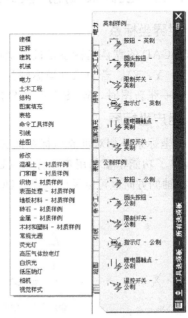"按钮出现工具选项板窗口，见图 3-27。单击其左侧底部重叠部分出现菜单（图 3-27），根据需要可以选择其中的项目，如图 3-27 中的电力，出现各种供选用的开关按钮等，可用左键拖至当前绘图文件中，加以利用。

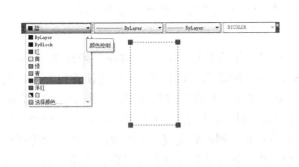

图 3-26　用快捷特性工具修改对象

图 3-27　工具选项板窗口

第四章
二维图形绘制

AutoCAD 的主要功能之一是二维图形绘制。利用 AutoCAD 强大的二维图形绘制功能可以轻松完成建筑电气各种工程技术图形绘制。本章主要介绍 AutoCAD 坐标系，以及二维图形绘制，包括直线、构造线、正多边形、矩形、圆弧、样条曲线等内容。这些基本图形是复杂图形绘制的基础，本章内容在建筑电气 CAD 设计中十分重要。

第一节　AutoCAD 坐标系

坐标是在空间或平面中用于描述物体所在位置的参照体系。AutoCAD 中的坐标系按用法不同，可以分为直角坐标和极坐标系。按坐标值参考点不同可以分为绝对坐标和相对坐标。在绘制图形过程中，往往需要精确定位参照某点进行绘图。

一、世界坐标系和用户坐标系

1. 世界坐标系

AutoCAD 的默认坐标系是世界坐标系，又称 WCS，如图 4-1(a) 所示。由 3 个坐标轴组成（X，Y，Z）。若为二维坐标则为（X，Y）。其坐标的交汇处显示一方框标记。当用户开始创建一张新图时，WCS 是默认坐标系，其坐标原点和坐标轴方向均不会改变。

2. 用户坐标系

用户坐标系是相对世界坐标系而言的，用户为了方便绘图，自行创建的坐标系。AutoCAD 提供了功能丰富的用户坐标系（UCS），UCS 的原点可以在 WCS 内的任意位置上，而且其坐标轴的方向也可以灵活设定。UCS 的坐标轴交汇处没有方框标记，如图 4-1(b) 所示。

例如：选择工具/新建/原点命令，并在图中单击中心点，这时圆心就变成了坐标原点。在一般的平面设计中，通常不需要另行设置自己的用户坐标。在三维绘图中，用户可以使用 UCS（用户坐标）命令，通过对世界坐标系做平移、旋转等操作来建立用户坐标系。用户坐标系中的 3 个坐标轴之间仍垂直，但在方向及位置上有了很大的灵活性。

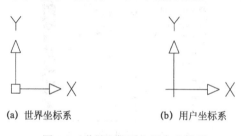

(a) 世界坐标系　　　(b) 用户坐标系

图 4-1　世界坐标系和用户坐标系

如果要设置用户坐标系，可以选择"工具"→"新建 UCS"下的子命令进行相应的设置，常用的有"原点"和"三点"。

3. 直角坐标系和极坐标系

绝对坐标是指相对于当前坐标原点的坐标，用户以绝对坐标的形式输入点时，可以采用直角坐标或极坐标。

（1）绝对直角坐标

绝对直角坐标系即笛卡儿坐标系。在平面绘图中以 x，y 的坐标值来描述点的位置。平面上任何一点 p 都可以由 x 轴和 y 轴的坐标所定义，即用一对坐标值 x，y 来定义一个点，如图 4-2 所示。

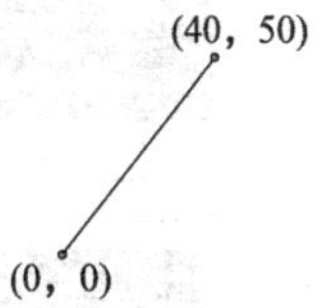

图 4-2　直线两端点坐标

绝对直角坐标是指该点相对于坐标原点的值。例如"40，50"表示该点的 x 坐标为 40，y 的坐标为 50。中间用逗号隔开不能加括号和引号，坐标值可以是负值。

（2）绝对极坐标

极坐标系是由一个极点和一个轴构成的，极轴的方向水平向右。平面上任何一点 p 都可以由该点到极点连线长度 L 和连线与极轴的交角 α（极角，逆时针方向为正）所定义即用一对坐标值"$L<\alpha$"来表示一个点的位置，其中"<"表示角度，如图 4-3 所示。

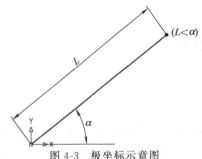

图 4-3　极坐标示意图

例如：某点的坐标为 100＜45 则表示模长为 100，幅角为 45°。

4. 光标直接输入坐标

当需要输入点位置时，移动光标到某一位置后，按下鼠标左键，就输入了光标所处位置点的坐标。

二、相对坐标的输入

在某些情况下，用户需要直接通过点与点之间的相对位置来绘制图形，不想指定每个点的绝对坐标。AutoCAD 提供了使用相对坐标的办法，相对坐标是将前一次的操作坐标作为原点。相对坐标是在坐标输入值前加@来与绝对坐标相区别的。相对坐标也分为相对直角坐标和相对极坐标，相对坐标可以使绘图更方便。

例：利用相对坐标绘制一边长为 300 的正方形。

点击工具条中的直线命令后，在命令行的提示下应输入第一点的坐标，用鼠标在绘图区任意点取一点（图 4-4 矩形的左上角点）后，命令行提示输入下一点坐标，再输入命令"@300，0"（将上一点作为坐标原点），点确认键（每一个新坐标命令后都要点确认键以后不再赘述），后根据命令行提示下一点坐标再输入"@0，－300"，根据命令行提示下一点坐标再输入"@－300，0"，根据命令行提示下一点坐标再输入"@0，300"，完成正方形图形绘制。见图 4-4。

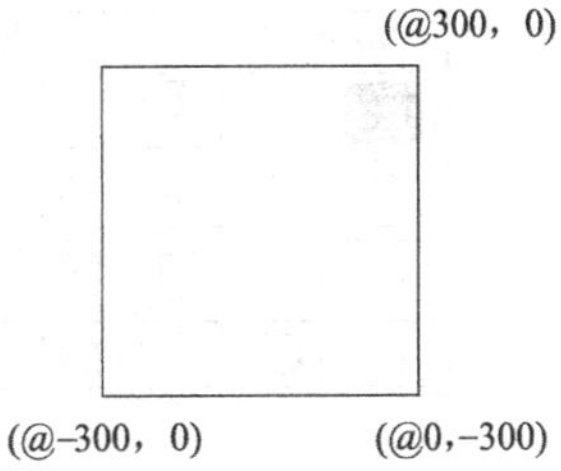

图 4-4　用相对坐标绘制的方形

三、动态输入

在 AutoCAD 使用动态输入功能，可以在光标位置处使用命令行。动态输入还显示每个命令的可用选项，引导新用户完成每个步骤，并提醒有经验的用户注意标准命令还有其他可用选项。这种直观的提示方式更能够引起用户的关注使得人机对话变得流畅。

选择菜单"工具"→"草图设置"或者用右键单击"动态输入"按钮，在弹出的快捷菜单中选择草图设置选项，打开"动态输入"选项卡如图 4-5 所示。其中"启用指针输入"复选框用于控制是否能够动态输入参考点，即启动绘图命令后的第一点坐标；"指针输入"设置用于设置第二点和后续点的坐标格式和可见性，默认为相对极坐标，"在十字光标附件显示命令提示和命令输入"复选框用于控制是否在十字光标线附近显示命令提示和命令输入。

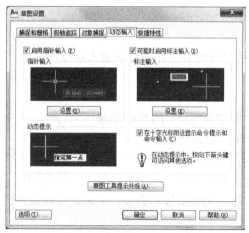

图 4-5 "动态输入"选项卡

利用动态输入模式输入坐标时，当输入完成一个坐标参数后，按 Tab 键可以切换到另一个坐标参数的输入，按 Enter 键即确定该点的位置。

当用户打开动态输入后，系统默认使用工具输入的第一点为绝对坐标值，第二点及其以后的点为相对坐标值，当用户需要在第二点或以后的点输入绝对坐标值时，在坐标值前加"♯"。

第二节 基本绘图命令

一、点的绘制

点是在 AutoCAD 中的一种定位方式，利用点可以精确的等分对象，如直线、圆弧、椭圆、圆等。利用点的标记可以方便地捕捉到精确的坐标位置。为了使点更明显，还可以设置不同的点的样式，有利于绘制过程中的观察比较，图形绘制结束后再将点设置成小点或不可见。点的大小还可以任意调节。

1. 点的样式

菜单："格式"→"点样式"出现对话框（见图 4-6）。其中有多种样式可以选择。点的大小可以设置，其中一种设置方式是相对屏幕设置点的大小。另一种方式是按绝对单位设置点的大小（见图 4-7）。根据各种点的样式可以确定所需要的点，注意，只要选定了点的样式

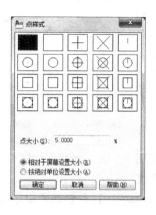

图 4-6 "点样式"对话框

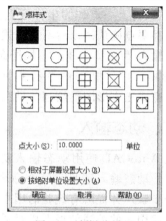

图 4-7 点样式设置

则在绘图区域范围内的点都是一种样式。一旦更改了一个点的样式，该图中的所有点都会发生变化，除了被锁住或者冻结的图层上的点。创建点对象可以有如下几种输入方式。

①"绘图"工具栏：点击工具栏中的"点"。

②"绘图"菜单：点（O）/单点（S）、多点（P）、定数等分（D）、定距等分（M）。

③命令行：point。

点可以作为捕捉对象的节点。可以指定点的全部三维坐标。如果省略 Z 坐标值，则假定为当前标高。点的外观根据格式菜单中的样式选定。除了绘制通过点的图形外，还可以选择在点的周围绘制。

2. 等分点

如果要求在某一图形上（如圆、圆弧、椭圆弧、多线段和样条曲线等）取点，可采用定数等分点和定距等分点的方法。

① 定数等分点：即是将点沿图形按指定数目等间隔排列。具体方法为：选择"绘制"→"点"→"定数等分"命令，在命令提示下选择要等分的对象，然后输入等分的数目，就可以在图形上绘制定数等分点了。

② 定距等分点：即是将选定的图形按指定的间距放置点，其方法为：选择"绘图"→"点"→"定距等分"命令。然后按命令提示下输入点与点间的距离。

绘制等分点，就是将点在对象上等分排列，对象包括直线和曲线，如圆、圆弧、椭圆弧、多断线和样条曲线等。

绘制过程如下：选择菜单中"绘图"，进入下拉菜单中的"点"，选择"定数等分"，系统的命令行提示

命令：_divide

选择要定数等分的对象：(点击要等分的对象)

输入线段数目或［块(B)］：(输入要等分的数目)

在命令行的命令后用鼠标点击选择要等分的直线或曲线对象。之后再输入要选择的等分数即可。在建筑电气中等分点一般在辅助画图中应用，点的样式可以根据需要选择为可见与不可见，见图 4-8。

此外还可以以块等分，前提是要预先制作出所要用来等分的块。所制作的块名为 B，块的拾取点就是各等分点的插入点。其等分过程：通过菜单选择"绘图"，展开下拉菜单后选择"点"再在展开菜单中选择等分点后按 Enter 键，再在命令行提示后输入选择要等分的对象，再在命令行提示下输入 b（即以块为等分点），按 Enter 键后再输入块名 B，按 Enter 键后再输入等分段数按 Enter 键即可。

下面是以小旗为块的等分示例。首先制作一个小旗，旗杆的尾部为拾取点，效果如图 4-9 所示。需要指出的是如果定数等分的对象不是闭合的，则等分点的位置是唯一的。如果对象是闭合的，则定数等分点的位置和鼠标选择对象的位置有关。如图 4-8 中的圆形对象的等分点可以调整改变。

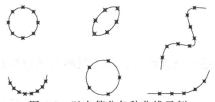

图 4-8　以点等分各种曲线示例

图 4-9　以块等分各种曲线示例

3. 测量点

除了定数等分外还可以定距等分，即测量点。定距等分的特点是等分的距离人为设定，但最后的一段距离往往要小于前面的给定距离。操作过程如下：选择菜单中"绘图"，进入下拉菜单中的"点"，选择"定距等分"，系统的命令行提示

命令：divide

选择要定距等分的对象：(点击要等分的对象)

输入线段数目或［块(B)］：(输入要等分的数目)

此外还可以利用已经制作好的块进行定距等分示例如下：

命令：_measure

选择要定距等分的对象：

指定线段长度或［块(B)］：b

输入要插入的块名：(输入块名)

是否对齐块和对象？［是(Y)/否(N)］〈Y〉：

指定线段长度：(输入块的距离)

定距等分如图 4-10、图 4-11 所示。

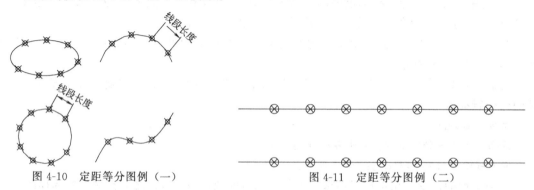

图 4-10　定距等分图例（一）　　　　　　　图 4-11　定距等分图例（二）

二、线的绘制

线段是构成图形的基本要素，线有不同的类型，如直线、构造线、多线、多段线等，线段的绘制对构造图形非常重要，其作用各不相同，直线是最基本的线段，其他都是在直线的基础上进一步扩展其功能而产生的。

在 AutoCAD 中，可以绘制直线、射线、构造线等线性图形。

1. 直线

直线是 AutoCAD 中最基本的图形之一。绘制直线的命令是 Line，它可以是一条直线，也可以是一系列相连的线段（其中的每条线段都是彼此独立的）。绘制直线的要素是起点和终点，只要确定起点和终点的位置即能绘制一条直线。其方法有 3 种。

① 在工具栏上选 工具按钮。

② 在命令提示符后输入 Line（或 L）命令，并回车。

③ 单击"绘图"→"直线"命令。

在 AutoCAD 中绘制直线不同于几何中的直线，它是一个直线段，在绘制的时候应注意以下内容。

① 绘制单独直线时，在命令行中输入 Line 后指定第一点，在窗口中单击一点，然后指

定下一点，按 Enter 键。如需精确定位需用坐标输入点的坐标。坐标可以是绝对坐标或在输入第一点后用相对坐标依次输入其他点。

② 绘制连续线段时，在命令行执行 Line 命令后指定第一点，在窗口中单击一点，然后指定下一点，按回车键。

③ 绘制封闭折线时，在命令提示"指定下一点或［闭合（C）/放弃（U）］:"下输入字符"C"，按回车键。

④ 绘制折线时，在命令提示"指定下一点或［闭合（C）/放弃（U）］:"下输入字符"U"，按回车键将删除上一直线。

2. 射线

射线是为了绘图方便而设置的一条辅助线。它是一端固定，另一端无限延长的直线。绘制射线的关键是输入通过点坐标。绘制射线的具体操作步骤如下。

① 单击菜单"绘图"→"射线"命令，在命令提示下输入起点坐标。

② 在绘图窗口中任意位置单击，在命令提示下输入通过点坐标。另外在提示下可以指定多个通过点来绘制以起点为端点的多条射线。

③ 任意单击一点作为通过点，按 Enter 键，即可绘制一条射线。

3. 构造线

构造线为两端可以无限延伸的直线。它没有起点和终点，可以放置在三维空间的任何地方，在 AutoCAD 中，构造线主要用于绘制辅助线。创建无限长的线，通常用构造线。绘制方法如下。

① "绘图"工具栏：点击构造线图标 ／ 。

② "绘图"菜单：构造线。

③ 命令行：xline。

命令操作后命令行出现提示：指定点或［水平（H）/垂直（V）/角度（A）/二等分（B）/偏移（O）］：指定点或输入选项

④ 命令格式。

选择"绘图"|"构造线"命令，可绘制构造线，此时命令行将显示如下信息：

xline 指定点或［水平 (H)/垂直 (V)/角度 (A)/二等分 (B)/偏移 (O)］：

指定通过点：(输入通过点坐标或用鼠标点选)

指定通过点：(输入通过点坐标或用鼠标点选)

通过指定两点来定义构造线时，第 1 个点为构造线概念上的中点（图 4-12）。

选择"水平"或"垂直"选项，可以创建经过指定点（中点），并且平行于 X 轴或 Y 轴的构造线。

图 4-12 通过两点的构造线

选择"角度"选项，可以先选择一条参照线，再指定直线与构造线的角度；或者指定构造线的角度，再设置必经的点，也可以创建与 X 轴成指定角度的构造线。

选择"二等分"选项，可以创建二等分指定角的构造线。这时需要指定等分角的顶点、起点和端点。

若选择"偏移"选项，则可以创建平行于指定基线的构造线，这时需要指定偏移距离，选择基线，然后指明构造线位于基线的哪一侧。

构造线可以用编辑命令进行编辑，但编辑后其线的类型发生改变。例如：构造线一端被修剪后就变成射线，两端被修剪后就变成直线。构造线通常用作辅助线。

4. 多线

多线是一种间距和数目可以调整的平行线组对象，可包含1～16条平行线，多用于绘制建筑墙体。

（1）命令格式

选择菜单"绘图"→"多线"命令，或者单击"绘图"工具栏中的多线按钮，系统提示如下：

命令：mline

当前设置：对正＝无，比例＝20.00，样式＝STANDAR

指定起点或[对正(J)比例(S)/样式＝(ST)]：

指定下一点：

指定下一点或[放弃(U)]：

指定下一点或[闭合(C)/放弃(U)]：

（2）操作说明

指定起点，这是默认项，指定多线的起始点。以当前的格式绘制多线。

光标位置对正，选择该选项后，系统提示：

输入对正类型[上(T)/无(Z)/下(B)]〈无〉：

其中，"上"表示当从左向右绘制多线时，多线上最顶端的多线将随着光标移动；"下"表示当从左向右绘制多线时，多线上最底端的多线将随着光标移动，见图4-13。

"比例"选项用于指定所绘制的多线宽度，相当于多线的定义宽度的比例因子，如图4-14所示。

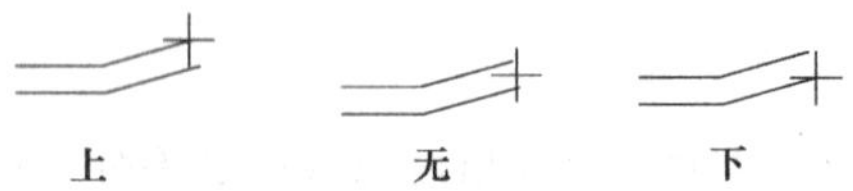

| 上 | 无 | 下 | 比例=20.00 | 比例=40.00 |

图 4-13 对正方式　　　　　　　　　　　　　　　　　　图 4-14 不同比例的多线

选择菜单栏"格式"下拉菜单的"多线样式"命令，系统弹出如图4-15所示的"多线样式"对话框，默认样式为标准型，多线的样式可以自行定义。

在多线元素设定对话框中可以设置线段的多少，并且采用偏移的方法区别放置多线的位置，添加线段，见图4-16。

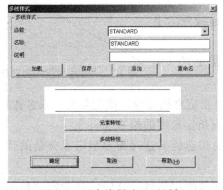

图 4-15 "多线样式"对话框

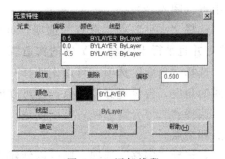

图 4-16 添加线段

在该对话框中，单击"元素特性"按钮，弹出"元素特性"对话框，如图4-17所示。从中可设置多线样式的元素特性，包括多线的线条数目、线条颜色和线型等。此外单击多线特性按钮，弹出多线特性对话框从中可设置多线对象的特性，如连接、封口和填充等。

在多线特性对话框中选择"显示连接"，以便在多线顶点处显示直线，在"封口"下，为多线的每个端点选择直线或圆弧并输入角度。只选择直线时封口是直线封住的端部，并且可以选择端部封口直线的角度，一般为直角。如选择外弧则直线的端部是圆弧状形式，见图4-18。

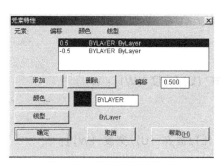 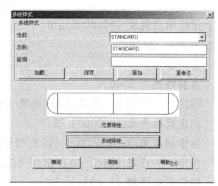

图 4-17　多线元素的设定　　　　　　　　　图 4-18　多线端点样式

5. 多段线

多线段是由相连的直线段或弧线段组成，作为单一对象使用。要想一次编辑所有线段，就要使用多线段。多段线本身可以设置宽度，可以在不同的段中设置不同的线宽，也可以使其中的一段线段的始末端点具有不同的线宽，因此也可以用它绘制各种很常见的图形，如箭头等。

（1）命令格式

选择"绘图"｜"多段线"命令，或者单击"绘图"工具栏中的多线按钮，系统提示如下：

命令：_ pline
指定起点：
当前线宽为 0.0000
制定了起点后，系统接着提示：
指定下一个点或 [圆弧(A)/半宽 (H)/长度 (L)/放弃 (U)/宽度 (W)]：
（2）操作说明

上述提示中"当前线宽为"说明了当前所绘多段线的宽度，其余各个选项的含义如下：

"制定下一个点"这是默认项，制定多段线另一端点的位置。响应后，AutoCAD 使用当前的多段线设置，从起点到该点绘出一段直线多段线，然后又重复出现前面的提示。

"圆弧"该选项将使"多段线"命令从绘制直线方式切换到圆弧方式，响应后，系统接着提示：

指定下一点或 [圆弧(A)/闭合 (C)/半宽 (H)/长度 (L)/放弃 (U)/宽度 (W)]：A 回车
指定圆弧的端点或
[角度 (A)/圆心 (CE)/闭合 (CL)/方向 (D)/半宽 (H)/直线 (L)/半径 (R)/第二个点 (S)/放弃 (U)/宽度 (W)]：

用户根据需要选择适当的方式绘制圆弧段，如再接着输入直线命令 L 后接着绘制直线如图 4-19 所示。"半宽"设置多段线的半宽度，即多段线宽度等于输入值的 2 倍。选择该选

图 4-19　多段线直线及圆弧绘制

项后，系统接着提示：

指定下一个点或［圆弧(A)/半宽（H)/长度（L)/放弃（U)/宽度（W)］：

指定下一点或［圆弧（A)/闭合（C)/半宽（H)/长度（L)/放弃（U)/宽度（W)］：W

指定起点宽度〈0.0000〉：10

指定端点宽度〈10.0000〉：0

命令：_ pline

指定起点：

当前线宽为 0.0000

指定下一个点或［圆弧（A)/半宽（H)/长度（L)/放弃（U)/宽度（W)］：W

指定起点宽度〈0.0000〉：5

指定端点宽度〈5.0000〉：(回车默认)

指定下一点或［圆弧（A)/闭合（C)/半宽（H)/长度（L)/放弃（U)/宽度（W)］：W

指定起点宽度〈5.0000〉：50

指定端点宽度〈50.0000〉：0

不同宽度的线段设置绘制的带箭头的直线见图 4-20。

"长度"以指定的长度绘制直线段。如果前一段线对象是圆弧，则该段直线的方向为上一圆弧端点的切线方向。

图 4-20　不同宽度的多线示意图

"放弃"删除多段线上的上一段线对象，以方便用户及时修改在绘制过程中出现的错误。

带宽度的多段线填充与否可以通过 fill 命令进行设置。

6. 样条曲线

样条曲线可以用来绘制复杂的曲线。样条曲线一般用于模拟一些曲线，如波浪线，正弦曲线等。

（1）命令调用方式

菜单："绘图"→"样条曲线"

工具栏：绘图工具 ⌒ 按钮

命令行：SPLINE

（2）命令操作

命令：_ spline

指定第一个点或［对象(O)］：　　　　　(点取起点)

指定下一点：　　　　　　　　　　　(点取下一点)

指定下一点或［闭合(C)/拟合公差（F)］〈起点切向〉：　　(点取下一点)

指定下一点或［闭合(C)/拟合公差（F)］〈起点切向〉：　　(点取下一点)

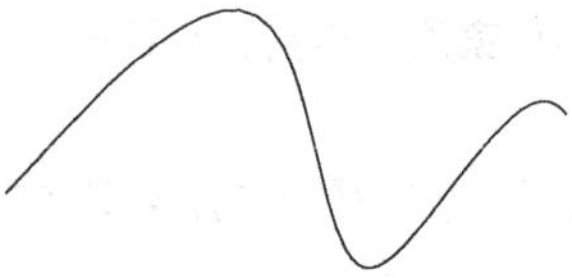

指定起点切向：

指定端点切向：

样条曲线见图 4-21。

（3）说明

图 4-21　样条曲线

对象（O)：将二维或三维的二次或三次样条曲线拟合多段线段转换成等价的样条曲线并删除多段线。

闭合（C）：将最后一点定义为与第一点一致并使它在连接处相切，这样可以闭合样条曲线。

指定切向：指定点或按〈Enter〉键，用户可以指定一点来定义切向矢量，或者使用"切点"和"垂足"对象捕捉模式使样条曲线与现有对象相切或垂直。

拟合公差（F）：修改拟合当前样条曲线的公差。根据新公差以现有点重新定义样条曲线。公差表示样条曲线拟合所指定的拟合点集时的拟合精度，公差越小，样条曲线与拟合点越接近，如果公差设置为"0"，则样条曲线通过拟合点，输入大于"0"的公差将使样条曲线在指定的公差范围内通过拟合点。

起点切向和端点切向：定义样条曲线的第一点和最后一点的切向。如果在样条曲线的两端都指定切向，可以输入一个点或者使用"切点"和"垂足"对象捕捉模式使样条曲线与已有的对象相切或垂直，如果按〈Enter〉键，AutoCAD 将计算默认切向。

三、圆的绘制

在工程绘图中，圆是最常见、也是最不可少的一种实体。利用 AutoCAD 可以绘制各种圆及圆弧，其方法简单，易懂。下面将介绍圆、圆弧、圆环和椭圆的绘制方法。

圆基本由圆心、半径、直径和圆上的点等参数来控制。在 AutoCAD2005 中，可以通过单击"绘图"→"圆"命令弹出的子菜单来绘制圆，也可以直接单击工具栏中的 ⊘ 按钮，或在命令行中输入 Circle（或 C）来启动圆的绘图功能。

圆的子菜单中的命令分别如下。

① 圆心、半径（R）：通过圆心和半径来绘制圆。

② 圆心、直径（D）：通过圆心和直径来绘制圆。

③ 两点（2）：通过两点来绘制圆，并且这两点间的距离作为圆的直径。

④ 三点（3）：通过三点来绘制圆。

⑤ 相切、相切、半径（T）：绘制一个与两个对象分别相切的圆，只要找到这两个切点，并输入半径即可绘制圆。

⑥ 相切、相切、相切（A）：通过依次指定与圆相切的三个对象来绘制圆。

下面具体介绍各种画圆的方式：

1. 用圆心、半径的方式画圆

① 单击"绘图"→"圆"→"圆心、半径"命令。

在命令行中将会出现下面提示：

指定圆的圆心或[三点(3P)/两点（2P）/相切、相切、半径（T）]（确定圆心）

② 在"指定圆的半径或［直径（D）]〈当前默认值〉"提示符后输入半径，或直接在绘图区按照圆的大小确定圆的位置。

绘制结果如图 4-22 所示。

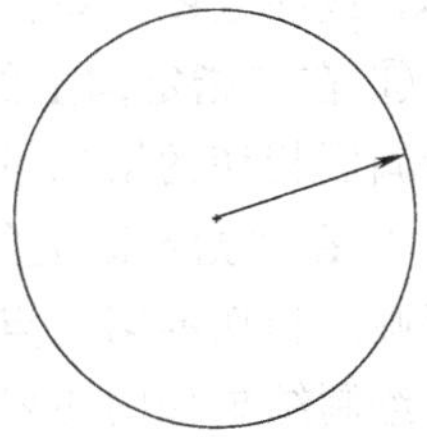

2. 用圆心、直径的方式画圆

① 单击"绘图"→"圆"→"圆心、直径"命令。

② 在命令行中将出现下面提示：

指定圆的圆心或［三点（3P)/两点（2P)/相切、相切、半径

图 4-22　圆心半径画圆

(T)]：（确定圆心）

③ 在"指定圆的半径或［直径（D）]〈当前默认值〉"提示符后输入 D。

④ 在"指定圆的直径〈原直径默认值〉"提示符后输入直径，或直接在绘图区单击。

绘制结果如图 4-23 所示。

图 4-23　圆心直径画圆

3. 用两点的方式画圆

① 单击"绘图"→"圆"→"两点"命令。

② 在提示符后面输入 2P。

③ 在［指定圆直径的第一个端点］提示符后面确定直径上的第一个端点，或在绘图区域中适当位置单击确定第一点。

④ 在［指定圆直径的第二个端点］提示符后面确定直径上的第二个端点，或在绘图区域中适当位置单击确定第二点。

绘制结果如图 4-24 所示。需要说明，所谓两点是指直径上的两点。

4. 用三点的方式画圆

① 单击"绘图"→"圆"→"三点"命令。

② 在提示符后面输入 3P。

③ 在"指定圆上的第一点"提示符后确定圆周上的第一点，或直接在绘图区单击确定圆周上的一点位置。

图 4-24　两点画圆

④ 在"指定圆上的第二点"提示符后面确定圆周上的第二点，或直接在绘图区单击确定第二点位置。

⑤ 在"指定圆上的第三点"提示符后面确定圆周上的第三点，或在绘图区直接确定。

绘制结果如图 4-25 所示。

图 4-25　三点画圆

5. 用相切、相切、半径的方式画圆

① 单击"绘图"→"圆"→"相切、相切、半径"命令。

② 在"指定对象与圆的第一个切点"提示符后面选择第一个目标实体。

③ 在"指定对象与圆的第二个切点"提示符后面选择第二个目标实体。

④ 在"指定圆的半径〈当前值〉"提示符后面输入公切圆的半径，或在绘图区直接点击圆心所在位置。

绘制过程如图 4-26 所示。

6. 用相切、相切、相切的方式画圆

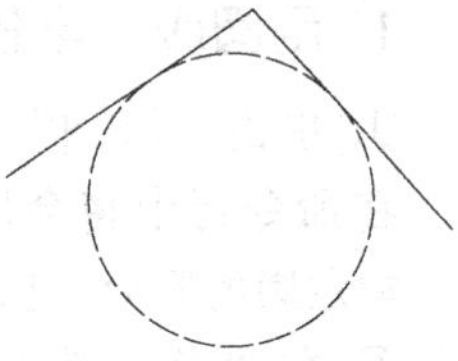

① 单击"绘图"→"圆"→"相切、相切、相切"命令。

② 在"指定圆上的第一点-tan to"提示符后面选择第一个目标实体，或在绘图区单击与所画圆相切的第一点。

图 4-26　相切半径

③ 在"指定圆上的第二点-tan to"提示符后面选择第二个目标实体，或在绘图区单击与所画圆相切的第二点。

④ 在"指定圆上的第三点-tan to"提示符后面选择第三个目标实体，或在绘图区单击与所画圆相切的第三点。

绘制结果如图 4-27 所示。

四、圆弧的绘制

圆弧是圆的一部分，因此绘制圆弧的方法和绘制圆的方法有很多类似之处。但是，圆弧有自己的起点和端点，有自己的圆心角，因此定义圆弧的参数很多，绘制方法自然也比圆复

杂。在 AutoCAD2005 中，启动圆弧的方式有以下几种。

① 在绘图工具栏上单击 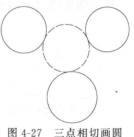 按钮。

② 在命令提示符后面输入 Arc 命令。

③ 单击"绘图"→"圆弧"命令。

进入上面命令时将会弹出一个子菜单，是圆弧的十一种画法，下面分别介绍。

图 4-27　三点相切画圆

1. 三点（P）

该方式是通过指定的三点来画圆弧，要求用户输入圆弧的起点、第二点和终点。具体步骤如下。

① 单击"绘图"→"圆弧"→"三点"命令。

② 在"指定圆弧的起点或［圆心（CE）］"提示符下确定起点位置，或在绘图区直接单击确定起点位置。

③ 在"指定圆弧第二点或［圆心（CE）/端点（EN）］"提示符下确定第二点，或在绘图区直接确定第二点位置。

④ 在"指定圆弧的端点"提示符下确定圆弧的终点。

绘制结果如图 4-28 所示。

图 4-28　三点画圆弧

2. 起点、圆心、端点（S）

该方式是通过指定的起点、圆心和端点的位置来绘制圆弧。给出弧的起点和圆心之后，弧的半径就可以确定，端点只决定弧的长度。具体步骤如下。

① 单击"绘图"→"圆弧"→"起点、圆心、端点"命令。

② 在"指定圆弧的起点或［圆心（CE）］"提示符下确定起点位置，或直接在绘图区确定起点的位置。

③ 在"指定圆弧的第二点或［圆心（CE）/端点（EN）］指定圆弧的圆心"提示符下确定圆弧的圆心，或在绘图区适当位置直接确定圆弧的圆心。

④ 在"指定圆弧的端点火［角度（A）/弦长（L）］"提示符下确定圆弧的端点，或直接在绘图区确定圆弧的端点。

绘制结果如图 4-29 所示。

3. 起点、圆心、角度（T）

该方式是通过指定的起点、圆心和角度来绘制圆弧。用户需要在"指定包含角"提示后输入相应的角度。具体操作步骤如下。

① 单击"绘图"→"圆弧"→"起点、圆心、角度"命令。

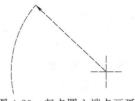

图 4-29　起点圆心端点画弧

② 在"指定圆弧的起点或［圆心（CE）］"提示符下确定圆弧的起点。

③ 在"指定圆弧的第二点或［圆心（CE）/端点（EN）］：_c 指定圆弧的圆心"提示符下输入圆弧的圆心点。

④ 在"指定圆弧的端点或［角度（A）/弦长（L）］：_a 指定包含角"提示符下输入角度。

绘制结果如图 4-30 所示。

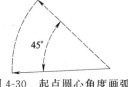

图 4-30　起点圆心角度画弧

4. 起点、圆心、长度（A）

该方式可以通过指定的起点、圆心和长度来绘制圆弧。弦是连接弧的两个端点的线段。沿逆时针方向画弧时，如果弦长为正则得到与弦长相应的最小的弧，反之得到最大的弧。具体步骤如下。

① 单击"绘图"→"圆弧"→"起点、圆心、长度"命令。

② 在"指定圆弧的起点或［圆心（CE）］"提示符下确定圆弧的起点，或单击绘图区的适当位置确定圆弧的起点。

③ 在"指定圆弧的第二点或［圆心（CE）/端点（EN）］：_c 指定圆弧的圆心"提示符下输入圆弧的圆心点。

④ 在"指定圆弧的端点或［角度（A）/弦长（L）］：_L 指定弦长"提示符下确定弦长。

绘制结果如图 4-31 所示。

5. 起点、端点、角度（N）

该方式是通过输入起点、端点和角度来确定弧的形状和大小。具体操作步骤如下。

① 单击"绘图"→"圆弧"→"起点、端点、角度"命令。

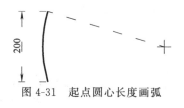

图 4-31　起点圆心长度画弧

② 在"指定圆弧的起点或［圆心（CE）］"提示符下确定圆弧的起点，或单击绘图区的适当位置确定圆弧的起点。

③ 在"指定圆弧的第二点或［圆心（CE）/端点（EN）］：_e 指定圆弧的端点"提示符下确定圆弧的端点。

④ 在"指定圆弧的圆心或［角度（A）/方向（D）/半径（R）］_a 指定包含角"提示符下输入一个角度。

绘制结果如图 4-32 所示。

6. 起点、端点、方向（D）

该方式是通过输入起点、端点和方向来绘制圆弧的。方向是指弧的切线方向，用角度表示。具体操作步骤如下。

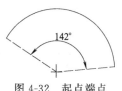

图 4-32　起点端点
角度画弧

① 单击"绘图"→"圆弧"→"起点、端点、方向"命令。

② 在"指定圆弧的起点或［圆心（CE）］"提示符下确定圆弧的起点，或单击绘图区的适当位置确定圆弧的起点。

③ 在"指定圆弧的第二点或［圆心（CE）/端点（EN）］：_e 指定圆弧的端点"提示符下确定圆弧的端点。

④ 在"指定圆弧的圆心或［角度（A）/方向（D）/半径（R）］_d 指定圆弧的起点切向"提示符下选择从起点开始的方向或直接输入角度。

结果见图 4-33。

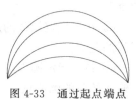

图 4-33　通过起点端点
不同方向的圆弧

7. 起点、端点、半径（R）

该方式通过起点、端点和半径来绘制圆弧的。用户只能沿逆时针方向绘制圆弧。若半径为正则得到起点到终点之间的短弧，否则得到长弧。具体操作步骤如下。

① 单击"绘图"→"圆弧"→"起点、端点、半径"命令。

② 在"指定圆弧的起点或"圆心（CE）"提示符下确定圆弧的起点，或单击绘图区的适当位置确定圆弧的起点。

③ 在"指定圆弧的第二点或［圆心（CE）/端点（EN）]：_e 指定圆弧的端点"提示符下确定圆弧的端点。

④ 在"指定圆弧的圆心或［角度（A）/方向（D）/半径（R）] _r 指定圆弧半径"提示符下选择或输入半径值。

结果见图 4-34。

8. 圆心、起点、端点（C）

该方式是通过圆心、起点、端点的位置来绘制圆弧的。

结果见图 4-35。

9. 圆心、起点、角度（E）

该方式是通过圆心、起点和角度来绘制圆弧的。

结果见图 4-36。

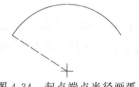

图 4-34　起点端点半径画弧

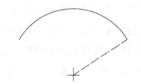

图 4-35　圆心起点端点画弧

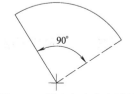

图 4-36　圆心起点角度画弧

图 4-37　圆心起点长度画弧

10. 圆心、起点、长度（L）

该方式是通过圆心、起点和长度来绘制圆弧的。

结果见图 4-37。

11. 继续（O）

在"指定圆弧的起点或［圆心（C）]："提示后按回车键，系统将以最后绘制的线段或圆弧的过程中确定的最后一点作为新圆弧的起点，以最后绘制的圆弧终止点处的切线方向作为圆弧在起始点处的切线方向，然后再指定一点即可绘制一个圆弧。绘制圆弧时，要尽可能地利用原有条件和图形，而不是通过计算得到起点、终点、圆心等，否则绘制圆弧可能出现小数的取舍而导致精度不够。结果见图 4-38。

图 4-38　圆弧延续

五、圆环与椭圆、椭圆弧及云线的绘制

圆环也是绘图中一个重要实体。可以选择"绘图"→"圆环"命令来绘制圆环。在操作过程中需要指定圆环的内径、外径和圆环的中心点，之后 AutoCAD 即在指定的中心点以指定的内、外径绘制一个圆环。同时 AutoCAD 会继续提示"指定圆环的中心点〈退出〉"，用户可以在此提示下继续确定中心点来绘制多个相同内、外径的圆环，直到用户在上面提示下按回车键，退出该选项，结束本命令。

1. 圆环的绘制

AutoCAD 中的圆环命令不仅可以绘制二维圆环，还可以绘制填充圆环。

（1）命令格式

菜单："绘图"→"圆环"命令，系统提示如下。

（2）操作说明

在上述提示下依次指定圆环的内径、外径和圆环的中心点，即得到一个绘制好的圆环。同时系统继续提示。

命令：_ donut

指定圆环的内径〈0.5000〉: 200

指定圆环的外径〈1.0000〉: 300

可以在此提示下继续指定中心点，以绘制多个相同内径和外径的圆环，直到按 Enter 键结束。如果在指定圆环内径的时候输入"0"，则绘制的图形为一个填充的圆。圆环的填充与否，可以通过 fill 命令控制，系统提示如下。

命令：fill

输入模式［开(ON)/关（OFF)]〈开〉: off

命令：_ donut

指定圆环的内径〈200.0000〉:

指定圆环的外径〈300.0000〉:

其中，"开"选项表示填充，"关"选项表示不填充。分别在开和关模式下绘制的圆环如图 4-39、图 4-40 所示。

2. 椭圆的绘制

在 AutoCAD 图形绘制当中，椭圆也是一种重要的实体。椭圆与圆的绘制方法基本相似，差别在于椭圆圆周上的点到中心的距离是变化的。椭圆的形状和大小主要由中心、长轴和短轴等参数来控制。绘制椭圆的命令为 Ellipse。椭圆命令的起动方式主要有 3 种。

图 4-39　填充的圆环

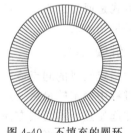

图 4-40　不填充的圆环

① 单击绘图工具栏中的 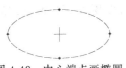 按钮。

② 在命令行输入 Ellipse 命令并回车。

③ 单击"绘图"→"椭圆"命令,将弹出一个子菜单,给出了 3 种绘制椭圆的方法。

椭圆有长轴、短轴和椭圆中心 3 个参数,只要这 3 个参数确定,椭圆就确定了。在 AutoCAD 中绘制椭圆的方法有三种:一种是端点和距离方式,一种是中心点和端点的方式,一种是通过圆的旋转投影方式。

(1) 通过端点和距离方式绘制椭圆

选择"绘图"|"椭圆"|"轴、端点"命令,系统提示如下。

命令: _ ellipse

指定椭圆的轴端点或 [圆弧(A)/中心点 (C)]:

指定轴的另一个端点:〈极轴 开〉

指定另一条半轴长度或 [旋转 (R)]:200

绘制结果如图 4-41 所示。

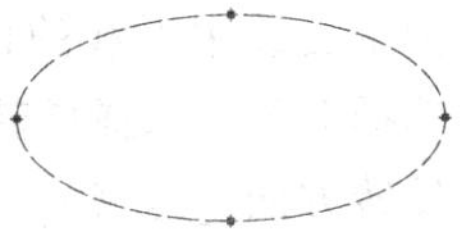

(2) 通过中心点和轴的两个端点绘制椭圆

选择"绘图"|"椭圆"|"中心点"命令,系统提示如下。

命令: _ ellipse

指定椭圆的轴端点或 [圆弧(A)/中心点 (C)]:_ c

指定椭圆的中心点:

指定轴的端点:

指定另一条半轴长度或 [旋转 (R)]:200

绘制结果如图 4-42 所示。

图 4-41　轴端点画椭圆示例

(3) 通过圆的旋转投影绘制椭圆

如果将一个圆绕其直径放置一定的角度,则该圆在原来所在平面上的投影为一个椭圆,该方法就是利用这种原理绘制椭圆,操作步骤如下。

命令: _ ellipse

指定椭圆的轴端点或 [圆弧(A)/中心点 (C)]:

指定轴的另一个端点:

指定另一条半轴长度或 [旋转 (R)]:R

指定绕长轴旋转的角度:60

所得结果仍为类似图 4-42 椭圆。

3. 绘制椭圆弧

椭圆弧是椭圆的一部分,选择"绘图"|"椭圆"|"圆弧"命令,或者单击"绘图"工具栏中的"圆弧"按钮,按照绘制椭圆的方法确定椭圆的形状后,AutoCAD 会提示用户确定椭圆弧的

图 4-42　中心端点画椭圆

起始及终止角度,或者用"参数"选项确定椭圆弧的两端点位置。系统提示如下。

命令: _ ellipse

指定椭圆的轴端点或 [圆弧(A)/中心点 (C)]:_ a

指定椭圆弧的轴端点或 [中心点 (C)]:

指定轴的另一个端点:

指定另一条半轴长度或 [旋转 (R)]:200

指定起始角度或 [参数 (P)]:－15

指定终止角度或［参数（P）/包含角度（I）］：240

绘制过程如图 4-43 所示。

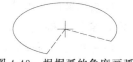

图 4-43　根据弧的角度画弧

4. 云线

所谓云线是由圆弧连接构成的线段。云线主要有装饰花边等作用。

点击绘图工具栏→⊠云线按钮后命令行提示如下。

命令：_ revcloud

最小弧长：15　最大弧长：15　样式：普通

指定起点或［弧长(A)/对象（O）/样式（S）］〈对象〉：　　　　　（用光标点击起点）

沿云线路径引导十字光标…

反转方向［是（Y）/否（N）］〈否〉：　　　　　（拖动光标沿需要的路径移动）

反转方向［是（Y）/否（N）］〈否〉：　　　　　（拖动光标沿需要的路径移动）

说明：

指定云线中弧线的长度：最大弧长不能大于最小弧长的三倍。

选择对象：选择要转换为修订云线的闭合对象

反转方向［是（Y）/否（N）］：输入 y 以反转修订云线中圆弧的方向，或按 ENTER 键保持圆弧的原样。

修订云线完成。

如选择样式输入命令 S 后将出现：选择圆弧样式［普通(N)/手绘（C）］〈默认/上一个〉：选择修订云线的样式。

图 4-44 是云线绘制效果图。

六、框的绘制

在 AutoCAD 中，可以用矩形或多边形作为图形的框。框是图形的重要组成实体，下面将介绍这两种框的绘制方法。

图 4-44　云线绘制效果图

1. 绘制矩形

矩形是多边形的一种，对边平行相等，邻边互相垂直。在 AutoCAD 中，矩形的绘制命令是 Rectangle。启动该命令后只要确定矩形对角线上的两个点即可绘制矩形。点的选取顺序并没有要求，可以从左到右也可以从右到左。在 AutoCAD 中，可以用以下 3 种方式启动矩形绘制命令。

① 单击"绘图"→"矩形"命令。

② 单击绘图工具栏中的 ▭ 按钮。

③ 在命令行中直接输入 REC 并回车。

绘制矩形的具体操作步骤如下。

① 启动 Rectangle 命令之后，命令提示符将提示如下信息：

指定第一角点或［倒角(C)/标高（E）/圆角（F）/厚度（T）/宽度（W）］：

② 输入点的坐标或任意指定一点作为第一点，命令提示显示如下信息：

指定另一角点或［尺寸(D)］：

③ 再输入另一点的坐标或任意一点作为另一点，然后按回车即可。

在绘制矩形时"指定第一角点"后面还有其他选项，其功能分别如下。

①"倒角（C）"：可以绘制一个带倒角的矩形，但是需要指定两倒角之间的距离。之后又返回"指定第一角点或[倒角(C)/标高（E)/圆角（F)/厚度（T)/宽度（W)]："命令，继续完成图形的绘制。

②"标高（E）"：可以指定矩形所在的平面高度，该选项一般用于绘制三维图形。

③"圆角（F）"：可以绘制一个带圆角的矩形，但是需要指定圆角的半径。

④"厚度（T）"：可以根据指定的厚度来绘制矩形，一般用于三维图形的绘制。

⑤"宽度（W）"：可以根据指定的宽度来绘制矩形，但是需要指定矩形的线宽。

2. 绘制多边形

在工程绘图中，有时需要绘制多边形，即 3 条以上的线段组成的封闭图形。正多边形的命令为 Polygon。该命令的启动方式有 3 种。

① 单击"绘图"→"正多边形"命令。

② 在绘图工具栏上单击 ⬡ 按钮。

③ 在命令提示符后面输入 Polygon 并回车。

在 AutoCAD 中绘制正多边形有 3 种方法。

（1）用内接法绘制正多边形 该种方法是把要绘制的正多边形内接于一个圆中，即正多边形的每个顶点都在这个圆周上。操作完毕之后圆本身并不显示。该种方法需要在提示符的提示下输入 3 个参数，分别为：边数；外接圆半径，即正多边形中心到每个顶点的距离；正多边形的中心位置。

（2）用外接法绘制正多边形 该种方法是把要绘制的正多边形外接于一个圆中，即正多边形的各边都在圆外，并且各边与该圆相切。该种方法也需要在提示下输入 3 个参数：正多边形边数；内切圆圆心；内切圆半径。

（3）用边长绘制正多边形 该种方法需要提供两个参数，在提示符的提示下只要输入正多边形的边数和边长即可。在一般情况下，如果知道正多边形的边长用该方法非常方便。

如五边形的绘制过程：

在绘图工具栏上单击 ⬡ 按钮后命令行提示如下。

命令：_ polygon 输入边的数目〈4〉:5（输入5后回车）

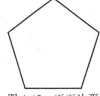

指定正多边形的中心点或 [边(E)]：   （在绘图区用左键点击中心点）

输入选项 [内接于圆(I)/外切于圆（C)]〈I〉：   （默认回车）

指定圆的半径：50（输入半径50后回车）

图 4-45　正五边形

绘制的正五边形见图 4-45。

第三节　查　　询

在绘图中有时需要了解两点间的距离、图形的面积、点的坐标等，AutoCAD 提供了方便的工具。查询工具可以在工具栏中单击右键选择出现菜单中的查询则出现查询工具，也可以通过菜单→"工具"→"查询"出现查询选项。见图 4-46。

一、查询两点间距离

菜单："工具"→"查询"打开菜单在其中选择"距离"。

在工具栏中右键单击后在出现的选项中选择"查询"，出现查询工具，点击其中的距离

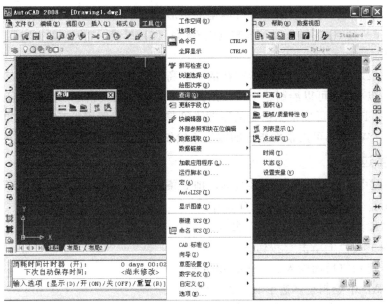

图 4-46　查询工具与查询菜单

按钮，根据提示分别点击线段的两端后回车则命令行提示如下。

命令：'_ dist 指定第一点：　　　（点选第一点）

指定第二点：　　　　　　　　（点选第二点后回车）

距离 = 563.4050,XY 平面中的倾角 = 38，　与 XY 平面的夹角 = 0

X 增量 = 441.5222，　Y 增量 = 349.9762，　Z 增量 = 0.0000

则命令行提示的距离倾角增量等信息。图 4-47 中的粗实线的两端点为查询对象，其中的各尺寸标注为查询信息的对应值。

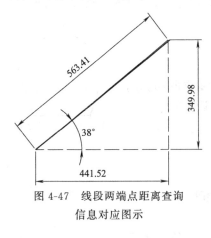

图 4-47　线段两端点距离查询
信息对应图示

二、查询点坐标

点击查询工具中的点坐标按钮，或菜单中的点坐标后单击要查询的点则命令行提示如下。

命令：'_ id 指定点：　X = 1987.9717　　　Y = 1022.5103　　Z = 0.0000

所提示的信息即为该点的三维坐标。因所取的点为任意点所以为小数，并且为绝对坐标。

三、查询面积

1. 角点查询

查询面积的方法是逐点点击多边形的各角点直至将其闭合后回车则在命令行输出查询信息，以图 4-48 为例说明。

点击查询工具中的面积按钮，或菜单中的面积后单击要查询的点则命令行提示如下。

命令：_ area

指定第一个角点或 [对象(O)/加（A）/减（S）]：

指定下一个角点或按 ENTER 键全选：　　　（点击最上端点）

指定下一个角点或按 ENTER 键全选：　　　（点击右侧端点）

指定下一个角点或按 ENTER 键全选：　　　　　（点击最下端点）

指定下一个角点或按 ENTER 键全选：　　　　　（点击左侧端点）

指定下一个角点或按 ENTER 键全选：　　　　　（点击最上端点封闭图形后回车）

　　面积 = 389754.9971，周长 = 2740.3554

　　括号内为各操作说明，最后为命令行提示查询信息。

　　依次选好其他角点之后，最后回到起始点。此命令只能查询全部由直线围成的图形，若曲线则不能用指定角点的方法来查询。

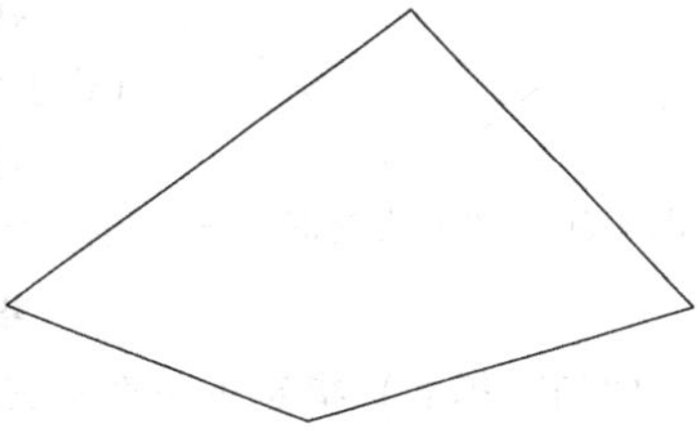

图 4-48　多边形面积查询

2. 对象查询

　　对象可以是圆、椭圆、矩形、正多边形、封闭的多段线或样条曲线。多段线或样条曲线不封闭时，系统默认用直线连接首尾两点来构成封闭区域，并查询封闭后图形的面积和周长。如查询图 3-1 图形面积，可以先将其转化为封闭的多段线或者以其为边界创建一个多段线，然后用对象查询查多段线的面积，以图 4-49 为例说明。

图 4-49　将对特殊图形换成封闭的多段线对象查询

　　① 先将由直线和圆弧组成的图形转换成连续封闭的多段线方法如下。

　　菜单："修改"→"对象"→"多段线"后命令行提示如下。

　　命令：_ pedit 选择多段线或 [多条(M)]：M　　　　　（选择多条转换输入 M 后回车）

　　选择对象：指定对角点：找到 4 个　　　　　（选择要转换的对象即图形的所有线段后回车）

　　是否将直线、圆弧和样条曲线转换为多段线?[是(Y)/否 (N)]?〈Y〉　　　（回车默认同意转换）

　　输入选项 [闭合 (C)/打开 (O)/合并 (J)/宽度 (W)/拟合 (F)/样条曲线 (S)/非曲线化
(D)/线型生成 (L)/反转 (R)/放弃 (U)]：J　　　　　　　　　　　（输入 J 将所有对象合并）

　　合并类型 = 延伸

　　输入模糊距离或 [合并类型 (J)]〈0.0000〉：　　　　　　（默认回车）

　　此时对象已经转换成了连续封闭多段线对象。

　　② 点击工具中的面积后命令行提示如下。

　　命令：_ MEASUREGEOM

　　输入选项 [距离(D)/半径 (R)/角度 (A)/面积 (AR)/体积 (V)]〈距离〉：_ area

　　指定第一个角点或 [对象 (O)/增加面积 (A)/减少面积 (S)/退出 (X)]〈对象 (O) 〉：　　O
（输入 O 或直接默认后回车）

　　选择对象：　　　　　　　　　　　　　　　　（用拾取框点击多段线图形后回车）

　　面积 = 3115492.0869，周长 = 6814.5348

　　此方法对查询较为复杂的图形时十分重要，当所查询对象不很复杂时也可以直接用连续的多段线绘制封闭图形后进行查询。

3. 加

　　点击查询工具面积按钮后命令行的提示中有"增加面积（A）"选项如输入 A 后回车即可在查询完第一个对象后接着继续查询第二个对象，完成后回车不但命令行指示第二个对象的查询信息还能反映前后两个对象的面积总和。以图 4-50 为例说明。

　　图 4-50 是一个三角形镜像后所获得的图形，上下三角形面积相同。用加模型分别查询

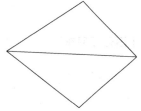

图 4-50 加模式查询面积

两三角形面积应相同,最后还应反映出两面积总和(命令语句后的括号为后加的说明)。

命令:_ MEASUREGEOM

输入选项[距离(D)/半径(R)/角度(A)/面积(AR)/体积(V)]〈距离〉:_ area   (启动查询面积)

指定第一个角点或[对象(O)/增加面积(A)/减少面积(S)/退出(X)]〈对象(O)〉:A   (输入A后回车)

指定第一个角点或[对象(O)/减少面积(S)/退出(X)]:

("加"模式)指定下一个点或[圆弧(A)/长度(L)/放弃(U)]:

("加"模式)指定下一个点或[圆弧(A)/长度(L)/放弃(U)]:

("加"模式)指定下一个点或[圆弧(A)/长度(L)/放弃(U)/总计(T)]〈总计〉:

("加"模式)指定下一个点或[圆弧(A)/长度(L)/放弃(U)/总计(T)]〈总计〉:   (点击上面三角形三个角点封闭后回车)

面积 = 2629509.9783,周长 = 8325.8561

总面积 = 2629509.9783

指定第一个角点或[对象(O)/减少面积(S)/退出(X)]:

("加"模式)指定下一个点或[圆弧(A)/长度(L)/放弃(U)]:

("加"模式)指定下一个点或[圆弧(A)/长度(L)/放弃(U)]:

("加"模式)指定下一个点或[圆弧(A)/长度(L)/放弃(U)/总计(T)]〈总计〉:

("加"模式)指定下一个点或[圆弧(A)/长度(L)/放弃(U)/总计(T)]〈总计〉:
(重复上面的操作查询下面的三角形后回车)

面积 = 2629509.9783,周长 = 8325.8561

总面积 = 5259019.9565

4. 减

利用减面积模式,可以查询面积相减得到的面积。执行查询面积命令后,先选择"加(A)"选项,选择要查询的较大面积的图形,再选择"减(S)"选项,选择要减去的图形,系统会自动算出它们面积的差值,以图4-51为例。

命令:_ MEASUREGEOM

输入选项[距离(D)/半径(R)/角度(A)/面积(AR)/体积(V)]〈距离〉:_ area   (启动面积查询)

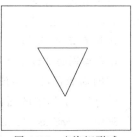

图 4-51　查询矩形减三角面积

指定第一个角点或[对象(O)/增加面积(A)/减少面积(S)/退出(X)]〈对象(O)〉:A   (输入增加面积A回车)

指定第一个角点或[对象(O)/减少面积(S)/退出(X)]:

("加"模式)指定下一个点或[圆弧(A)/长度(L)/放弃(U)]:

("加"模式)指定下一个点或[圆弧(A)/长度(L)/放弃(U)]:

("加"模式)指定下一个点或[圆弧(A)/长度(L)/放弃(U)/总计(T)]〈总计〉:

("加"模式)指定下一个点或[圆弧(A)/长度(L)/放弃(U)/总计(T)]〈总计〉:

("加"模式)指定下一个点或[圆弧(A)/长度(L)/放弃(U)/总计(T)]〈总计〉:
(分别点击矩形各角点后回车)

面积 = 8762451.9307,周长 = 11850.4683

总面积 = 8762451.9307

指定第一个角点或 [对象 (O)/减少面积 (S)/退出 (X)]：S　　　（查询矩形后接着查询三角
形并输入 S 选项）

指定第一个角点或 [对象 (O)/增加面积 (A)/退出 (X)]：

（"减"模式）指定下一个点或 [圆弧 (A)/长度 (L)/放弃 (U)]：

（"减"模式）指定下一个点或 [圆弧 (A)/长度 (L)/放弃 (U)]：

（"减"模式）指定下一个点或 [圆弧 (A)/长度 (L)/放弃 (U)/总计 (T)] 〈总计〉：

（"减"模式）指定下一个点或 [圆弧 (A)/长度 (L)/放弃 (U)/总计 (T)] 〈总计〉：

（点击三角形各角点封闭后回车）

面积 = 660646.1094，周长 = 3710.5099

总面积 = 8101805.8213

上面的总面积是矩形面积减三角形面积后的总面积。

四、查询面域/质量特性

利用"面域/质量特性"工具可以查询面域或实体的质量特
性。点击查询工具中的"面域/质量特性"按钮则出现拾取框，
用此拾取框点击要查询的对象即出现文本窗口，显示查询信息。
以图 4-52 为例说明。

图 4-52　三维实体查询

启动面域/质量特性查询后出现拾取框，用此拾取框点击
图 4-52实体后出现文本窗口（见图 4-53）。

图 4-53　显示质量特性的文本窗口

五、列表查询

利用"列表"工具可以以列表形式显示选定对象的特性参
数，单击查询工具中的"列表"按钮后出现拾取框，用此拾取框
点击要查询的对象，则出现文本窗口，显示要查询对象的具体信
息。需要指出的是所选的对象应是一体的对象，如圆、正多边
形、矩形椭圆等，如由不同的线段绘制的封闭图形可用前面所述
的转换成多段线的方法进行转换后再查询。以图 4-54 为例说明。

图 4-54　正五边形查询

用拾取框点击正多边形对象（图 4-54）后出现文本窗口（见图 4-55）。

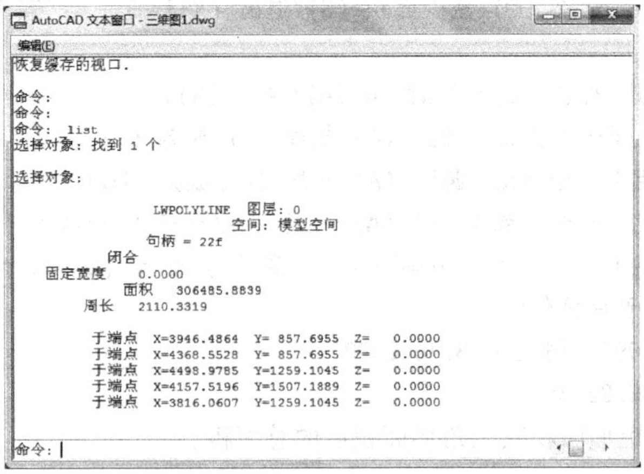

图 4-55 列表查询后的文本窗口

六、时间、状态、设置变量查询

在菜单中分别选择时间、状态、设置变量选项则出现时间信息窗口图 4-56、显示状态信息的文本窗口图 4-57 以及显示设置变量信息的文本窗口图 4-58。

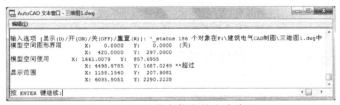

图 4-56 显示时间信息文本窗口

图 4-57 显示状态信息的文本窗口

图 4-58 显示设置变量信息的文本窗口

第四节 绘图实例

本节主要是利用基本绘图方法绘制几个电气元件，因只是利用基本绘图工具，所以只列举几个简单的图例绘制过程。

一、插座符号的绘制

如图 4-59 为一插座图标，具体绘制过程见图 4-60。首先绘制圆弧，做法是菜单："绘图"→"圆弧"→"起点圆心端点"方式由下至上在垂直方向上（将追踪打开）绘半圆。然后用捕捉端点的方法用直线工具将半圆封口。然后再在圆弧顶端绘直线。起点端点定位的方法是利用捕捉和追踪的方法定位，即先启动直线命令后用光标分别捕捉图 4-61 中的切点和中点，此时在捕捉切点然后向右移动光标时将出现水平追踪虚线，再向下捕捉圆弧顶端的中点然后垂直移动光标时将出现垂直方向追踪虚线，在两追踪线的交点点击鼠标左键即直线的起点，然后用类似的方法捕捉追踪下一点后回车确认即完成竖向直线绘制。再在圆弧顶点绘制一横向直线完成整个图形绘制。

图 4-59 插座　　　图 4-60 插座绘制过程（从左至右）　　　图 4-61 利用追逐定位起始点绘直线

二、荧光灯图标绘制

荧光灯图标见图 4-62。首先用直线工具绘制一条竖线，线宽为 0.1。然后用点对该竖线三等分，方法是菜单："绘图"→"点"→"定数等分"回车后选择要等分的竖线后，根据命令行的提升输入等分的数目为 3 后回车。用多段线在已经等分的部位画横线，在绘图工具中点击多段线按钮后根据命令行的提升输入 W（线宽），然后根据提升输入起点宽度为 10，端点宽度也直接回车默认为 10，横向拖动光标为 3 倍竖线长度点击鼠标回车。再利用捕捉追踪的方法画右端另一竖线（见图 4-63），起点端点均采用捕捉追踪的方法获得。然后再用多段线在已经等分好的点位置画另一横线，完成全部图形。

图 4-62 荧光灯图标　　　图 4-63 利用捕捉追踪获得直线起点

三、应急照明灯图标的绘制

应急照明灯图标见图 4-64，各部分尺寸见图 4-65。先在绘图工具中点击矩形按钮，出现提示后用鼠标点击矩形左下角点，然后根据命令行提示用相对坐标输入右上角点坐标（@

500，500）后回车确认。接着点击绘图工具栏中直线按钮，移动十字光标用捕捉方式捕捉矩形的左下角点后在命令行输入相对坐标（@36，36）即斜线的起点回车后，接着输入（@429，429）完成第一条斜线，继续用相似方法绘制另一斜线。点击直线按钮后移动十字光标捕捉矩形的左上角点然后用相对坐标输入（@36，－36）后回车，再输入另一点相对坐标（@429，－429）回车完成另一直线的绘制。接着选择菜单→"绘图"→"圆环"根据命令行提示指定圆环的内径〈1〉：0；指定圆环的外径〈1〉：275；指定圆环的中心点或〈退出〉：点击两斜线的交点后回车完成整个图形的绘制。

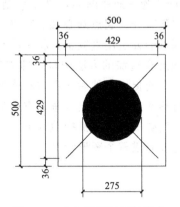

图 4-64　应急照明灯图标　　　　　　　图 4-65　应急照明灯图标尺寸

四、客访对讲单元主机图标的绘制

客访对讲单元主机图标见图 4-66，尺寸标注见图 4-67。画法是先在绘图工具中点击正多边形按钮后命令行提示：

命令：_ polygon 输入边的数目〈4〉：3　　　（输入3为了制作三角形）

指定正多边形的中心点或［边(E)］：E　　　（选择边的形式）

指定边的第一个端点：　　　　　　　　　（随意点击一点）

指定边的第二个端点：@500,0　　　　　　（用相对坐标输入第二点）

完成了大三角形的绘制。然后用相似的方法绘制小三角形，还是点击正多边形按钮，根据命令行提示输入 3，回车后再根据提示选择边即输入字母 E 后回车，然后根据命令行提示用十字光标捕捉点击大三角形右侧腰线中心点后再点击左侧腰线中心点后回车即完成两三角形的绘制。接着是绘制外面大的方形外框，先画一小矩形辅助定位，方法是点击绘图工具中

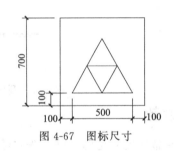

图 4-66　客访对讲　　　　图 4-67　图标尺寸　　　　图 4-68　用小矩形定位大矩形
单元主机图标

的矩形按钮后根据命令行提示选择矩形对角线的第一点捕捉并点击大三角形的左下角点,然后根据提示再用相对坐标输入第二点(@-100,-100)。小矩形的左下角即为大矩形的一定位点。再点击矩形按钮,根据提示选择第一点捕捉并点击小矩形的左下角点后根据提示第二点输入相对坐标(@700,700)后回车完成的图形见图4-68。继续选中小矩形后再点Delete键删除小矩形完成全部图形绘制,见图4-65。

以上所绘制的图形为自定的尺寸,根据实际需要可以放大或缩小。

第五章 二维图形编辑

图形编辑是指对所画图形或图块进行加工处理的操作过程。如何应用各种编辑手段对绘制建筑电气图形至关重要。灵活地应用 AutoCAD 的各种编辑手段能够使所绘制的图形更加精准高效。

AutoCAD 为用户提供了丰富的图形编辑功能，包括复制、移动、偏移、镜像、旋转、修剪、缩放、拉伸等。绘制一个对象的方法不是唯一的，但应在绘制过程中尽可能地使用更加简捷的操作方法和编辑手段，丰富的编辑功能为我们提供了更多选择。

第一节　AutoCAD 基本编辑及对象操作

一、基本编辑

1. 取消命令（Undo）

在编辑过程中，经常会出现错误的操作，使用 Undo 命令可以取消错误或不当的操作而不必删除整个图形，在 AutoCAD 绘图中，只要没有用命令结束操作，进入软件后的所有操作都保存在缓冲区中，这时使用 Undo 命令可以逐个取消所进行过的操作，直至软件进入原始启动状态。

Undo 命令可以通过以下 4 种方式打开。

① 在命令行输入 U 并回车。

② 在标准工具栏单击 按钮。

③ 在菜单栏中选择"编辑"→"放弃"。

④ 使用快捷键 Ctrl＋Z，也可以执行 Undo 命令。

在 Undo 命令中，U 只是 Undo 的一个命令单元，并不是整个 Undo 的所有参数。它有以下几个命令参数选项。

①"自动"：当设为 ON（开启）时，使用一个 Undo 命令可以返回同一菜单下的几条命令。

②"控制"：该参数是系统为 Undo 命令保留的恢复参数。

③"开始"与"结束"：二者通常联合使用，用户通过一系列的命令定义一个小组，用 Undo 的"开始"和"结束"定义小组的起始位置。

④"标记"和"后退"：二者通常联合使用，用户在编辑过程中可以用"标记"来设定

所需的位置，当需要找到该位置时，可以通过"后退"返回到标记位置。

另外需要注意的是：

① 使用 U 命令可以取消前一次或前几次执行的命令；

② 在命令行执行 Oops 命令，可以取消前一次的删除对象，使用 U 命令只能取消前面的删除操作，而不能影响其他操作；

③ 有时在命令提示过程中也可取消一些操作，有的命令在执行前提示"放弃"选项，用户可选择"放弃"，若连续选择放弃也可取消前一步的操作。

2. 删除命令（Erase）

在绘图命令中，经常会出现一些错误图形操作，或是一些中间性的图形，例如：辅助线之类的图形。使用 Erase 命令可以删除这些实体。可以通过以下 4 种方式启动 Erase 命令。

① 在"修改"工具栏中单击 🖉 按钮。

② 在"命令"提示符下输入 ERASE 并回车。

③ 单击"修改"→"删除"命令。

④ 选中要删除的实体，单击右键选择"删除"选项。

启动 Erase 命令后，命令行就会出现"选择对象"提示符，此时用户可在其后选择需要删除的图形，然后按回车或鼠标右键即可删除。此时这些删除的图形并未彻底被系统粉碎，只是临时性的删除，只要没存盘或退出，用户都可以使用 Oops 或 Undo 命令来恢复。但是，使用 Oops 命令只能恢复前一次删除的图形，若连续使用 Erase 删除图形，就只能使用 Undo 命令来恢复了。

3. 重做命令（Redo）

Redo 为重复执行上一步操作的命令，与 Undo 命令联合使用，Redo 命令只有在执行 Undo 操作后才生效，它没有任何附加参数，当连续执行两次以上 Undo 命令后，它只对最近一次的操作有效。

启动 Redo 命令有以下 4 种方式。

① 在命令行输入 Redo 并回车。

② 在标准工具栏单击 ⤵ 按钮。

③ 单击菜单栏中的"编辑"→"重做"命令。

④ 按下快捷键 Ctrl＋Y。

4. 重画命令（Redraw）

使用重画命令可以清除临时标记，同时会更新屏幕，还可以更新用户当前使用的窗口。可以通过以下 2 种方式起用 Redraw 命令。

① 在命令行输入 Redraw 命令并回车。

② 单击菜单栏中"视图"→"重画"命令。

需要注意的是：选择"视图"→"全部重画"将启动全部重画（Redrawall）可以更新多个窗口。

此外在绘制过程中还要频繁使用 Esc 键退出命令或操作，或用 Enter 键确认编辑命令。不退出当前操作下一个命令无法执行，不确认操作不能执行完毕。

二、对象操作

对象操作是指对用基本绘图命令绘制的图形进行各种编辑，从而能够方便地得到各种复杂图形。

1. 复制

要对一个选择集进行一次复制，可按下列步骤进行操作。

（1）使用以下任一种方法

① 在命令提示下，键入 copy（或 co 或 cp），并按回车键。AutoCAD 将会提示选择的对象。

② 在"修改"工具栏中单击 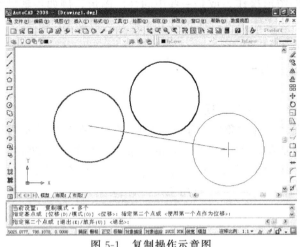 图标。

③ 选择"修改"→"复制"菜单项。

图 5-1　复制操作示意图

（2）选择要进行复制的对象，然后按回车键。AutoCAD 提示指定基点或位移，或者［重复（M）］。

（3）指定基点后，AutoCAD 提示指定位移的第二点或〈用第一点作位移〉的信息。

（4）将位于复制对象基点的十字光标拖动后即将要复制的对象拖出（图 5-1）。拖到需要的位置后点击鼠标即在此位置复制了一个对象。若还要再复制多个对象则不停地拖动光标移动并点击左键放置在新的位置上，结束时回车即可。不想多重复制则在复制第一个对象后即回车。

2. 使用剪贴板进行复制与粘贴

可以使用 Windows 剪贴板从一个图形到另一个图形之间、从图纸空间到模型空间之间，或者在 AutoCAD 程序与其他程序之间进行剪切或复制对象。从图形中剪切清除被选对象并在剪贴板上恢复这些对象。从图形中复制多个被选对象，并将它们放置在剪贴板上。

要将对象剪切到剪贴板上，可按下列步骤进行操作。

（1）选择所要剪切的对象。

（2）使用以下任一种方法。

① 命令：输入 cutclip，按回车键。

② 选择"编辑"→"剪切"菜单项。

③ 在"标准"工具栏中单击 图标。

④ 按快捷键"Ctrl＋X"。

⑤ 在绘图区单击鼠标右键，从弹出的快捷菜单中选择"剪切"菜单项。

要将对象复制到剪贴板上，可按下列步骤进行操作。

（1）选择所要复制的对象。

（2）使用以下任一种方法。

① 命令：输入 copyclip，按回车键。

② 选择"编辑"→"复制"菜单项。

③ 在"标准"工具栏中单击 图标。

④ 按快捷键"Ctrl+C"。

⑤ 在绘图区单击鼠标右键，从弹出的快捷菜单中选择"复制"菜单项。

在使用 COPYCLIP 命令或 CUTCLIP 命令将对象复制到剪贴板上时，必须非常小心地控制这些对象的基准点，以便以后将这些对象粘贴到其他图形中。在将对象复制到剪贴板上时，可以使用 COPYBASE 命令指定基准点。

在将对象复制到剪贴板上时，要指定基准点，可按下列步骤进行。

(1) 使用以下任一种方法。

① 在命令行输入 copybase 命令，并按回车键。

② 选择"编辑"→"带基点复制"菜单项。

③ 在绘图区单击鼠标右键，从弹出的快捷菜单中选择"带基点复制"菜单项。

(2) 指定基准点。

(3) 选择所要复制的对象。

如果不复制所选的对象，可以将整个视图复制到剪贴板上。如果有一个以上的可见视口，那么 AutoCAD 将会复制当前视口。

要将一个视口复制到剪贴板上，可以使用以下任一种方法。

① 在命令行键入 copylink 命令，并按回车键。

② 选择"编辑"→"复制链接"菜单项。

COPELINK 命令可将视图链接回 AutoCAD 的原始图形上。将一个视图的副本粘贴到另一个文档，如果以后更新原始图形，那么通过更新链接可以非常简单地更新该副本。

复制在剪贴板中的任何对象都可以粘贴到一个图形中。添加到图形中的剪贴板元素的格式取决于剪贴板中信息的类型。如果将 AutoCAD 的图形对象复制到剪贴板中，则 AutoCAD 将它们作为 AutoCAD 的对象粘贴到图形中。但如果在其他程序中将对象复制到剪贴板中，则可以通过使用保持多数信息的格式将它们粘贴到当前图形中。例如，如果剪贴板中包含 ASCII 文本，AutoCAD 会将文本插入到当前图形中作为文本段落。

要从剪贴板中粘贴对象，使用以下任一种方法。

① 在命令行输入 pasteclip 命令，并按回车键。

② 选择"编辑"→"粘贴"菜单项。

③ 在"标准"工具栏中单击 图标。

④ 在绘图区单击鼠标右键，从弹出的快捷菜单中选择 Paste 菜单项。

⑤ 使用快捷键"Ctrl+V"。

从剪贴板中粘贴对象时，AutoCAD 的响应取决于被粘贴对象的类型。如果剪贴板中包含一个 AutoCAD 的对象，AutoCAD 将会提示指定插入点；如果剪贴板中包含 ASCII 文本。AutoCAD 会使用 MTEXT 作为默认设置，并将文本插入到绘图左上角，ASCII 文本将变成多行文字对象。

3. 镜像

使用 MIRROR 命令可以创建一个对象的镜像图形。所镜像的对象穿过一条通过图形中指定的两点定义的镜像线，如图 5-2 所示。在镜像一个对象时，可以保留或删除原始对象，也可以使用"先执行后选择"或者"先选择后执行"对象选择方式。

(1) 镜像图形

要镜像一个对象，可按下列步骤进行操作。

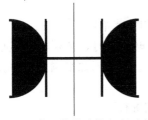

图 5-2　使用镜像功能复制对象

① 使用以下任一种方法

a. 在命令行键入 mirror，然后按回车键。

b. 选择"修改"→"镜像"菜单项。

c. 在"修改"工具栏中单击 图标。

这时，AutoCAD 提示选择对象。

② 选择要镜像的对象，按回车键，AutoCAD 提示指定镜像线的第一点。

③ 指定镜像线的第一点，AutoCAD 提示指定镜像线的第二点。

④ 指定镜像线的第二点，AutoCAD 提示是否删除源对象，输入回车键将保留原始对象。

在镜像对象时，打开正交模式是十分有益的，它可以使镜像的副本呈垂直或水平状态。

（2）镜像文字

在镜像文字时，AutoCAD 能自动防止文字反转或倒置。如图 5-3 所示。

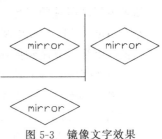

图 5-3　镜像文字效果

4. 偏移

OFFSET 命令用于偏移一定距离复制一个被选对象，并将指定的直线、圆、圆弧、多线段、样条曲线等实体作等距复制。对于 OFFSET 命令不能使用"先选择后执行"的对象选择方式。要偏移复制一个对象，可按下列步骤进行：

（1）使用以下任一种方法。

① 在命令行键入 offset，然后按回车键。

② 单击"修改"→"偏移"菜单项。

③ 在"修改"工具栏中单击 图标。

（2）通过选择两个点或键入一个距离值指定距离。

（3）指定要进行偏移的对象。

（4）通过单击指定将平行偏移的副本放置在原始对象的哪一侧。

（5）重复执行步骤（3）和（4），或按回车键结束命令。

使用 OFFSET 命令每次只能复制一个对象。圆、椭圆、多边形等的偏移结果是与原对象形状类似、大小不同的图形，圆弧偏移后与原来的圆弧有相同的圆心角，但是圆弧的大小发生了改变。如果不回车或按 ESC 键退出，偏移操作可以重复进行在原有的基础上不断偏移，如产生一系列平行线或一系列同心圆等。

使用 offset 命令复制效果如图 5-4 所示（上面的图形是原图，下面的图是偏移后的效果）。

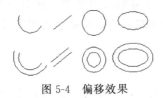

图 5-4　偏移效果

5. 移动

可以移动一个或多个对象，而且还可以按一个指定点旋转对象。在对象的移位时，使用"先选择后执行"或者"先执行后选择"对象选择方式。

MOVE 命令用于对二维或三维对象进行重新定位。执行该命令时，若已经选定了对象，则用户将首先被提示给出基点或一个偏移量。

要移动一个对象，可按下列步骤进行操作。

(1) 使用以下任一种方法。

① 在命令行键入 move（或 m 命令），然后按回车键。

② 选择"修改"→"移动"菜单项。

③ 在"修改"工具栏中单击 ✛ 图标。

AutoCAD 提示选择对象。

(2) 选择要移动的对象，并按回车键。AutoCAD 提示指定基准点或位移。

(3) 指定基准点后 AutoCAD 提示指定位移的第二点或用第一点作位移。

(4) 指定位移点。

使用 Move 工具对图形对象进行移动的操作如图 5-5 所示。

6. 旋转

ROTATE 命令可以使用户精确地旋转一个或一组对象。可以根据指定的旋转角度或者一个相对于基准参照角度旋转对象。其默认方式是在旋转对象时，使用相对于当前方位的旋转角度作为指定的基准点。其中，正角度值使对象按逆时针方向旋转，负角度值将使对象按顺时针方向旋转。

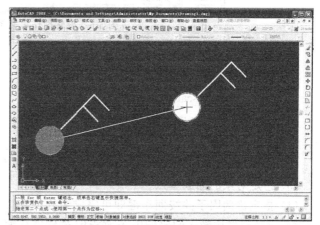

图 5-5　移动操作示意图

要旋转一个对象，可按下列步骤进行操作。

(1) 使用以下任一种方法。

① 在命令行键入 rotate（或 ro 命令），然后按回车键。

② 选择"修改"→"旋转"菜单项。

③ 在"修改"工具栏中单击 ↻ 图标。

AutoCAD 提示选择对象。

(2) 选择要旋转的对象，并按回车键。AutoCAD 提示指定旋转的基准点。

(3) 指定基准点后，AutoCAD 提示指定旋转角度。

(4) 指定旋转角度。

有时，参照另一个对象旋转对象比指定一个基准点旋转对象要容易，例如，要旋转一个对象与另一个对象对齐。Reference 选项可用于选择要旋转的对象以及要对齐的对象。

使用 Rotate 工具对图形对象进行旋转的操作如图 5-6 所示。

7. 缩放

将选定的对象按比例进行放大或缩小。既可以通过指定一个比例因子也可以通过指定一个基准点和一个长度来修改对象的大小，哪一个将被用做比例因子将根据它在当前图形中的位置而定。还可以使用参照一个基准比例因子的比例因子，例如，指定当前长度和一个新长度用于一个对象。可以使用"先执行后选择"或"先选择后执行"对象选择方式。

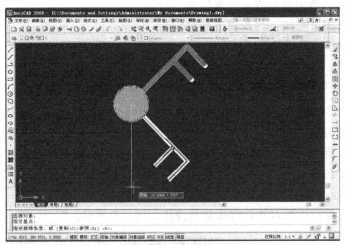

图 5-6 旋转操作示意图

比例缩放对象的步骤如下。

（1）使用以下任一种方法。

① 在命令行键入 scale，然后按回车键。

② 在"修改"工具栏单击 图标。

③ 选择"修改"→"比例"菜单项。

（2）选择对象并按回车键，AutoCAD 提示指定基准点。

（3）指定对象的缩放基点。

（4）指定比例因子并按回车键即可完成缩放对象的操作。

AutoCAD 将按输入的比例因子对指定对象进行缩放，输入的比例因子大于"0"且小于"1"时，图形将缩小；大于"1"时，图形将放大。

使用比例缩放功能对调节图形的大小非常有用，效果如图 5-7 所示。

8. 拉伸

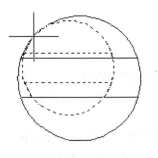

图 5-7　比例缩放效果示意图

可以通过拉伸对象修改对象的大小。将选取的对象局部拉伸或移动，该命令必须用窗口方式选取对象。当整个对象位于窗口内时，执行结果是对象只发生移动，即与移动命令相同；如果对象与窗口相交，执行结果是对象被拉伸或压缩。

既可以使用"先执行后选择"对象方式，也可以使用"先选择后执行"对象选择方式。

要拉伸一个对象，可按下列步骤进行操作：

（1）使用以下任一种方法。

① 在命令行键入 stretch（或 s 命令），然后按回车键。

② 在"修改"工具栏中单击 图标。

③ 选择"修改"→"拉伸"菜单项。

（2）选择要拉伸的对象，并按回车键。

（3）指定基准点，AutoCAD 提示指定位移的第二点。

（4）指定位移第二点。

使用效果如图 5-8 所示。

9. 拉长

用于改变非封闭对象的长度或角度。可以使用 LENGTHEN 命令修改圆弧、直线、椭圆弧、不封闭多线段和不封闭样条曲线的长度。不能将"先选择后执行"对象选择方式用于 LENGTHEN 命令。

图 5-8　拉伸效果示意图

可以使用以下任一种方法调用该工具功能。

① 在命令行键入 lengthen（或 len 命令），然后按回车键。

② 在"修改"工具栏中单击 ✏ 图标。

③ 选择"修改"→"拉长"菜单项。

AutoCAD 提示选择对象或［增量 DE/百分数 P/全部 T/动态 DY］。

以下对各个选项作具体介绍。

① 增量"Delta"：该选项用于指定增量来改变选择对象。选择"DE"选项并按回车键后，AutoCAD 提示输入长度增量或角度，输入后选择要拉长的对象，并按回车结束。当用户输入长度值或角度值后，增量是从离拾取点最近的对象端点开始量取的，正值表示加长，负值表示缩短。

② 百分数"Percent"：该选项用于指定百分比来改变选择对象。选择"P"选项并按回车键后，AutoCAD 提示输入百分比，输入后选择要改变的对象，并按回车结束命令。当用户输入大于百分之百的数，选择的对象将加长，反之将缩短。

③ 总数"Total"：该选项用于指定所选对象从固定端开始的新长度或角度。选择"T"选项并按回车键后，AutoCAD 提示输入总长度值，输入后选择对象，并按回车结束命令。当用户输入一个总长度值后，选择的对象将按该长度值来绘制对象。

④ 动态"Dynamic"：该选项用于将离拾取点较近的一端被拖动到新的位置，另一端不变。选择"DY"选项并按回车键后，AutoCAD 提示选择对象，选择后指定新的终点，并按回车结束命令。当用户指定一个新的终点时，选择的对象一端不动，被选择的端点将被拖动到新的位置。

对于直线和圆弧分别是由长度和圆心角控制加长或缩短。

10. 修剪

该命令可以使用户剪去直线、圆弧、圆、多线段、射线以及样条曲线中穿过用户所选切割边的部分。使用 TRIM 命令时，首先选择剪切边，然后指定要剪切的对象，既可以一次选择一个对象，也可以用框选方式选择多个对象。不能将"先选择后执行"对象选择方式用于 TRIM 命令。

要修剪一个对象可以按下列步骤进行操作。

（1）使用以下任一种方法。

① 在命令行键入 trim（或 tr 命令），然后按回车键。

② 在"修改"工具栏中单击 ✂ 图标。

③ 选择"修改"→"修剪"菜单项。

AutoCAD 有三种提示：当前设置：投影＝UCS 边＝无；选择边界的边；选择对象。

（2）选择作为剪切边界的对象。AutoCAD 提示选择要修剪的对象或［投影（P）/边

（E)/放弃（U)）。

（3）选择一个要剪切的对象。AutoCAD 重复上面的提示。

（4）选择另一个要剪切的对象或按回车键结束命令。

如果选择了多个剪切边界，对象将与它所碰到的第一个剪切边界相交。如果在两个剪切边界之间的对象上拾取一点，在两个剪切边界之间的对象将被删除。如果所要进行剪切的对象还是一个剪切边界，被删除的部分将在屏幕上消失，并且剪切边界不再高亮显示。不管怎样，其可见部分仍可作为剪切边界。

使用 trim 工具对图形进行修剪的效果如图 5-9 所示。

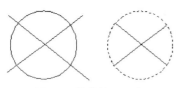

图 5-9　修剪效果示意图

11. 打断

该命令可以将对象指定的两点间的部分删掉，或将一个对象打断成两个具有同一端点的对象。通过指定两个点打断对象，作为默认设置，用于选择对象的点也是打断对象的第一个点，但是不管怎样，可以用"第一点"选项将打断点与选择对象的点区分开来。不能将"先选择后执行"对象选择方式用于 BREAK 命令。

使用指定的两个点打断一个对象，可按下列步骤进行操作。

（1）使用以下任一种方法。

① 在命令行键入 break，然后按回车键。

② 在"修改"工具栏中单击 █ 图标。

③ 选择"修改"→"打断"菜单项。

AutoCAD 提示选择对象。

（2）选择对象，用鼠标单击要打断的对象，单击的位置将作为打断的第一个点。Auto-CAD 提示输入第二个点。

（3）用鼠标在线上再选取一点，则这条线在这两点之间断开。

对于圆、圆弧，从第一个断开点逆时针方向到第二个断开点的部分被删除。如果第二个断开点选取在对象的外部，则从第一个断开点到该端部的那段实体被删除。

打断圆的效果如图 5-10 所示。

12. 延伸

该命令使对象在由其他对象定义边界处结束，即延伸到指定的边界。在使用 EXTEND 命令时，首先选择边界的边，然后指定要延伸的对象，既可以一次选择一个对象，也可以使用框选方式选择对象。不能将"先选择后执行"对象选择方式应用于 EXTEND 命令。只有圆弧、椭圆弧、直线、不闭合的二维和三维多线段以及射线可以被延伸。

图 5-10　使用 break 命令
对图形进行打断

要延伸对象，可按下列步骤进行操作。

（1）使用以下任一种方法。

① 在命令行键入 extend（或 ex 命令），然后按回车键。

② 在"修改"工具栏中单击 ┅╱ 图标。

③ 选择"修改"→"延伸"菜单项。

AutoCAD 有三种提示：当前设置：投影＝UCS 边＝无；选择边界的边；选择对象。

（2）选择用作边界的边的对象。AutoCAD 提示选择要延伸的对象或［投影（P）/边（E）/放弃（U）］。

（3）选择一个要延伸的对象。然后 AutoCAD 重复上面的提示。

（4）选择另一个要延伸的对象或按回车键结束命令。

如果选择了多个边界边，一个对象仅被拉长朝距离它最近的边界边。通过再次选择该对象，可以将该对象继续延伸到下一个边界边。如果一个对象可以沿多个方向延伸，AutoCAD 将沿着最接近选择对象的点的方向延伸对象。

使用 extend 工具对图形进行延伸的效果如图 5-11 所示（竖线延伸至横线）。

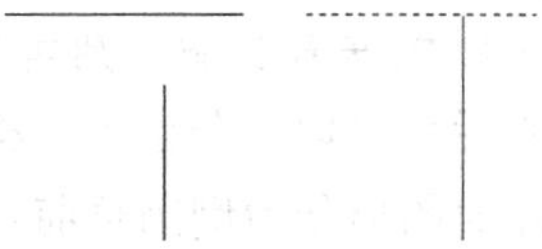

图 5-11　延伸效果示意图

13. 倒角

该操作的目的是将两直线所交的角的端部两边分别切掉相等或不相等的长度后再用直线连接两端点。类似于用刀将尖角切掉。实现倒角可按如下步骤操作。

（1）使用以下任一种方法。

① 在命令行键入 chamfer，然后按回车键。

② 在"修改"工具栏中单击 图标。

③ 选择"修改"→"倒角"菜单项。

（2）启动命令后，命令行提示如下。

("修剪"模式) 当前倒角距离 1 = 0.0000,距离 2 = 0.0000

选择第一条直线或［放弃(U)/多段线(P)/距离(D)/角度(A)/修剪(T)/方式(E)/多个(M)］：

第一行显示的当前倒角命令的状态及参数等。这表明当前倒角命令处于修剪状态，第一个要切掉的边的距离为 0，第二个要切掉的边的距离也为 0（这时初始设置两倒角边均为 0，等于没倒角）。

第二行是一些更改命令选项，其中"距离（D）"选项用于修改倒角距离输入字母 D 并回车后，AutoCAD 给出提示：

指定第一个倒角距离〈0.0000〉：50　　　（暂定输入50）

指定第二个倒角距离〈50.0000〉：　　　（默认回车即默认第二个倒角距离也是50,也可输入不同值）

然后用拾取框分别点击角的两边后则完成倒角。见图 5-12，左面图形为倒角前图，右面图形为倒角后图。

图 5-12　倒角前后的效果

若在更改命令选项后输入字母 A 则以边角的方式进行倒角，即指定一个边的长度以及与该边夹角的方向切角。

14. 圆角

圆角命令的主要作用是在两条已相交于一点或可以相交于点的对象之间得到圆角。在 AutoCAD 中启动圆角命令的方法如下。

（1）使用以下任一种方法。

① 在"修改"工具栏中单击 图标。

② 选择"修改"→"圆角"菜单项。

③ 在命令行键入 fillet，然后按回车键。

（2）启动命令后，命令行提示如下。

命令：_fillet

当前设置：模式 = 修剪，半径 = 80.0000

选择第一个对象或 [放弃(U)/多段线(P)/半径(R)/修剪(T)/多个(M)]：

第一行提示当前圆角命令处于修剪状态，圆角半径为 80（初始值也可为 0）。

第二行是一些更改命令选项，其中"半径（R）"选项用于修改圆角半径，输入字母（R）并回车确认后，AutoCAD 给出如下提示：

指定圆角半径〈80.0000〉：

可以根据需要输入圆角半径，该半径值将作为新的默认值。

然后用拾取框分别点击构成角的两边后由两条直线构成的角的顶点变成圆角。见图 5-13，图中左面图形分为倒圆角前，右面图形为倒圆角后。

图 5-13　倒圆角前后的效果

15. 阵列

阵列命令用来复制规则分布的对象，阵列有矩形阵列和环形阵列两种。在 AutoCAD 中启动圆角命令的方法如下。

① 在"修改"工具栏中单击"阵列"按钮 ⊞。

② 选择"修改"→"阵列"菜单项。

③ 在命令行键入 array，然后按回车键。

启动阵列命令后，AutoCAD 弹出"阵列"对话框，如图 5-14 所示。通过在对话框上方选中"矩形阵列"或"环形阵列"单选按钮，可以控制创建的阵列类型并设置相应的参数，创建阵列。

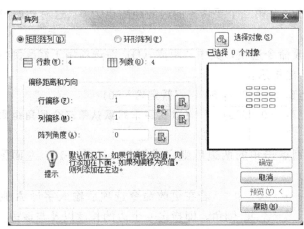

图 5-14　"阵列"对话框

（1）矩形阵列创建过程

① 在"绘图"工具栏中单击"矩形"工具，绘制一个长 160，宽 80 的矩形。

② 以矩形左下角为圆心，绘制一个直径为 10 的圆。如图 5-15 所示。

图 5-15　左下角有一小圆图形

③ 打开阵列对话框选择模式为矩形阵列，5 行 5 列。行距为行 20，列 40（见图 5-16）。点击选择对象按钮，后用出现的拾取框点击左下角的小圆

后观察预览窗口，点击确定按钮后阵列效果见图 5-17。可以看出矩阵是以左下角为原点向上发展的。

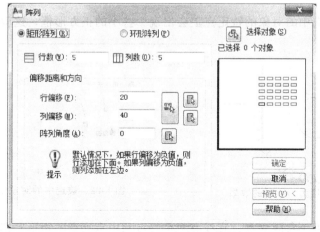

图 5-16　"阵列"对话框参数设置

（2）环形阵列创建过程

① 画一直径为 200 的大圆，在其左端水平方向距大圆 300 为圆心画一直径 20 的小圆。见图 5-18。

② 打开阵列对话框选择模式为环形阵列，选项目总数为 24，填充角度 360，见图 5-19。点击中心点选项中的按钮后根据命令行提示选择阵列的中心点，即大圆的圆心，再点击选择对象的按钮后根据命令行提示选择要阵列的对象即小圆。观察阵列对话框中的预览窗口，点击确定按钮，阵列的效果见图 5-20。

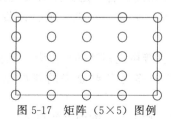

图 5-17　矩阵（5×5）图例

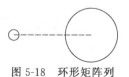

图 5-18　环形矩阵列

图 5-19　阵列设置对话框

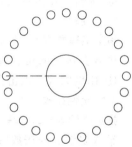

图 5-20　环形阵列效果图

若选择阵列填充角度为 180，则阵列效果为图 5-21。可见阵列过程是逆时针填充。

三、使用夹点功能编辑对象

选中对象后，选中的对象的特定点上会出现一些小的正方形框，这就是对象的夹点，如图 5-22 所示。

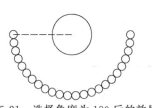

图 5-21 选择角度为 180 后的效果

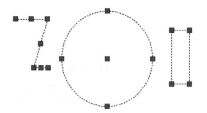

图 5-22 被选中的对象中的夹点

如圆有圆心和四个象限夹点，直线有两个端点和中点夹点，矩形有四角夹点。

1. 五种夹点编辑模式

利用夹点编辑对象是 AutoCAD 的一种编辑对象的方法，它与用修改命令编辑对象的方法不同，使用夹点可以移动、拉伸、旋转、复制、比例缩放和镜像选定的对象，不需要调用编辑修改命令。选中夹点后，夹点的颜色为蓝色，此时夹点为冷夹点，如果单击夹点，夹点颜色变为红色，此时夹点被称为热夹点。单击热夹点后系统提示：

＊＊拉伸＊＊

指定拉伸点或 [基点(B)/复制(C)/放弃(U)/退出(X)]：

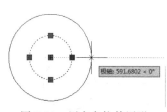

图 5-23 用夹点拉伸图形

可以看出此时为拉伸模式，若点击夹点后反复按 Enter 键则在夹点的拉伸、移动、旋转、比例缩放、镜像模式之间循环变换。

① 拉伸 在提示下直接用光标移动夹点则对象被拉伸，如图 5-23 所示。通过拉伸移动夹点原来的圆可以扩大或缩小。

② 移动 点击夹点后按 Enter 键则系统提示：

＊＊移动＊＊

指定移动点或 [基点(B)/复制(C)/放弃(U)/退出(X)]：

移动光标或输入坐标即可以热夹点为基点将对象移动至新位置。

③ 旋转 点击夹点后按两次 Enter 键则系统提示：

＊＊旋转＊＊

指定旋转角度或 [基点(B)/复制(C)/放弃(U)/参照(R)/退出(X)]：

输入要旋转的角度后回车则对象以热夹点为基点进行旋转。

④ 比例缩放 点击夹点后按三次 Enter 键则系统提示：

＊＊比例缩放＊＊

指定比例因子或 [基点(B)/复制(C)/放弃(U)/参照(R)/退出(X)]：

输入要缩放的倍数后回车则对象以热夹点为基点进行旋转。

⑤ 镜像 点击夹点后按四次 Enter 键则系统提示：

＊＊镜像＊＊

指定第二点或［基点(B)/复制(C)/放弃(U)/退出(X)］：* 取消 *

在镜像模式下可以通过移动光标或输入坐标指定镜像线的第 2 点位置（第一点是热夹点），则将对象镜像。

2. 夹点的复制模式

如果在选中夹点后输入"C"并按 Enter 键，则在拉伸、移动、旋转、比例缩放、镜像模式时可复制图形，相当于在进行几种操作后还保留原对象。但由于复制是多重复制因此只要不按 Enter 键结束此操作可以重复进行。以拉伸模式复制为例说明见图 5-24。图中矩形的一个角点在拉伸模式下复制，相当于保留了多次拉伸的结果，同时原对象也依然保留。

与此类似移动、旋转、比例缩放、镜像模式也可重复进行并保留原对象。以旋转为例，见图 5-25。其中的角度可以在命令行输入，也可拖动光标旋转。带有夹点的圆为原始对象。

3. 夹点的基点模式

在五种编辑模式状态下输入 B 后回车，则系统提示输入新的基点，即可改变原热夹点为新夹点。其他操作与原来相同。

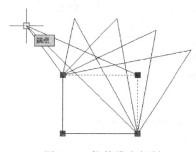

图 5-24　拉伸模式复制

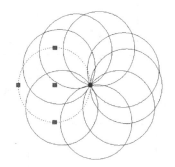

图 5-25　在旋转模式下的多重复制

第二节　图形编辑综合实例

例一　图 5-26（尺寸图见图 5-27）的绘制过程：

1. 先画外轮廓倒圆角矩形

首先进行捕捉设置（为方便将所有捕捉项打开）。在工具栏中点击"矩形"按钮，根据选项输入圆角半径 R，后根据提示输入圆角半径为 20，然后在绘图区任意点击一点为矩形左下角点，然后根据提示用相对坐标输入右上角点（@200，200）。完成外轮廓。见图 5-28。也可以先画一边长为 200×200 的矩形，然后用点击工具栏中的"圆角"按钮，根据提示选择圆角半径为 20，出现拾取框后用拾取框分别点击矩形的四个角的两个边后做成圆角矩形。

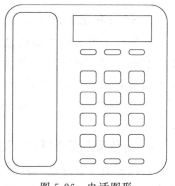

图 5-26　电话图形

2. 画外轮廓内电话听筒

用矩形工具画听筒尺寸为 55×180，设圆角矩形圆角半径为 10。在外轮廓线的右侧中点（捕捉）画一长度为 9 的直线，再用移动工具选择听筒后选择基点为听筒的左中点，用捕捉的方式放置在已画好的直线的右端点（图 5-29）。辅助直线稍后再删除。

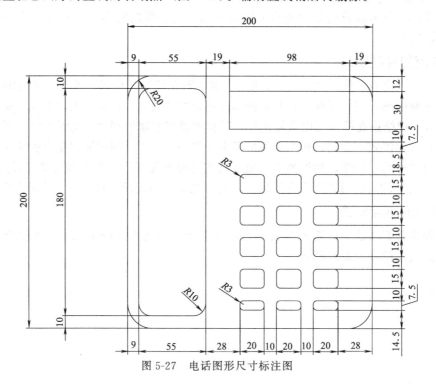

图 5-27　电话图形尺寸标注图

图 5-28　电话图矩形轮廓

图 5-29　将听筒移动到画好直线的右端点

3. 在听筒左侧画定位线

首先在听筒左侧中部任意点由左至右侧边缘画一水平直线，捕捉此直线的中点画一垂直直线，然后将此线移动至电话的上边缘（选此线的中点为基点，拖动捕捉至垂直线与上边缘交点）。再利用偏移的方法对前述顶端的水平线向下依次偏移，偏移尺寸分别为 32、10、26、60，分别偏移出几条定位线（图 5-30 与图 5-27 尺寸相对应），为放置新对象做准备。

4. 分别画显示窗和电话按键

在已画图形旁任意位置用矩形工具画一 98×30 矩形。另外再用圆角矩形画法选圆角半径为 3 分别画 20×15 和 20×7.5 两圆角矩形。见图 5-31。

5. 对大电话按键和小电话按键分别进行阵列

将大小电话按键分别移动至空闲处利用阵列工具进行矩形阵列，大按键的阵列数据为 4 行 3 列，行间距为 25，列间距为 30。小键的阵列数据为 1 行 3 列，列间距为 30。见图 5-32。

图 5-30　画定位点垂线和水平线图

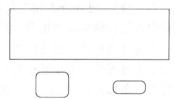

图 5-31　显示窗及电话按键对象图

6. 将各对象移动（复制）至要求的尺寸位置

首先点击工具栏中的移动按钮，选择矩形电话显示窗，并捕捉显示窗的下边中点为基点，拖动并捕捉至已画好的垂直线与水平线的交点点左键放置。再用复制的方法选择 3 个小键，并选中间的小按键上中部为基点拖动并捕捉至显示窗下的纵横线交点。再用移动的方法，选择已阵列好的所有大按键后用捕捉的方法选最上中间大按键的上中为基点，拖动捕捉至小按键下纵横线交点点左键放置。重复上述过程将最后余下的 3 个小按键移动至最下边的纵横线交点。见图 5-33。

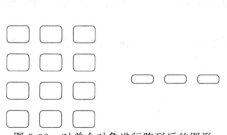

图 5-32　对单个对象进行阵列后的图形

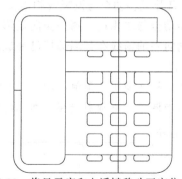

图 5-33　将显示窗和电话键移动至定位点图

7. 删除多余的辅助线段

利用删除工具选择要删除的对象并回车即可删除不需要的对象。最后的结果见前面图 5-26。本例图形的画法不是唯一，还有很多画法也能达到目的，如先将所有的对象用矩形绘制，最后再用圆角工具分别倒圆角，也可以。但不论怎样都应尽量简便，容易操作为佳。

例二　电气系统图部分元件绘制

图 5-34 为电气系统图中的部分，绘制过程如下。

1. 绘制各元件

（1）绘制绘 5 号元件（避雷器）　利用绘图工具栏中的矩形工具绘制一横窄竖长的矩形。然后选择绘图工具栏多段线工具利用多段线可以设置不同的线宽的特点绘制一带有箭头的线段，方法是先绘制 一段直线，即先点击绘图工具中多段线按钮后点击要绘制直线的初始点，命令行出现提示"指定下一个点或［圆弧（A）/半宽（H）/长度（L）/放弃（U）/宽度（W）］:"选择宽度输入 W 后提示"指定起点宽度〈0.0000〉:"，输入数值后又提示"指定端点宽度〈0.0000〉:"，如果默认起点与端点宽度相同，这样绘制的多段线是直线，接着再继续上述过程选择起点宽度为假设为10（有适当的宽度），端点的宽度为0，则所绘制的线段为一箭头。再接着绘制接地符号，先绘制一正三角形，可以用多边形工具选择边数为3，然后用"边"的方法绘制三角形。在三角形的中间画一中线，然后用点进行3等分（菜单：绘图/点/定数等分），过等分点在三角形内绘制3条横线，再将多余的线段删去。最后用移动的方法将带有箭头的线段捕捉至矩形框的相应位置，在矩形框的下面画一竖线后再选接地符号的上中点为基点移动到相应位置。见图5-35。

（2）绘制6号元件（电压互感器）　先绘制一正三角形，然后在其中一个角点为圆心画圆，圆半径为三角形高的3/4，继续将此圆以圆心为基点复制到另外两个角点（也可以用环形阵列完成，以三角形的中心为阵列中心，对象为圆，阵列数目为3）。再绘制比先前稍小的正三角形移动至三个圆中在其中两个三角形中画角分线，删除多余部分即获得完整图形，见图5-36绘制过程。

（3）绘制7号元件（隔离开关）　先绘制一横线，接着再绘制横线，然后将第二段横线以端点为基点旋转30°，再利用追踪的方法画开关的另一端连线，再画一段竖线一中点为基点移动至开关的右端。过程见图5-37。将横向开关旋转90°即获得竖向开关。

2. 绘制其余部分标注说明

（1）画余下部分　用矩形工具画一横向扁条，在中间画一小圆。在小圆下画一竖线，将7号隔离开关移动至与该竖线相连接，继续在隔离开关下方画向下的线段，并将6号电压互感器移动至之相连。画一竖向矩形选择上中部为基点移动到竖线上（熔断器）。在熔断器上部画向左的横线在其端部接已完成的5号元件（避雷器）。在6号元件上向左拉出横线接5号元件。

（2）标注说明　菜单：绘图/文字/单行文字，用单行输入上部说明文字，文字字号根据实际适当调整。再画引线在上面标注元件序号。效果见图5-34。

66kV主母线

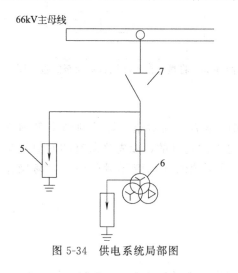

图 5-34　供电系统局部图

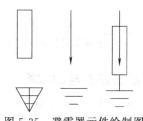

图 5-35　避雷器元件绘制图

图 5-36　电压互感器元件图绘制过程

例三　图5-38降压起动开关手柄绘制（尺寸标注见图5-39）

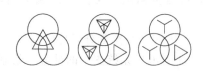

图 5-37　隔离开关绘制过程

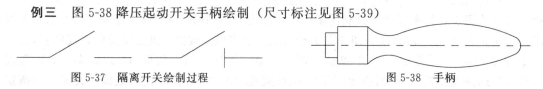

图 5-38　手柄

绘制过程如下：

① 先用中心线绘制中心轴线（画直线然后选择直线后用特性工具中的线型控制改为中心线）。

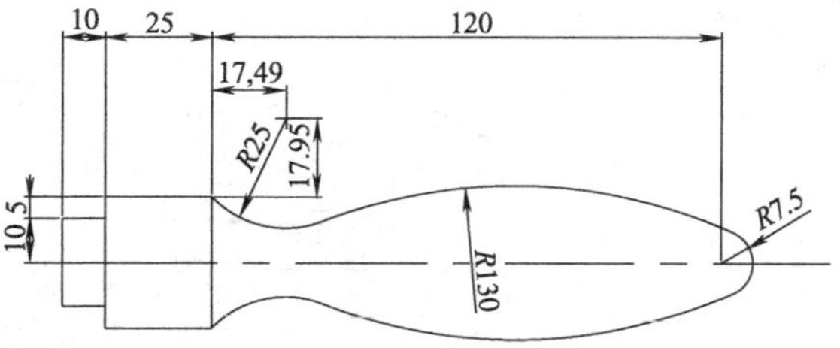

② 用矩形工具以相对坐标方式绘制两矩形（10×20，25×30），以其中点为基点分别移动至中心线上。

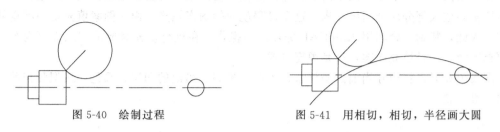

图 5-39　手柄尺寸标注

③ 根据所给的尺寸绘制 $R25$ 和 $R7.5$ 的圆，见图 5-40。其中 $R25$ 圆的圆心用辅助直线的端点获得，直线的另一端点根据尺寸用相对坐标绘制。$R7.5$ 的中心在轴线上。

④ 选择并点击菜单"绘图"→"圆"→"相切，相切，半径"后，用光标捕捉大圆下部切点并点击，再用光标捕捉小圆上部切点并点击，在命令行出现提示输入半径 130 后回车见图 5-41。

图 5-40　绘制过程

图 5-41　用相切，相切，半径画大圆

⑤ 用修剪工具剪去多余线段，然后镜像上半部，即获完整图形。若要求标注，可以用标注工具完成。

第六章
图案填充

在一张图形中，绘图者因不同的用途需要重复使用某一种图案以填充某一区域，如某符号需要实心或大部分用剖面线充满。这个过程就叫做图案填充。由于图案填充是一项重复性工作，因此，特别适合利用 AutoCAD 完成这一操作。在进行填充时要确定三方面内容，一是填充区域，二是填充图案，三是填充方式。

图案填充时，将遵守当前的坐标系、当前的标高、当前的图层、颜色、线型和当前的捕捉原点等设置。

第一节　创建图案填充

一、普通封闭图形的填充

1. 调用命令及操作

菜单："绘图"→"图案填充"或点击绘图工具栏中"图案填充"按钮。或在命令行输入命令：BHATCH 出现"图案填充"对话框见图 6-1。

图 6-1 "图案填充"对话框

首先是图案填充选项中的类型和图案，其中类型下拉菜单包括预定义和用户定义和自定义三种选择，可以使用 AutoCAD 的支持文件ACAD. PAT 和 ACADISO. PAT 提供的图案，也可以使用第三方软件商提供的图案，或者使用自己创建的图案。

在 AutoCAD 中，允许使用实心的填充图案。在 AutoCAD 中填充的图案可以与边界具有关联性，即随着边界的更新而更新，也可以与边界没有关联性。在 AutoCAD 生成正式的填充图案之前，可以先预览，并根据需要修改某些选项，以满足使用要求。

填充图案是独立的图形对象，对填充图案

的操作就像对一个对象操作一样。如有必要，可以使用 EXPLODE（分解）命令将填充图案分解成单独的线条。一旦填充图案被分解成单独的线条，那么填充图案与原边界对象将不再具有关联性。

图案填充随图形保存，因此可以被更新。使用系统变量 FILLMODE 可以控制图案的显示与否。如果将系统变量 FILLMODE 设置成"关"，则不显示填充图案，并在图形重新生成的过程中，只计算填充区域的边界部分。系统变量 FILLMODE 的默认设定值是"开"。

除特殊需要一般均采用预定义现成的图案。点击图案标记右侧按钮或直接点击样例图案，出现图案选择对话框（见图 6-2）。

根据需要可在此选项板中选择所需图案。选择图案后再设定对话框中的角度和比例。所谓角度是指填充图案的角度方向，初始值为 0，比如倾斜 45°的剖面线，如选择角度为 0 则保持原方向不变，如选择 45°则剖面线变的都垂直了，选择90°则反向倾斜 45°（见图 6-3）。

所谓比例是指剖面线间的疏密，初始值是 1，如果调整比例数值加大则网格变宽，小于 1 则变窄。

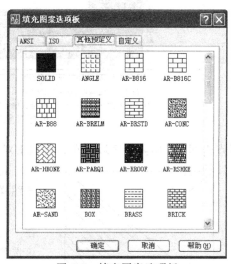

图 6-2　填充图案选项板

2. 定义图案填充的边界

当进行图案填充时，首先要做的事是确定填充的边界。如果图形的一个区域是由相连的直线、圆或圆弧对象所围成的，则它可用一个填充图案来填充，但在边界对象间不可以有任何空隙。除了直线、圆或圆弧外，边界对象还可以是椭圆、椭圆弧、二维或三维的多义线、三维面或视口等。

二、三种情况填充

有时可能出现封闭图形内有封闭图形的情况，如图 6-4，有三种填充效果。具体操作方法如下：在图案来填充和渐变色对话框中点击添加选择对象按钮，出现选择对象拾取框后用包围窗口或相交窗口选择全部对象后单击鼠标右键选择孤岛或忽略或外部三种方式之一（见图 6-5），后点击对话框确定按钮后即可获得图 6-4 显示的三种效果。

图 6-3　剖面线的填充角度变化

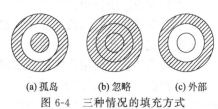

(a) 孤岛　　　(b) 忽略　　　(c) 外部

图 6-4　三种情况的填充方式

三、特殊情况的填充及对话框各选项的设置

此外还有另一种情况，即填充图形中某一部分区域，见图 6-6。利用选择对象按钮，出现选择对象拾取框后选择图 6-6 中的全部对象后回车，出现填充对话框后再点击拾取点按钮

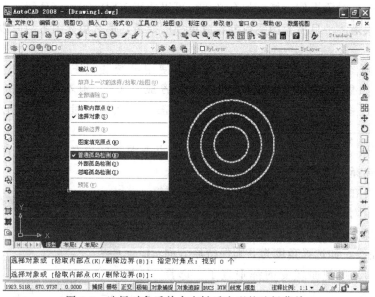

图 6-5　选择对象后单击右键后出现的选择菜单

后点击图 6-6 中阴影区域回车，再点击对话框中的确定按钮即获得图 6-6 中的效果。

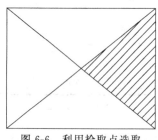

图 6-6　利用拾取点选取
区域后的效果

相对空间复选框：用于决定该比例因子是否为相对于图样空间的比例。

间距文本框：用于设置填充平行线之间的距离，当在"类型"下拉列表框中选择"用户自定义"选项时，该选项才可用。

"ISO 笔宽"下拉列表框：用于设置笔的宽度，当填充图案采用 ISO 图案时，该选项可用。

选择填充区域的方式如下。

① 拾取内部点：直接在闭合的图形最外轮廓线内部单击鼠标左键，选择填充区域。

② 选择对象（S）：通过鼠标依次点取所有图形边界的对象，来选择填充区域。

③ 删除边界（B）：是"选择对象"的逆操作，通过鼠标可以依次删除边界对象。

Bhatch 命令可以创建关联或非关联的图案填充，有对话框和命令行两种方式，通常采用对话框方式操作。Hatch 命令只能创建非关联的图案填充，适用于填充非封闭边界的区域，只能在命令行中使用。

关联图案填充与它们的边界相关联，当用户对边界进行编辑后，所填充的图案填充会自动随边界的变化而改变。非关联图案填充则与它们的边界是否编辑无关。

继承特性按钮：使用选定的图案填充特性对指定的边界进行填充。

预览按钮：单击该按钮，可以预览已设置好的填充效果，方便编辑。单击图形或按（Esc）键返回对话框重新设定，单击鼠标右键或按（Enter）键则接受图案填充。

第二节　渐变填充

AutoCAD 中对填充的图案有渐变色效果选项，如图 6-7 所示。可以在颜色选项中点击单色复选框中的下拉按钮，出现对话框见图6-8。根据需要可以选择索引颜色、真色彩、配色系统选项卡进行配色。确定颜色后再在图6-7中选择渐变模式（6个方块中的模式），如图6-9为填充的效果。

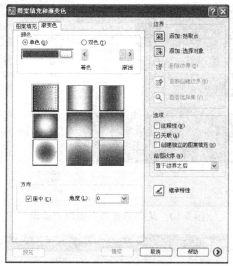

图 6-7　渐变色填充选项

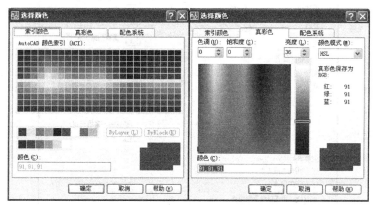

图 6-8　选择颜色对话框

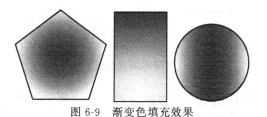

图 6-9　渐变色填充效果

第三节　图案填充编辑

选择已填充的图案并在其上单击右键，在出现的菜单上选择编辑图案填充（图6-10），或在菜单中"修改"→"对象"→"图案填充编辑"后出现拾取框，用此拾取框选择要编辑的填充对象后也可出现"图案填充编辑"对话框（见图 6-11）。

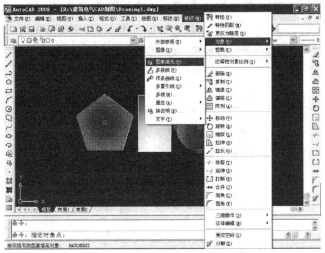

图 6-10　从菜单选择图案填充编辑

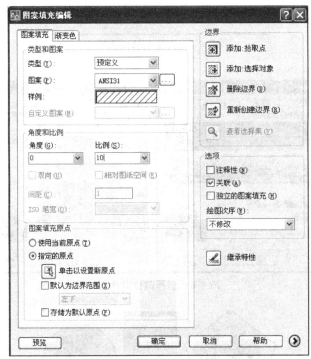

图 6-11　"图案填充编辑"对话框

　　在"图案填充编辑"对话框中可以方便地对原有的填充图案进行修改，如重新选择图案，改变角度比例，调整边界等。

第四节　实　　例

例一　供电分户箱填充

首先画出分户箱轮廓线，然后在工具条中点击图案填充按钮，出现对话框后选择图案为

SOLID，样例颜色随层（ByLayer），见图 6-12，点击拾取点按钮，点击图 6-13 中要填充区域后回车，点击对话框确认按钮获得图 6-13 中右图效果。

图 6-12　"图案填充"选项卡

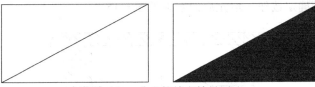

图 6-13　分户箱填充效果图

例二　电缆沟截面图绘制

首先绘制电缆沟轮廓线，见图 6-14。然后对电缆沟四壁进行剖面线填充。在工具栏中点击填充按钮出现对话框后选择填充图案和填充比例，见图 6-15。

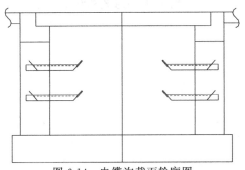

图 6-14　电缆沟截面轮廓图

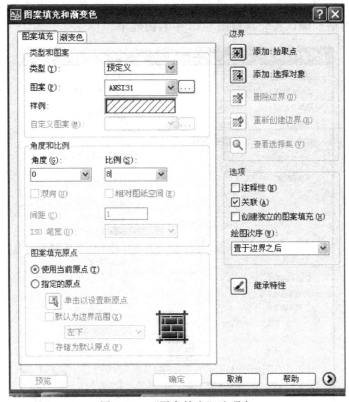

图 6-15 "图案填充"选项卡

点击拾取点按钮后，用十字光标分别点击电缆沟四壁直至四壁分别显示虚线拾取后的效果后点击对话框中的确定按钮。填充后的效果见图 6-16。

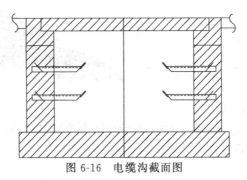

图 6-16 电缆沟截面图

第七章
文本、字段和表格

建筑电气图中常常要用到图纸说明、标题、图例表格、标题栏等，在 AutoCAD 中可以利用单行文字输入和多行文字输入以及表格输入等方法实现。

第一节　文　字

一、创建和设置文字

在 AutoCAD 中所有的文字都有与之关联的文字的样式，文字样式包括字体、字型、高度、宽度系数、倾斜角、反向、倒置、垂直等参数。在同一幅图中可以定义多种文字样式，以适应不同的需要。

在创建新的文本标注时，要设置文字样式。方法如下：

选择菜单"格式"→"文字样式"进入对话框进行设置，系统默认的样式为 Standard（图 7-1）。对话框中的原有的各项是默认值可以根据需要进行修改，如字体、高度、宽度等。如要生成新的文字样式可以在点击新建按钮创建新的文字样式（见图 7-2），根据需要进行设置。

图 7-1　"文字样式"对话框

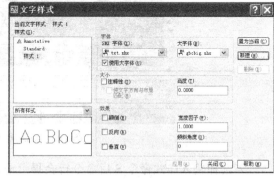

图 7-2　新建的文字样式

其中字体为选择字体的类型如斜体、常规字体等。高度为选择字体的高度，默认值为 0，大体字为下拉选择大字体文件。宽度因子为选择字体的宽度，大于 1 则字体变宽，小于 1 则变窄。倾斜角度为 0 则字体正常位置不倾斜；角度为正时向右倾斜；角度为负时，向左倾斜。置为当前为设置为当前图样的应用样式。删除为删除选中的文字样式，对置为当前的文字样式，不能删除，应先取消置为当前，默认的 Standard 文字样式不可删除。

二、单行文字输入

在菜单中"绘图"→"文字"→"单行文字"，可创建单行文字，在一次命令中也可以输入多行文本，但每行文字都是独立的对象。单行文字常用于创建标注文字、标题栏文字等内容。

1. 创建单行文字步骤

① 选择菜单"绘图"→"文字"→"单行文字"。此时命令行提示输入内容。

② 在绘图区域中单击鼠标，确定文字的起点。

③ 指定文字的高度。

④ 指定文字的旋转角度。

⑤ 输入文字，按 Enter 键换行。如果希望结束文字输入，可再次回车（Enter 键）。

2. 设置单行文字的对齐方式和样式

选择对正命令输入后出现"指定文字的起点或［对正（J）/样式（S）］"。

所谓对正是指文字围绕着初始输入的起点的方式，输入命令 J 回车后命令行出现"右（R）/左上（TL）/中上（TC）/右上（TR）/左中（ML）/正中（MC）/右中（MR）/左下（BL）/中下（BC）/右下（BR）"选项，选择要用的对正方式，如要使文字位于初始点正中则在命令行输入 MC 后回车，即获得要对正的效果。若将动态输入按钮按下，则输入对正命令后在十字光标旁出现选项菜单更加方便选择（图 7-3）。选择后命令行（动态输入指示）提示输入文字的中间点后，可以继续进行文字输入。

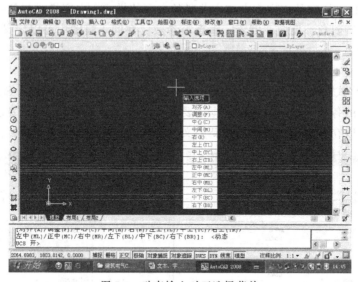

图 7-3　动态输入对正选择菜单

若选择输入样式命令 S 后命令行会提示输入样式，如默认则自动为 Standard 样式。

3. 输入特殊符号

在文本中除输入汉字外有时还要输入一些特殊符号，此时可以借助 Windows 提供的虚拟软键盘进行输入。步骤如下。

① 选择一种汉字输入法，打开输入法提示条。

② 用鼠标右键单击输入法提示条中的虚拟键盘图标，打开虚拟键盘类型列表。

③ 单击选中的输入符号，即完成输入。

三、多行文字输入

在 AutoCAD 中文字输入方式还有多行文字，多行文字输入与单行文字不同的是利用多行文字编辑器实现文字输入。通过多行文字编辑器可以比单行文字更方便的编辑文字的样式、高度、宽度等，并且有类似文本输入软件的功能。

单击菜单中"绘图"→"文字"→"多行文字"或在"绘图"工具栏中点击有 A 字样的小按钮，系统提示指定第一角点和对角点后即出现多行文字编辑器（图 7-4）。

多行文字对话框包括文字格式工具栏、文字编辑区、快捷菜单等，如图 7-4 所示。

1. 文字格式工具栏使用

（1）改变部分字符的格式

对于多行文字，其各部分文字可以采用不同的字体、高度和颜色等。如果希望调整已输入的特性选中部分文字，然后在字体下拉列表框中选择字体，在字符高度编辑中输入字符高度后即可利用不同的输入法输入文本，见图 7-4。

（2）多行文字的对正

所谓对正是文字在选定的对角两点所确定的矩形方格内文字所处的位置。多行文字对正可采用两种方法，一种是在文字格式工具栏中设置，另一种是在命令行设置。工具栏设置见图 7-5。

图 7-4　多行文字编辑器

图 7-5　在工具栏进行多行文字对正

工具栏多行文字对正的方法是点击文字输入的两对角点后出现格式工具，再点击对正按钮下拉菜单可以选择各种对正方式。与单行文字相对最初点击的中心点不同的是该对正是相对最初所点击的两对角点所形成的矩形来说的。

另一种对正方式是在工具栏中选择文字后，点击绘图区上的第一点后在命令行出现提示"对角点或 [高度(H)/对正(J)/行距(L)/旋转(R)/样式(S)/宽度(W)/栏(C)]"，输入对正命令 J 后回车，命令行出现"对正方式 [左上(TL)/中上(TC)/右上(TR)/左中(ML)/正中(MC)/右中(MR)/左下(BL)/中下(BC)/右下(BR)]〈左上(TL)〉:"选项，可以根据需要选择所提示的对正方式命令。对正的效果见图 7-6。

左上	中上	右上
左中	正中	右中
左下	中下	右下

图 7-6　文本在矩形框中的对正位置

（3）段落

单击格式工具中的"段落"按钮，出现"段落"对话框（图 7-7）。

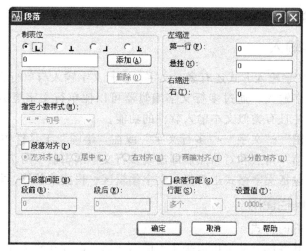

图 7-7 "段落"对话框

为整个段落和段落的第一行设置缩进，指定制表位和缩进，控制段落对齐方式、段落间距和段落行距。

(4) 符号

单击文字格式工具中的"符号"按钮，可以从菜单中选择要插入的常用的特殊符号和字符。单击"其他"将显示"字符映射表"对话框，其中包含了系统中每种可用字体的整个字符集，如图 7-8 所示。

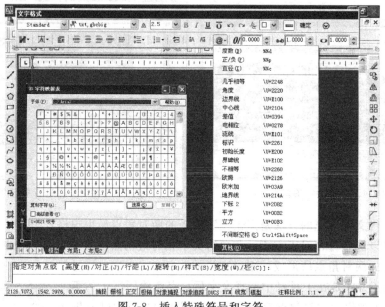

图 7-8 插入特殊符号和字符

如果要插入一个字符，可以选择字符，然后单击"选择"按钮，在"复制字符"文本框中将显示所选定的字符，然后再单击"复制"按钮，将关闭"字符映射表"对话框，返回"多行文字"编辑区，在插入字符的地方单击，单击鼠标右键并单击"粘贴"。

2. 修改文字

(1) 编辑单行文字

对单行文字的编辑主要包括两个方面的内容：修改文字特性，修改文字内容。要修改文字内容时，可直接双击文字，即可直接修改其内容。

如要修改文字特性，有两种方法。

① 通过修改文字样式，修改文字的颠倒、反向效果。

② 选中文字后，单击"标准"工具栏中的"特性"按钮；或在文字上单击鼠标右键，在弹出的右键快捷菜单中选择"特性"命令，打开文字的"特性"面板，如图 7-9 所示。此外还可以选择单行文字，在文字上单击右键，出现下拉菜单中选择编辑单行文字，出现一对话框，在对话框中修改文字。

（2）编辑多行文字

可以选择多行文字，选中后在多行文字上单击右键，出现下拉菜单，在其中选择编辑多行文字，出现多行文字编辑器后在其中可任意编辑多行文字。

图 7-9 文字特性对话框

第二节 表 格

使用 AutoCAD 提供的"表格"功能，创建表格就变得非常容易，用户可以直接插入设置好样式的表格，而不用绘制由单独的图线组成的表格。另外表格功能设置的表格输入文本非常方便，对正和文字输入直接有对话框出现，利用工具即可实现。

一、定义表格样式

在工具栏中点击"表格"或在菜单栏中点击绘图/表格即出现"表格"对话框（图7-10）。

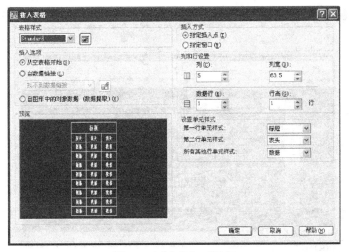

图 7-10 "表格"对话框

首先确定表格样式，一般默认样式为 Standard（见图 7-10 中预览），若需新样式可以新建样式，点击表格样式旁新建样式按钮，出现"新建表格样式"对话框（图 7-11）。在表格样式对话框中可以设置新建表格样式。

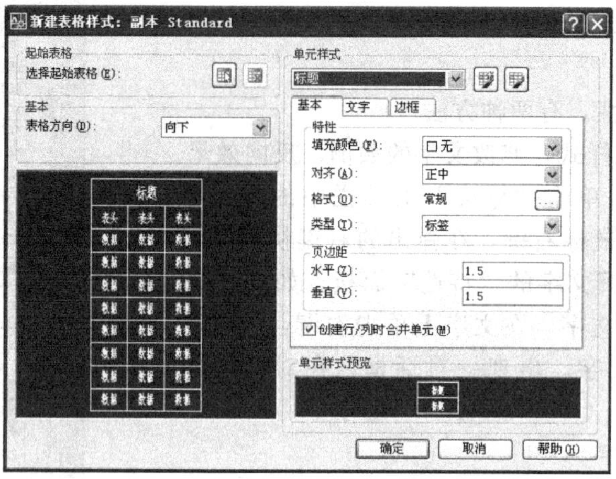

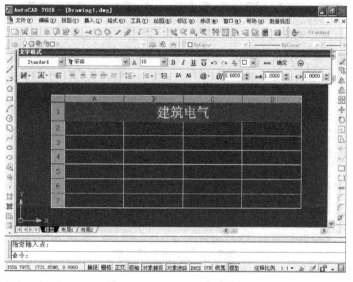

图 7-11 新建表格样式对话框

在单元格式中可以通过下拉表框分别设置标题可以设置标题、表头、数据的样式。如填充颜色、对正方式、格式种类、类型、页边距等。

二、在表格中输入内容

确定了表格样式并确定了表格的行数、列数、行高、列宽、第一行第二行以及其他行的样式（标题、表头、数据）后出现了带插入点的表格，拖动鼠标到需要插入的位置，即出现所要设定的表格（图 7-12）。同时自动出现多行文字编辑器，首先出现在标题处，可以利用多行文字编辑器调整文字大小字体等进行标题栏的输入。标题栏输入后随意点击需要输入内容的某一空格，出现表格工具可以对该空格进行设置，表格工具有多项功能如插入行或列、删除行或列、合并单元格、取消合并单元格、单元边框设置、对正选择、锁定（解锁）、数据格式选择、插入块、插入字段、插入公式选择、管理单元内容、匹配单元、单元样式、

图 7-12 出现设定的表格

Excel 数据链接、从源文件下载更改等。双击该空格即进入多行文字编辑状态可以编辑输入所需文本。见图 7-13。重复上述过程即可完成全部表格内容。

图 7-13　进入任意空格的编辑表格输入

第八章
图块、图块属性和外部参照

本章主要介绍图块、图块属性和外部参照有关概念和基本知识，通过本章的学习能使读者借助块和外部参照更方便绘图。

第一节　创建和插入图块

一、什么是块

将图形的一部分或全部保存成一个整体内容，并为其命名，在当前文件或其他文件中重复使用，这些图形称为块。块操作与分解命令正好相反。分解是将组合的对象拆开，块是将分散的对象组合成一体。块的优点是可以避免多次重复绘制同样的内容，方便保存并可以随时调用，此外块还可以设置属性，提高绘图效率。

二、如何创建块

启用"创建块"命令可以用如下方法：

工具栏："绘图"工具条点击创建块按钮 。

菜单："绘图"→"块"→"创建"。

命令：BLOCK 或 B。出现对话框如图 8-1。

图 8-1　"块定义"对话框

1. 给要创建的块起名

如 B 或 C 等，最多可使用 255 个字符。单击下拉箭头，打开列表框，列表中显示当前图形的所有图块。

2. 确定基点

所谓基点是插入块时，块上随十字光标移动的点。也就是十字光标拖动块的什么地方。点击对话框中的拾取点按钮后选择要创建对象的基点后点击对话框中的确认按钮即创建完毕。如不选图块的基点，默认值是（0，0，0）。理论上用户可以任意选取一点作为插入点，但实际的操作中，应选取实体的特征点作为插入点，如中心点、右下角等。

3. 对象选择

该选项组用于选择制作图块的对象以及对象的相关属性。点击选择对象按钮后出现复选框，选择要创建的对象回车确定后完成创建块。

在该设置区中还有：保留、转换为块和删除。它们的含义分别如下。

"保留"：保留显示所选取的要定义块的实体图形。

"转换为块"：选取的实体转化为块。

"删除"：删除所选取的实体图形。

"注释性"复选框：指定块是否为注释性对象。

"按统一比例缩放"复选框：指定插入块时按统一比例缩放，还是沿各坐标方向采用不同的比例缩放。

"允许分解"复选框：指定插入块时是否允许分解。

三、用块创建文件

BLOCK 命令定义的块只能在同一张图纸中使用，不能插入到其他图中，但有些图块要经常用到，可以用 WBLOC 命令把图块作为一个独立的图形文件写入磁盘，可以在不同的图形文件中调用。创建的方法如下。

命令行：WBLOCK 或 W 回车。出现对话框如图 8-2。

"写块"对话框的使用与块定义对话框相似，只是创建对象源有三个选项，已有的块、整个图形或现有的对象。如选择已有的块后应在块旁下拉箭头中选择已有的块名。整个图形是把当前的整个图形保存为图形文件。对象把不属于图块的图形对象保存为图形文件。对象的选取通过"对象"选项组来完成。

目标选项组中的文件名和路径是设置输出文件名和路径。插入单位是插入块的单位。

四、如何插入块

工具栏："绘图"工具条中点击插入块按钮。

菜单："插入"→"块"。

命令：insert 回车。

出现"插入"对话框（见图 8-3）。

下面介绍对话框中的各选项。

（1）名称　通过下拉箭头可以选择要插入的图块。如选择浏览则选择要插入的图形文件。

（2）插入点　可直接在 X、Y、Z 文本框中输入插入点的绝对坐标值，或是选中"在屏幕上指定"选项，然后在屏幕上指定。

图 8-2　"写块"对话框

图 8-3　"插入"对话框

（3）比例　可以在屏幕上指定，也可以选择各方向（X、Y、Z）分别缩放。

（4）旋转　插入的块的旋转选项，根据需要可在"角度"框中直接输入旋转角度值，或通过"在屏幕上指定"选项，然后在屏幕上指定。

（5）分解　若用户选择该项选择，则在插入块的同时分解块对象。

第二节　块　属　性

在 AutoCAD 中，可以使块附带属性，主要是块带有文字信息，在插入块时可以对文字信息进行对话填写新内容或修改等。块属性适用于带有文本内容的块。如图纸的标题栏、表格、名称等。

启用定义图块属性命令可以用如下方法：

命令行：ATTDEF。

菜单："绘图"→"块"→"定义属性"。

执行以上操作后出现对话框如图 8-4。

1. 模式选项组说明

不可见复选框：选中此复选框属性为不可见显示方式，即插入图块并输入属性值后，属性值在图中并不显示出来。

固定复选框：选中此复选框则属性值

图 8-4　"属性定义"对话框

为常量，即属性值在属性定义时给定，在插入图块时 AutoCAD 不再提示输入属性值。

验证复选框：选中此复选框，当插入图块时 AutoCAD 重新显示属性值，让用户验证该值是否正确。

预置复选框：当插入图块时，AutoCAD 自动把事先设置好的默认值赋予属性，不再提示输入属性值。

锁定位置复选框：确定是否锁定属性在块中的位置。如果没有锁定位置，插入块后，利用节点编辑功能可以改变属性的位置。

多行复选框：指定属性值是否为多行文字。

2. 属性选项组说明

标记文本框：输入属性标签。属性标签可由除空格和感叹号以外的所有字符组成，AutoCAD 自动把小写字母改为大写字母。

提示文本框：输入属性提示。属性提示是插入图块时 AutoCAD 要求输入属性值的提示，如果不在此文本框中输入文本，则以标签作为提示。如果在"模式"选项组选中"固定"复选框即设置属性为常量，则不需要设置属性提示。

默认文本框：设置默认的属性值。可把使用次数较多的属性值作为默认值，也可不设默认值。

插入点选项：确定属性文本的位置。可以在插入时由用户在图形中确定属性文本的位置，也可以在 X、Y、Z 文本框中直接输入属性文本的位置坐标。

文字选项组：设置文本的对齐方式、文本样式、字高和旋转角度。

在上一个属性定义下对齐复选框：选中此复选框、表示把属性标签直接放在前一个属性的下面，并且该属性继承前一个属性的文本样式、字高和旋转角度等特性。属性标志可以由字母、数字、字符等组成，但字符之间不能有空格，且必须输入属性标志。

逐项进行选择并填写标记、提示、默认栏后所选对象即附着属性。同一对象可以多次附着不同属性内容。

第三节　外部参照

外部参照是把已有的图形文件插入到当前图形文件中。不论外部参照的图形文件多么复杂，AutoCAD 只会把它当作一个单独的图形实体。外部参照（也称 Xref）与插入文件块相比有许多优点。一个是由于外部参照的图形并不是当前图样的一部分，因而利用 Xref 组合的图样比通过文件块构成的图样要小。另外每当 AutoCAD 装载图样时，都将加载最新的 Xref 版本，因此若外部图形文件有所改动，则用户装入的参照图形也将跟随着变动。再有是利用外部参照将有利于几个人共同完成一个设计项目，因为 Xref 使设计者之间可以容易的查看对方的设计内容。如电气设计者可以在建筑结构平面的参照上完成电气设计部分内容。

一、命令的实现

命令行：XATTACH（或 XA）。

菜单："插入"→"外部参照"。

工具栏："参照"→"外部参照按钮"。

进行以上操作后会出现"选择参照文件"对话框，见图 8-5。选择文件后单击打开后出现"外部参照"对话框（见图 8-6）。

二、外部参照对话框各选项说明

（1）名称　该列表显示当前图形中包含的外部参照文件名称，用户可以在列表中直接选取文件，或单击浏览按钮查找其他参照文件。

图 8-5 "选择参照文件"对话框

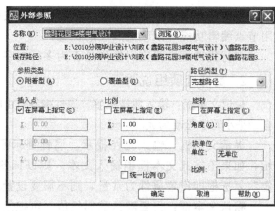

图 8-6 "外部参照"对话框

（2）附着型 图形文件 A 嵌套了其他的 Xref ，而这些文件是以"附着型"方式被引用的，当新文件引用图形 A 时，用户不仅可以看到图形本身，还能看到 A 图中嵌套的 Xref 。附着方式的 Xref 不能循环嵌套，即如果 A 图形引用了 B 图形，而 B 又引用了 C 图形，则 C 图形不能再引用图形 A 。

（3）覆盖型 图形 A 中有多层嵌套的 Xref ，但它们均以"覆盖型"方式被引用，即当其他图形引用 A 图时，就只能看到 A 图本身，其包含的任何 Xref 都不会显示出来。覆盖方式的 Xref 可以循环引用，这使设计人员可以灵活地查看其他图形文件，无需为图形之间的嵌套关系担忧。

（4）插入点 在此区域中指定外部参照文件的插入基点，可直接在 X、Y、Z 文本框中插入点坐标，或是选中"在屏幕上指定"复选项，然后在屏幕上指定。

（5）比例 在此区域中指定外部参照文件的缩放比例，可直接在 X、Y、Z 文本框中输入沿这 3 个方向的比例因子，或是选中"在屏幕上指定"复选项，然后在屏幕上指定。

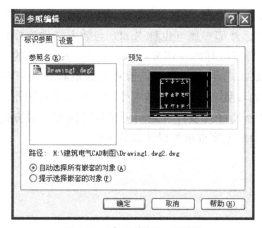

图 8-7 "参照编辑"对话框

（6）旋转 确定外部参照文件的旋转角度，可直接在"角度"框中输入角度值，或是选中"在屏幕上指定"选项，然后在屏幕上指定。

对上述选项进行设定或默认单击确定按钮后即可在当前图形文件中引入外部参照。

三、外部参照编辑

选中参照对象后，在其上单击右键在菜单上选择"在位编辑外部参照"后出现"参照编辑"对话框（见图 8-7）。

选择其中各选项或默认并点击确定按钮后在绘图区自动出现参照编辑工具（见图 8-8）。

图 8-8 参照编辑工具

其中最左端的按钮是参照编辑按钮,与右键选择在位编辑外部参照作用相同。有加号的按钮是添加到工作按钮,点击后出现复选框,用此复选框选择要编辑的对象后即可进行编辑。其中有减号的按钮是从工作集删除按钮,点击后出现复选框,用此复选框选择要编辑的对象后即可在当前的工作集中删除。有打叉的按钮是关闭参照编辑按钮,点击此按钮将关闭外部参照编辑。最右端的按钮是保存参照编辑按钮,点击此按钮将保存对外部参照的编辑。利用此工具可以方便的对外部参照进行编辑。

第四节 实 例

例一 创建带有属性的块

如图 8-9 为一带属性的表格,如标题栏常作成附带属性这样在插入此图块时就可以根据需要在命令行填写新的表格信息,如新的姓名、班级等。将图 8-9 中的电施、张三、一班、1010 分别制作属性,步骤如下。

1. 添加属性

在菜单"绘图"→"块"→"定义属性"分别对图 8-9 中的"电施"、"张三"、"一班"、"1010"栏定义属性,如对"电施"栏的属性定义过程见图 8-10,填写所需的内容,如标记、提示、默认项。选择文字样式和高度(根据实际进行调试),确定对正方式为"正中"确定后点击"电施"栏的中心并回车。对"张三"、"一班"、"1010"栏重复上述过程即完成添加属性过程。

图 名	电 施
设计人姓名	张 三
设计人班级	一 班
设计人学号	1010

图 8-9 要附加属性的标题栏

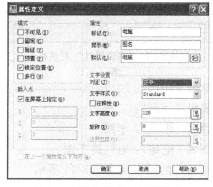

图 8-10 属性定义对话框输入

2. 将添加了属性的对象制作成块

用前面所述方法打开块定义对话框见图 8-11,在名称框中输入块名如图中的"B",在对象中点击选择对象按钮,出现复选框后用复选框选择要创建的对象(刚添加了属性的对象)回车后根据提示再点击基点栏目下的拾取点按钮,并点击要创建对象上的点(如右下角点)后出现图 8-12 说明栏,显示"编辑属性"对话框,如确认后,点击块定义中的确定按钮即完成块创建。

3. 插入已定义属性的块

用前面所述方法打开插入块对话框,见图 8-13。在名称框中点下拉箭头选择已有的图块名(已经命名的 B)点击确定按钮后用十字光标点击绘图区中需要插入的点后命令行提示输入属性值如各项默认回车则仍为括号内的原值,如在提示后输入新值如下。

图 8-11 将附着属性的图表制成块对话框

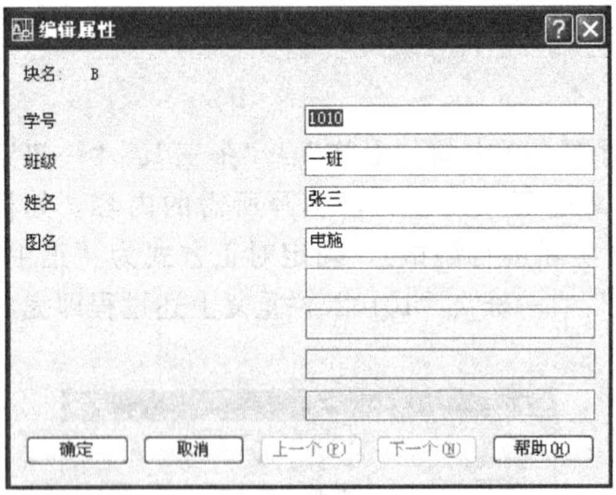

图 8-12 "编辑属性"对话框　　　　　　　图 8-13 插入块对话框

学号〈1010〉：1011
班级〈一班〉：二班
姓名〈张三〉：李四
图名〈电施〉：电气施工图
则插入的图块变为图 8-14 所示。

图　名	电气施工图	
设计人姓名	李四	
设计人班级	二班	
设计人学号	1011	

图 8-14 插入的输入新值的块

说明：定义属性的顺序一定是先将表格附着属性后再制作成块。已经制作成的块不能附着属性。

例二　插入和编辑外部参照

如图 8-15 所示为一引进的外部参照图，反映的建筑平面部分，可以在其上进行电气照

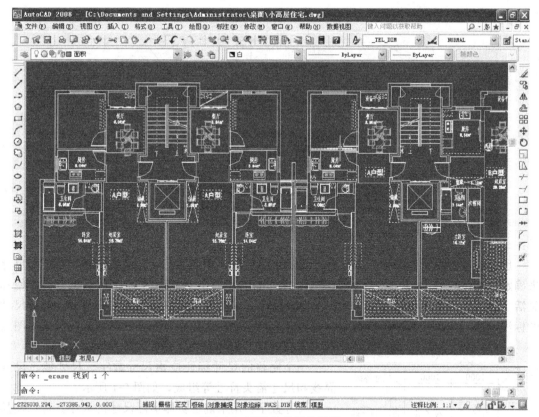

图 8-15　引进的外部参照图

明设计，外部参照图可以利用参照编辑功能进行编辑和保存。另外所引进的参照可以利用参照工具"参照"→"绑定"与本设计进行绑定。

第九章
尺寸标注与编辑

尺寸标注是设计制图中一项十分重要的工作，图样中各图形元素的位置和大小要靠尺寸来确定。AutoCAD 为此提供了一套完善的尺寸标注命令，使得尺寸标注和编辑更为方便和灵活。建筑电气施工图涉及的尺寸标注比较简单，主要是供用电设备的安装位置和相对尺寸的标注，如竖井大样图中各设备和缆线的定位尺寸等，所以本章简要介绍建筑电气施工图绘制中需要的尺寸标注与编辑命令。

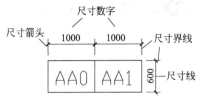

图 9-1 尺寸的组成

一个完整的尺寸标注应由尺寸数字、尺寸线、尺寸界线和尺寸箭头符号等组成，如图 9-1 所示。

尺寸数字：用来确定实体实际尺寸的大小。可以使用 AutoCAD 自动测量值，也可以使用给定的尺寸数字说明。

尺寸界线：用来确定尺寸的测量范围。应从图形的轮廓线、轴线、对称中心线引出，同时，轮廓线、轴线、对称中心线也可以作为尺寸界线。

尺寸线：用于表示标注的范围。AutoCAD 通常将尺寸线放置在测量区域中。如果空间不足，则将尺寸线或文字转移到测量区域外部，这取决于标注样式的放置规则。对于角度标注，尺寸线是一段圆弧。

尺寸箭头：尺寸箭头是用来确定尺寸的起止。箭头显示在尺寸线的末端，用于指出测量的开始和结束位置。

在 AutoCAD 中，对图形进行尺寸标注应遵循以下步骤：

① 建立尺寸标注图层；

② 创建用于尺寸标注的所需的文字样式；

③ 建立尺寸标注的样式；

④ 使用所建立的标注样式，用尺寸标注命令对标注对象进行尺寸标注，也可用尺寸标注编辑命令对不符合要求的标注进行编辑修改。

第一节　标注样式设置

一、标注样式创建步骤

在 AutoCAD 中，新建一个自己的标注样式，其步骤如下。

① 通过下拉菜单"格式"→"标注样式"、标注工具栏的按钮 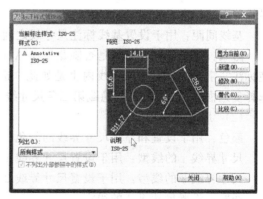 或在命令行键入 DDIM 来打开"标注样式管理器"对话框，如图 9-2 所示。

② 单击"新建"按钮，打开"创建新标注样式"对话框，如图 9-3 所示。在"新样式名"编辑框中输入新的样式名称如"电气标注样式"；在"基础样式"下拉列表框中选择新样式的副本，在新样式中包含了副本的所有设置，默认基础样式为 ISO-25；在"用于"下拉列表框中选择"所有标注"项，以应用于各种尺寸类型的标注，如图 9-3 所示。

图 9-2　"标注样式管理器"对话框

③ 单击"继续"按钮，打开"修改标注样式"对话框，如图 9-4 所示。在该对话框中，利用"直线和箭头"、"文字"、"主单位"等 6 个选项卡可以设置标注样式的所有内容。

④ 设置完毕，单击"确定"按钮，这时将得到一个新的尺寸标注样式。

⑤ 在"标注样式管理器"对话框的"样式"列表中选择新创建的样式（如"电气标注样式"），单击"置为当前"按钮，将其设置为当前样式，即可用此标注样式标注图中对象。

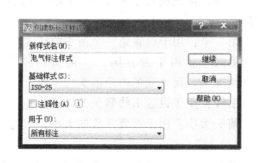

图 9-3　"创建新标注样式"对话框

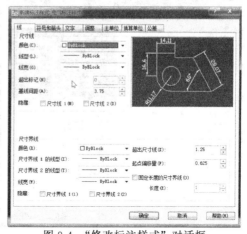

图 9-4　"修改标注样式"对话框

二、"修改标注样式"对话框各项内容和设置

1."线"选项卡

单击"线"选项卡，将出现图 9-4 所示对话框，各选项功能如下。

(1)"尺寸线"设置区

颜色：用于设置和显示尺寸线的颜色。默认情况下，尺寸线的颜色是"ByBlock"。

线型：用于设置尺寸线的线型。

线宽：用于设置尺寸线的线宽。默认情况下，尺寸线的线宽是"ByBlock"。

超出标记：用于控制在使用倾斜、建筑标记、积分箭头或无箭头时，尺寸线延长到尺寸界线外面的长度。

基线间距：用于设置基线标注尺寸线之间的距离。

隐藏：用于设置尺寸线是否隐藏。在 AutoCAD 中，尺寸线被标注文字分成两部分，即使标注文字未被放置在尺寸线内也是如此。选择复选框"尺寸线 1"则隐藏第一条尺寸线，选择复选框"尺寸线 2"则隐藏第二条尺寸线。

（2）"尺寸界线"设置区

颜色：用于设置和显示尺寸界线的颜色。

尺寸界线 1 的线型：用于设置尺寸界线 1 的线型。

尺寸界线 2 的线型：用于设置尺寸界线 2 的线型。

线宽：设置尺寸界线的线宽。

隐藏：用于设置尺寸界线是否隐藏。选择复选框"尺寸界线 1"则隐藏第一条尺寸界线，选择复选框"尺寸界线 2"则隐藏第二条尺寸界线。

超出尺寸线：用于设置尺寸界线超出尺寸线的距离。

起点偏移量：用于设置尺寸界线到指定的标注起点的偏移距离。

固定长度的尺寸界线：选择该复选框，则用一组固定长度的尺寸界线标注图形中对象的尺寸。尺寸界线的长度在"长度"编辑框内输入。

2."符号和箭头"选项卡

单击"符号和箭头"选项卡，将出现图 9-5 所示对话框，各选项功能如下。

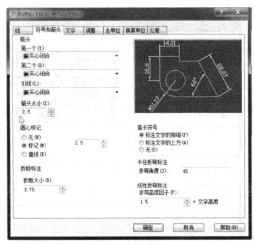

图 9-5　"新建标注样式"对话框之
"符号和箭头"选项卡

（1）"箭头"设置区

"箭头"设置区设置标注箭头和引线的类型和大小，系统提供了约 20 种箭头的样式供选用。

第一个：用于设置第一个箭头的样式。

第二个：用于设置第二个箭头的样式。通常情况下，尺寸线的两个箭头应一致。

引线：用于设置引线箭头的样式。

箭头大小：用于设置箭头的大小。

（2）"圆心标记"设置区

"圆心标记"设置区设置圆心标记的类型、大小和有无。可通过下拉列表框进行选择。其中，圆心标记类型若选择"标记"，则在圆心位置以短十字线标注圆心，该十字线的长度由"大小"编辑框设定；若选择"直线"，则圆心标注线将延伸到圆外，"大小"编辑框用于设置中间小十字标记和标注线延伸到圆外的尺寸。

（3）"弧长符号"设置区

用于设置弧长符号的显示位置。选择复选框"标注文字的前缀"则弧长符号作为标注文字的前缀，标在文字的前面，选择复选框"标注文字的上方"则弧长符号标在文字的上方，选择复选框"无"则不标注弧长符号。

折弯角度：用于设置标注大圆弧半径标注线的折弯角度。

线性折弯标注：用于设置标注的线性尺寸标注线的折弯角度。

3."文字"选项卡

单击"文字"选项卡，将出现图 9-6 所示对话框，各选项功能如下。

(1)"文字外观"设置区

用于设置标注文字的类型、颜色和大小。

文字样式：用于设置当前标注文字样式。

文字颜色：用于设置当前标注文字的颜色。

填充颜色：用于设置填充颜色。

文字高度：用于设置当前标注文字的高度。如果使用"文字"选项卡上的"文字高度"设置，则必须将文字样式中的文字高度设为 0。

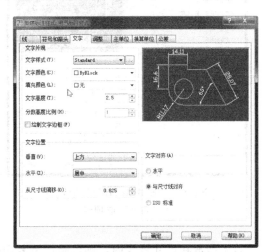

图 9-6 "新建标注样式"对话框
之"文字"选项卡

分数高度比例：用于设置标注文字中分数相对于其他文字的比例，该比例与标注文字高度的乘积为分数文字的高度。

绘制文字边框：选择该复选框，将在标注文字的周围绘制一个边框。

(2)"文字位置"设置区

用于设置标注文字的放置位置。

垂直：用于设置标注文字沿尺寸线垂直对正。若选择"居中"选项，则把将文字放在尺寸线两部分的中间；如选择"上方"选项，则把标注文字放在尺寸线的上方；若选择"外部"选项，则把文字放在尺寸线外侧；若选择"JIS"选项，则按照日本工业标准（JIS）放置标注文字。

水平：设置水平方向文字所放位置，若选择"置中"选项，则把将文字放在尺寸界线的中间；若选择"第一条尺寸界线"则标注文字沿尺寸线与第一条尺寸界线左对正；若选择"第二条尺寸界线"则标注文字沿尺寸线与第二条尺寸界线右对正；若选择"第一条尺寸界线上方"则标注文字放在第一条尺寸界线的之上；若选择"第二条尺寸界线上方"则标注文字放在第二条尺寸界线的之上。

从尺寸线偏移：用于设置标注文字与尺寸线的距离。

(3)"文字对齐"设置区

用于设置标注文字是保持水平还是与尺寸线平行。

水平：将水平放置标注文字。

与尺寸线对齐：标注文字沿尺寸线方向放置。

ISO 标准：当标注文字在尺寸界线内时，标注文字将与尺寸线对齐，当标注文字在尺寸线外时，文字将水平排列。

4."调整"选项卡

单击"调整"选项卡，将出现图 9-7 所示对话框，各选项功能如下。

(1)"调整选项"设置区

用于设置尺寸文本与尺寸箭头的格式。在标注尺寸时，如果没有足够的空间，将尺

图 9-7 "新建标注样式"对话框
之"调整"选项卡

寸文本与尺寸箭头全部写在尺寸界线内部时，可选择该栏所确定的各种摆放形式，来安排尺寸文本与尺寸箭头的摆放位置。

文字或箭头（最佳效果）单选按钮：系统自动选择一种最佳的方式，来安排尺寸文本和尺寸箭头的位置。

箭头单选按钮：首先将尺寸箭头放在尺寸界线外侧。

文字 单选按钮：首先将尺寸文字放在尺寸界线外侧。

文字和箭头单选按钮：将尺寸文字和箭头都放在尺寸界线外侧。

文字始终保持在尺寸界线之间单选按钮：将尺寸文本始终放在尺寸界线之间。

若不能放在尺寸界线内，则消除箭头复选按钮：如果尺寸箭头不适合标注要求时，则抑制箭头显示。

（2）"文字位置"选项组

设置文本的特殊放置位置。如果尺寸文本不能按规定放置时可采用该栏的选择项，设置尺寸文本的放置位置。

尺寸线旁边单选按钮：将尺寸文本放置在尺寸线旁边。

尺寸线上方，加引线单选按钮：将尺寸文本放在尺寸线上方，并加上引出线。

尺寸线上方，不加引线单选按钮：将尺寸文本放在尺寸线的上方，不加引出线。

（3）"标注特征比例"设置区

用于设置全局标注比例或布局（图纸空间）比例。所设置的尺寸标注比例因子，将影响整个尺寸标注所包含的内容。例如：如果文本字高设置为5mm，比例因子为2，则标注时字高为10mm。

使用全局比例单选按钮及文本框：用于选择和设置尺寸比例因子，使之与当前图形的比例因子相符。例如，在一个准备按1：2缩小输出的图形中（图形比例因子为2），如果箭头尺寸和文字高度都被定义为2.5，且要求输出图形中的文字高度和箭头尺寸也为2.5。那么，必须将该值（变量 DIMSCALE）设为2。这样一来，在标注尺寸时 AutoCAD 会自动地把标注文字和箭头等放大到5。而当用绘图设备输出该图时，长为5的箭头或高度为5的文字又减为2.5。该比例不改变尺寸的测量值。

按标注缩放到布局（图纸空间）单选按钮：确定该比例因子是否用于布局（图纸空间）。如果选中该按钮，则系统会自动根据当前模型空间视口和图纸空间之间的比例关系设置比例因子。

（4）"优化"设置区

用来设置标注尺寸时是否进行优化调整。

手动放置文字复选按钮：选中该复选框后，可根据需要，将标注文字放置在指定的位置。

在尺寸界线之间绘制尺寸线复选按钮：选中该复选框后，当尺寸箭头放置在尺寸界线之外时，也可在尺寸界线之内绘制出尺寸线。

5. "主单位"选项卡

单击"主单位"选项卡，将出现图9-8所示对话框，各选项功能如下。

(1) "线性标注"设置区

设置线性标注尺寸的单位格式和精度。

单位格式（U）：选择标注单位格式。单击该框右边的下拉箭头，在弹出的下拉列表框中，选择单位格式。单位格式有"科学"、"小数"、"工程"、"建筑"、"分数"、"Windows 桌面"。

精度（P）：设置尺寸标注的精度，即保留的小数点后的位数。

分数格式：设置分数的格式，该选项只有在"单位格式（U）"选择"分数"或"建筑"后才有效。在下拉列表中有三个选项，"水平"、"对角"和"非堆叠"。

小数分隔符：设置十进制数的整数部分和小数部分之间的分隔符。在下拉列表框中有三个选择项，"逗点（,）""句点（.）"和"空格（）"。

图9-8 "新建标注样式"对话框
之"主单位"选项卡

舍入：设定测量尺寸的圆整值，即精确位数。

前缀和后缀：设置尺寸文本的前缀和后缀。在相应的文本框中，输入尺寸文本的说明文字或类型代号等内容。

(2) "测量单位比例"设置区

可使用"比例因子"文本框设置测量尺寸的缩放比例，系统的实际标注值为测量值与该比例因子的乘积；选中"仅应用到布局标注"复选框，可以设置该比例关系是否仅适用于布局。

(3) "消零"设置区

控制前导和后续以及英尺和英寸单位的零是否输出。

前导：系统不输出十进制尺寸的前导零。

后续：系统不输出十进制尺寸的后续零。

0英尺或0英寸：在选择英尺或英寸为单位时，控制零的可见性。

(4) "角度标注"设置区

单位格式：设置标注角度时的单位。

精度：设置标注角度的尺寸精度。

消零：设置是否消除角度尺寸的前导或后续零。

6. "换算单位"选项卡

单击"换算单位"选项卡，将出现图9-9所示对话框，各选项功能如下。

通过换算标注单位，可以转换使用不同测量单位制的标注，通常是显示英制标注的等效公制标注，或公制标注的等效英制标注。在标注文字中，换算标注单位显示在主单位旁边的方括号"［］"内。

图 9-9　新建标注样式对话框之
"换算单位"选项卡

选中"显示换算单位"复选按钮，这时对话框的其他选项才可用，可以在"换算单位"栏中设置换算单位的"单位格式"、"精度"、"换算单位乘数"、"舍入精度"、"前缀"及"后缀"选项等，方法与设置主单位的方法相同。

可以使用"位置"选栏中的"主值后"、"主值下"单选按钮，设置换算单位的位置。

"公差"选项卡　建筑电气图标注不涉及公差问题我们不予介绍。

当完成各项操作后，就建立了一个新的尺寸标注样式，单击"确定"按钮，返回到"标注样式管理器"对话框，再单击"关闭"按钮，完成新尺寸标注样式的设置。

第二节　标注工具应用

尺寸标注样式设置完成后，就可以是用各种标注工具对图形尺寸进行标注。标注命令的调用可以在标注下拉菜单中点击相应选项、标注工具条上单击相应图标按钮或在命令行输入相应命令。

"标注"工具条见图 9-10。

图 9-10　"标注"工具条

1. 线性标注

线性标注用于标注用户坐标系 XY 平面中的两个点之间距离的测量值，可以指定两点或选择一个标注对象。可以用来标注水平、垂直和指定角度的长度型尺寸。

线性标注命令可以通过下拉菜单的"标注 | 线性"、标注工具栏的线性标注按钮 或在命令行键入 DIMLINEAR 进行调用。命令调用后，系统提示"指定第一条尺寸界线原点或〈选择对象〉:"，这时可以指定第一条尺寸界线起点或直接回车选择"选择对象"选项。

如果选择"选择对象"选项，在默认情况下，指定了尺寸线位置后，系统自动测量出标注对象的相应尺寸并标出。

如指定第一条尺寸界线起点后，系统提示"指定第二条尺寸界线原点:"，指定第二条尺寸界线起点后，系统提示"指定尺寸线位置或 [多行文字（M）/文字（T）/角度（A）/水平（H）/垂直（V）/旋转（R）]:"，在默认情况下，指定了尺寸线位置后，系统自动测量出两条尺寸界线起始点间的相应距离标出尺寸。其他各选项含义如下：

多行文字（M）：在线性标注的命令提示行中输入 M，可打开"多行文字编辑器"对话框。其中，尖括号"〈〉"表示在标注输出时显示系统自动测量生成的标注文字，用户可以将其删除再输入新的文字，也可以在尖括号前后输入其他内容。通常情况下，当需要在标注尺寸中添加其他文字或符号时，需要选择此选项。

文字（T）：在命令提示行中输入 T，可直接在命令提示行输入新的标注文字。

角度（A）：在命令提示行中输入 A，可指定标注文字的角度以代替原有的角度。

水平（H）：用于测量平行于水平方向两个点之间的距离。

垂直（V）：用于测量平行于垂直方向两个点之间的距离。

旋转（R）：用于测量倾斜方向上两个点之间的距离，此时需要输入旋转角度。

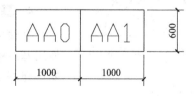

图 9-11　线性标注示例

线性标注示例见图 9-11。

2. 对齐标注

在使用线性标注尺寸时，若直线的倾斜角度未知，那么使用该方法将无法得到准确的测量结果，这时可使用对齐标注命令。此标注命令的尺寸线与标注对象平行。

对齐标注命令可以通过下拉菜单的"标注｜对齐"、标注工具栏的对齐标注按钮或在命令行键入 DIMALIGNED 进行调用。命令调用后，系统提示"指定第一条尺寸界线原点或〈选择对象〉："，这时可以指定第一条尺寸界线起点或直接回车选择"选择对象"选项。

如果选择"选择对象"选项，在默认情况下，指定了尺寸线位置后，系统自动测量出标注对象的相应尺寸并标出。

如指定第一条尺寸界线起点后，系统提示"指定第二条尺寸界线原点："，指定第二条尺寸界线起点后，系统提示"指定尺寸线位置或［多行文字（M）/文字（T）/角度（A）］："，在默认情况下，指定了尺寸线位置后，系统自动测量出两条尺寸界线起始点间的相应距离标出尺寸。在此，AutoCAD 提示各选项功能与线性标注命令含义相同。

对齐标注示例见图 9-12。

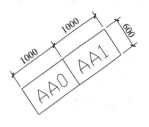

图 9-12　对齐标注示例

3. 角度标注

使用角度标注可以测量圆和圆弧的角度、两条直线间的角度或者 3 点间的角度并标注测得的角度值。

角度标注命令可以通过下拉菜单的"标注｜角度"、标注工具栏的角度标注按钮或在命令行键入 DIMANGULAR 进行调用。命令调用后，系统提示"选择圆弧、圆、直线或〈指定顶点〉："，根据选择对象的不同，系统显示不同的提示。以标注两直线间的夹角为例：单击第一条直线后，系统提示"选择第二条直线："，单击第二直线后系统提示"指定标注弧线位置或［多行文字（M）/文字（T）/角度（A）］："，移动鼠标，系统动态显示尺寸线的位置和效果，单击一点，系统按预演标注角度。

使用"角度标注"标注圆、圆弧和 3 点间的角度时，其操作要点是：

① 标注圆时，首先在圆上单击确定第 1 个点，然后指定圆上的第 2 个点，再确定放置

尺寸的位置；

② 标注圆弧时，可以直接选择圆弧，再确定放置尺寸的位置；

③ 标注 3 点间的角度时，先指定角的顶点，然后指定另一个点，再指定第三个点，最后确定放置尺寸线的位置。

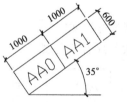

图 9-13　角度标注示例

角度尺寸的尺寸线为圆弧的同心弧，尺寸界线沿径向引出。

角度标注示例见图 9-13。

4. 基线标注

基线标注以现有的某个标注为基础，然后快速标注其他尺寸。使用基线标注可以创建一系列由相同的标注原点测量出来的标注。要创建基线标注，必须先创建（或选择）一个线性或角度标注作为基准标注。

基线标注命令可以通过下拉菜单的"标注｜基线"、标注工具栏的基线标注按钮![]或在命令行键入 DIMBASELINE 进行调用。

发出"基线标注"命令后，AutoCAD 将默认以最后一次创建尺寸标注的原点作为基点，系统提示"指定第二条尺寸界线原点或［放弃（U）/选择（S）］〈选择〉:"，如果不以最后一次创建的标注的原点作为基点，则此处直接回车，系统会提示"选择基准标注:"，点选后，系统接着提示："指定第二条尺寸界线原点或［放弃（U）/选择（S）］〈选择〉:"，则指定第二条尺寸界线原点后系统接着做相同提示，再依次选择下一个尺寸界线原点，最后按 Enter 键结束标注。

基线标注示例见图 9-14。

5. 连续标注

连续标注以现有的某个标注为基础，然后快速标注其他尺寸，用于多段尺寸串联，尺寸线在一条直线放置的标注。要创建连续标注，必须先选择一个线性或角度标注作为基准标注。每个连续标注都从前一个标注的第二条尺寸界线处开始。

连续标注命令可以通过下拉菜单的"标注｜连续"、标注工具栏的连续标注按钮![]或在命令行键入 DIMCONTINUE 进行调用。此命令的操作方法与"基线标注"命令相同，只是此命令各段标注尺寸线在一条直线上，每个连续标注都从前一个标注的第二条尺寸界线处开始。

连续标注示例见图 9-15。

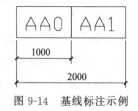

图 9-14　基线标注示例

图 9-15　连续标注示例

第三节　标注编辑与修改

在 AutoCAD 中，编辑尺寸标注及其文字的方法主要有以下 3 种。

① 使用"标注样式管理器"中的"修改"按钮，可通过"修改标注样式"对话框来编

辑图形中所有与标注样式相关联的尺寸标注。

② 使用尺寸标注编辑命令，可以对已标注的尺寸进行全面的修改编辑，这是编辑尺寸标注的主要方法。

③ 使用夹点编辑。由于每个尺寸标注都是一个整体对象组，因此使用夹点编辑可以快速编辑尺寸标注位置。

1. 尺寸文本编辑（DIMEDIT）

使用"编辑标注"命令，可以修改原尺寸为新文字、调整文字到默认位置、旋转文字和倾斜尺寸界线。

编辑标注命令可以通过下拉菜单的"标注｜倾斜"、标注工具栏的编辑标注按钮 或在命令行键入 DIMEDIT 进行调用。命令调用后，系统提示"输入标注编辑类型［默认（H）/新建（N）/旋转（R）/倾斜（O）］〈默认〉:"。

各参数的功能介绍如下。

默认（H）：选择该项，可以移动标注文字到默认位置。选择该选项后系统提示"选择对象:"，选择后回车，标注文字移动到默认位置。

新建（N）：选择该项，可以在打开的"多行文字编辑器"对话框中修改标注文字。

旋转（R）：选择该项，可以旋转标注文字。选择该选项后系统提示"指定标注文字的角度:"，输入角度后，系统提示:"选择对象:"，选择后回车，标注文字旋转指定的角度。

倾斜（O）：选择该项，可以调整线性标注尺寸界限的倾斜角度。选择该选项后系统提示:"选择对象:"，选择后回车，系统提示"输入倾斜角度（按 ENTER 表示无）:"，输入角度后回车，标注尺寸界线倾斜输入的角度。

尺寸文本编辑示例见图 9-16。

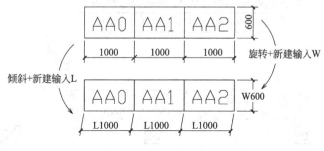

图 9-16　尺寸文本编辑示例

2. 尺寸文字位置编辑（DIMTEDIT）

使用"尺寸文字位置编辑"命令可以移动和旋转标注文字。

尺寸文字位置编辑命令可以通过下拉菜单的"标注｜文字对齐"、标注工具栏的尺寸文字位置编辑按钮 或在命令行键入 DIMTEDIT 进行调用。命令调用后，系统提示"选择标注:"，标注选择后，系统提示"指定标注文字的新位置或［左（L）/右（R）/中心（C）/默认（H）/角度（A）］:"，选择选项进行相应操作。

AutoCAD 提示选项的意义如下。

左（L）：选择该项，回车后使文字沿尺寸线左对齐。适于线性、半径和直径标注。

右（R）：选择该项，回车后使文字沿尺寸线右对齐。适于线性、半径和直径标注。

中心（C）：选择该项，回车后将标注文字放在尺寸线的中心。

默认（H）：选择该项，回车后将标注文字移至默认位置。

角度（A）：选择该项，回车后，系统提示"指定标注文字的角度:"，输入角度后回车，标注文字倾斜输入的角度。

具体操作在调用功能后，按系统提示进行操作即可。

3. 标注的关联与更新

通常情况下，尺寸标注和样式是相关联的，当标注样式修改后，使用"更新标注"命令（Dimstyle）可以快速更新图形中与标注样式不一致的尺寸标注。

操作步骤如下。

① 在"标注"工具栏中单击"标注样式"按钮，打开"标注样式管理器"对话框。

② 单击"替代"按钮，在打开的"替代当前样式"对话框中进行标注样式的设置。

③ 设置完毕后在"标注样式管理器"对话框中单击"关闭"按钮。

④ 在"标注"工具栏中单击"更新标注"按钮。

⑤ 在图形中单击需要修改其标注的对象。

⑥ 按回车键，结束对象选择，即完成标注的更新。

第四节 实 例

以某配电室布置图为例进行标注。

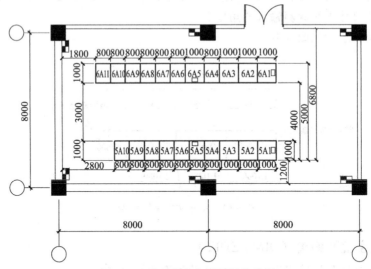

图 9-17 某配电室布置图标注示例

步骤如下。

（1）通过下拉菜单"格式"→"标注样式"、标注工具栏的 按钮 或在命令行键入 DDIM 来打开"标注样式管理器"对话框，建立标注样式。

（2）通过下拉菜单"格式"→"图层"、标注工具栏的按钮或在命令行键入 LA 来打开"图层特性管理器"对话框，建立标注图层。

① 首先标注最上排配电柜与左墙面的距离。单击标注工具栏: 命令，系统提示"指定第一条尺寸界线原点或〈选择对象〉:"，点击配电柜 6A11 左上角点，系统接着提示"指定

第二条尺寸界线原点:",点击配电柜6A11左上角点与左墙的垂直点,系统接着提示"指定尺寸线位置或[多行文字(M)/文字(T)/角度(A)/水平(H)/垂直(V)/旋转(R)]:",移动鼠标指定尺寸线位置,完成此距离标注。

② 各配电柜长度尺寸标注。为快速标出上排各配电柜尺寸,采用连续标注。单击标注工具栏:⊞命令,系统提示"选择连续标注:",左键点击刚完成的标注,系统接着提示"指定第二条尺寸界线原点或[放弃(U)/选择(S)〈选择〉]:",在刚完成的标注右侧左键点击配电柜6A11右上角点,系统提示"标注文字=800,指定第二条尺寸界线原点或[放弃(U)/选择(S)]〈选择〉:",则系统显示6A11的尺寸,依次接着根据系统提示点击各配电柜右上角点,最后回车或右键单击,则各配电柜长度尺寸标注完毕,如图9-17所示。

③ 图9-17最右侧基线标注完成过程如下。

单击标注工具栏:⊟命令,系统提示"选择基准标注:",点击5A1配电柜右下角与下侧墙面的1200标注作为基准标注,系统接着提示"指定第二条尺寸界线原点或[放弃(U)/选择(S)]〈选择〉:",左键点击配电柜5A1右上角点,系统提示"标注文字=1000,指定第二条尺寸界线原点或[放弃(U)/选择(S)]〈选择〉:",系统显示标出的标注,接着同样的方法依次点击6A1右下角点、左上角点和上侧前面上一点,最有回车或右键单击完成基线标注,如图9-17。

用同样方法标出其他尺寸距离。

第十章
模型空间图纸空间与图纸输出

图形输出是绘图工作的重要组成部分，在出图设备上输出图形后，整个绘图工作才最后完成。AUTOCAD 的图形输出途径基本上有两种，一种是通过模型空间输出图形，另一种是从图纸空间输出图形。本章讲述从模型空间和图纸空间输出图形的方法。

第一节　模型空间和图纸空间及视口

绘图窗口中包括模型空间和图纸空间。

一、模型空间

模型空间是 AutoCAD 图形处理的主要环境，是建立模型时所处的 AutoCAD 环境，主要用于几何模型的构建。在模型空间里，可以按照物体的实际尺寸绘制、编辑二维或三维图形，可以进行三维实体造型，还可以全方位地显示图形对象，它是一个三维环境，前面各个章节中所有的内容都是在模型空间中进行的。

二、图纸空间

图纸空间是 AutoCAD 图形处理的辅助环境，图纸空间的"图纸"与真实的图纸相对应，图纸空间是设置、管理视图的 AutoCAD 环境。模型空间中的三维对象在图纸空间中是用二维平面上的投影来表示的，它是一个二维环境。而在对几何模型进行打印输出时，则通常在图纸空间中完成。在 AutoCAD 中，图纸空间是以布局的形式来使用的，就是把我们在模型空间绘制的图，在图纸空间进行调整、排版，这个过程称为"布局"。所谓布局，相当于图纸空间环境，一个布局就是一张图纸，它模拟图纸页面，并提供预置的打印页面设置。一个图形文件可包含多个布局，每个布局代表一张单独的打印输出图纸。每个布局都有一个唯一的名称，布局可以复制、移动、重命名和删除，也可以保存在模板文件中为新的图形文件使用。利用布局可以在图纸空间方便快捷地创建多个视口来显示不同的视图，还可以添加标题栏或其他几何图形。可以在图形中创建多个布局以显示不同视图，每个布局可以包含不同的打印比例和图纸尺寸，布局显示的图形与图纸页面上打印出来的图形完全一样。图纸空间用于创建最终的打印布局，而不用于绘图或设计工作，它属于成图环境而模型空间属于设计环境。

三、视口

视口是模型空间与图纸空间的桥梁，其中显示的内容是模型空间的图形。视口，好比是观察图形的不同窗口。透过窗口可以看到模型空间的图形，所有在视口内的图形都能够打印。视口的另一好处是，一个布局内可以设置多个视口，如视图形中的俯视图、主视图、侧视图、局部放大等视图可以安排在同一布局的不同视口中打印输出。视口可以是不同形状，比如圆形、多边形、多个视口内能够设置图纸的不同部分，并可设置不同的比例输出。这样，在一个布局内，灵活搭配视口，可以创建丰富的图纸输出，使其更加有说服力和可读性。上述这一切都是"图纸空间"的专利，在模型空间内是做不到的。

为了理解模型空间、布局和视口的关系，可以做如下的比喻：

图纸空间可以理解为覆盖在模型空间上的一层不透明的纸，视口则是在图纸空间这张"纸"上开的一个口子，这个口子的大小、形状可以随意使用。需要从图纸空间看模型空间的内容，必须进行开"视口"操作。布局则是在这张纸上添加的标题栏、开的各个视口，视口的形状及排列和视口中显示的内容等的一个设置组合。

在视口里面对模型空间的图形进行缩放（ZOOM）、平移（PAN）、改变坐标系（UCS）等的操作，可以理解为拿着这张开有窗口的"纸"放在眼前，然后离模型空间的对象远或者近（等效 ZOOM）、左右移动（等效 PAN）、旋转（等效 UCS）等操作。如果不再希望改变布局，就需要"锁定视口"。

在绘图区域底部选择"布局"选项卡，就能查看相应的布局。选择"布局"选项卡，就可以进入相应的图纸空间环境，在图纸空间中，用户可随时选择"模型"选项卡（或在命令窗口输入 model）来返回模型空间，也可以在当前布局中创建浮动视口来访问模型空间。也可以利用 MSPACE 和 PSPACE 命令在模型空间和 LAYOUT（图纸空间）中来回切换。浮动视口相当于模型空间中的视图对象，用户可以在浮动视口中处理模型空间的对象。在模型空间中的所有修改都将反映到所有图纸空间视口中。

模型空间用于表示真实世界的操作空间，用于设计绘图，因此只能有一个模型选项卡。图纸空间代表图纸，可以在上面排放图形，布局选项卡就是图纸空间，也就是最终打印出来的图纸。默认情况下有两个布局选项卡。

第二节　布局创建与视口设置

一、布局创建

我们在建立新图形的时候，AutoCAD 会自动建立一个"模型"选项卡和两个"布局"选项卡。其中，"模型"选项卡用来在模型空间中建立和编辑图形，该选项卡不能删除，也不能重命名；"布局"选项卡用来编辑打印图形的图纸，其个数没有限制，且可以重命名，删除等。

创建布局有三种方法：新建布局、来自样板、利用向导。

1. 新建布局

鼠标在"布局"选项卡上右击，在弹出的快捷菜单中选择"新建布局"，系统会自动添加"布局 3"的布局。

2. 使用布局样板

我们也可以利用样板来创建新的布局。操作如下。

① 在下拉菜单"插入"→"布局"中选择"来自样板的布局"，系统弹出如图 10-1 所示"从文件选择样板"对话框，在该对话框中选择适当的图形文件样板，单击"打开"。

图 10-1　使用样板创建布局

图 10-2　"插入布局"对话框

② 系统弹出如图 10-2 所示的"插入布局"对话框，在布局名称下选择适当的布局，单击"确定"按钮，插入该布局。

3. 利用向导创建

① 在下拉菜单"插入"→"布局"中选择"布局向导"，系统弹出如图 10-3 所示的对话框，在对话框中输入新布局名称，单击"下一步"。

② 在弹出的图 10-4 对话框中，选择打印机，单击"下一步"，弹出如图 10-5 所示对话框，在此对话框选择图纸尺寸、图形单位，单击"下一步"。在弹出的图 10-6 对话框中，指定打印方向，并单击"下一步"。

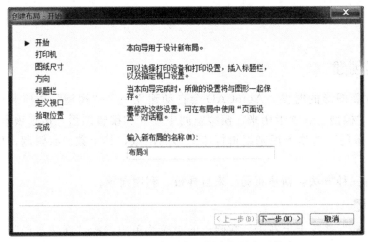

图 10-3　利用布局向导创建布局之开始

图 10-4　利用布局向导创建布局之打印机

图 10-5　利用布局向导创建布局之图纸尺寸

③ 在弹出的图 10-7 对话框中选择标题栏（ISO 为国际标准），单击"下一步"。

图 10-6　利用布局向导创建布局之方向

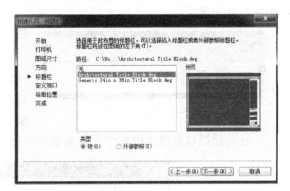

图 10-7　利用布局向导创建布局之标题栏

④ 在弹出的图 10-8 对话框中，定义打印的视口与视口比例，单击"下一步"，并指定视口配置的角点，如图 10-9 所示，单击"下一步"，弹出图 10-10 对话框，单击"完成"完成创建布局。

图 10-8　利用布局向导创建布局之定义视口

图 10-9　利用布局向导创建布局之拾取位置

图 10-10　利用布局向导创建布局之完成

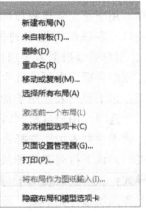

图 10-11　布局管理菜单

AutoCAD 对于已创建的布局可以进行复制、删除、更名、移动位置等编辑操作。实现这些操作方法非常简单，只需在某个"布局"选项卡上右击鼠标，从弹出的快捷菜单中选择相应的选项即可，如图 10-11。

二、创建模型空间视口

在 AutoCAD 中，视口可分为模型空间创建的平铺视口和在布局图纸空间创建的浮动视口。在平铺视口中，视口之间必须相邻且视口边界不可调整，每个视口都包含对象的一个视图。例如：设置不同的视口会得到俯视图、正视图、侧视图和立体图等。在某一时刻只有一个视口处于激活状态，十字光标只能出现在一个视口中，并且也只能编辑该活动的视口（平移、缩放等）。

图 10-12　视口工具栏

首先进入模型空间，然后点击视口工具栏（图 10-12）上的[图标]或选择下拉菜单视图｜视口｜新建视口菜单项，执行后系统弹出如图 10-13 所示"视口"对话框。

在新建视口选项卡中几个关键选项命令的含义如下。

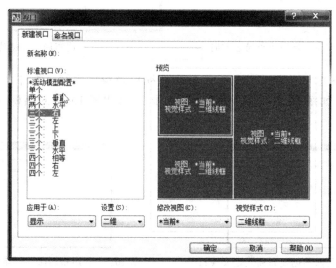

图 10-13　"视口"对话框

新名称：用于指定新建视口的名称。

标准视口：在该组合框中列出了多种常用的视口样式，如单个、两个（垂直）、两个（水平）等。用户可以根据需要选择。

预览：该组合框用来预览选中的视口效果。

应用于：该下拉列表框用于指定视口的应用对象。在其下拉列表中包含"显示"和"当前视口"两个选项，用户可根据需要进行选择。

设置：该下拉列表用于选择视口视图的二维或三维设置。

修改视图：该下拉列表用于从列表中选择的视图替换当前视口中的视图。

视觉样式：该下拉列表用于当前视口的视觉样式。

在以上各选项选择完毕后，点击确定按钮即可。

在模型空间创建视口，视口工具栏上只有按钮[图标]可用。

三、创建图纸空间视口

在图纸空间视口中，视口之间可以重叠并且视口边界可以调整。视口的边界是实体。可以删除、移动、缩放、拉伸视口。视口的形状没有限制。例如：可以创建圆形视口、多边形视口等。每个视口都在创建它的图层上，视口边界与层的颜色相同，但边界的线型总是实线。出图时如不想打印视口，可将其单独置于一图层上，冻结即可。可以同时打印多个视口。十字光标可以不断延伸，穿过整个图形屏幕，与每个视口无关。

首先进入图纸空间，然后点击视口工具栏上的各功能按钮进行图纸空间视口的创建和设置。视口工具栏如图 10-12 所示。工具栏各按钮功能如下。

(1) 显示视口　点击视口工具栏 按钮，打开如图 10-13 视口对话框。在这里可以方便的设置内定的视口。用法与模型空间中建立视口对话框相同。

(2) 单个视口创建　在布局中创建矩形的区域作为单个视口。点击视口工具栏 按钮，系统提示"指定视口的角点或 [开（ON）/关（OFF）/布满（F）/着色打印（S）/锁定（L）/对象（O）/多边形（P）/恢复（R）/图层（LA）/2/3/4]〈布满〉:"，如果直接回车，则创建充满可用显示区域的矩形视口。否则单击欲建矩形视口的一个角点，系统接着提示"指定对角点:"，单击欲建视口的对角点，则完成矩形视口的创建。

(3) 多边形视口创建　在布局内绘制一个规则或者不规则的多边形区域作为视口。点击视口工具栏 按钮，系统提示"指定起点:"，点击欲建视口起点，系统接着提示"指定下一个点或 [圆弧（A）/长度（L）/放弃（U）]:"，接着点击下一个点，系统接着提示"指定下一个点或 [圆弧（A）/闭合（C）/长度（L）/放弃（U）]:"，每点击一个点，系统做同样提示，直到点击最后一个点，系统自动连接最后一个点与最初点形成闭合区域，则多边形视口创建完毕。

(4) 将对象转为视口　将用绘图工具绘制的封闭图形转换为视口。点击视口工具栏 按钮，系统提示"选择要剪切视口的对象:"，选择对象后，封闭的图形对象被转换为视口。

(5) 裁剪现有视口　将现有的视口裁剪为多边形形状。点击视口工具栏 按钮，系统提示"选择要剪裁的视口:"，点击要裁剪的视口后，系统提示"选择剪裁对象或 [多边形（P）]〈多边形〉:"，选择裁剪多边形或对象后，则视口被裁剪。

(6) 按图纸空间缩放　点击视口工具栏按钮 100:1 ，其实是设置布局里视口中图形的打印比例。它和在模型空间里绘图比例有所不同，比如你可以在模型空间里 1∶1 绘图，但是可在布局内按其他比例打印输出。

第三节　绘图仪和打印样式管理器

在 AutoCAD 进行打印之前，必须首先完成打印设备的配置和打印样式的设置。

一、添加绘图仪

为了使 AutoCAD 能够使用现有的设备进行输出，有必要将该设备添加到 AutoCAD 中。此项工作可以使用系统自带的添加绘图仪向导来完成。步骤简述如下。

在下拉菜单中选择"工具"→"向导"→"添加绘图仪"，系统弹出"添加绘图仪-简介"对话框，如图10-14，单击"下一步"，系统弹出"添加绘图仪-开始"对话框，如图10-15，选择"我的电脑"，单击"下一步"，系统弹出"添加绘图仪-绘图仪型号"对话框，如图10-16，在生产商列表中选择生产商，在型号列表中选择绘图仪的型号，单击"下一步"，系统弹出"驱动程序信息"对话框，单击"继续"，系统弹出"添加绘图仪-输入 PCP 或PC2"对话框，如图10-17，单击"下一步"，系统弹出"添加绘图仪-端口"对话框，如图10-18，单击"下一步"，系统弹出"添加绘图仪-绘图仪名称"对话框，如图10-19，填入绘图仪名称，单击"下一步"，弹出"添加绘图仪-完成"对话框，如图10-20，单击"完成"，完成绘图仪添加。

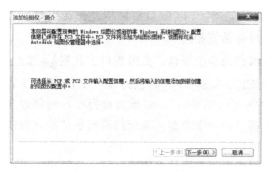

图 10-14 "添加绘图仪-简介"对话框

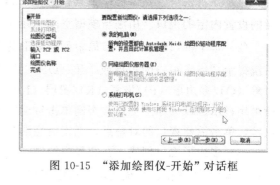

图 10-15 "添加绘图仪-开始"对话框

图 10-16 "添加绘图仪-绘图仪型号"对话框

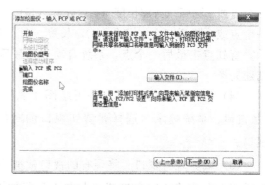

图 10-17 "添加绘图仪-输入 PCP 或 PC2"对话框

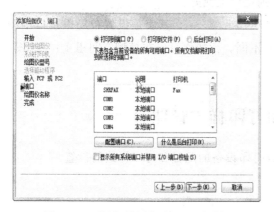

图 10-18 "添加绘图仪-端口"对话框

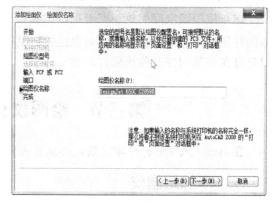

图 10-19 "添加绘图仪-绘图仪名称"对话框

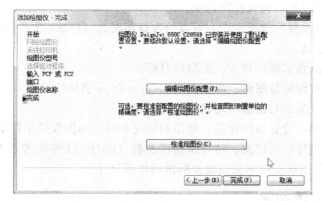

图 10-20　"添加绘图仪-完成"对话框

二、编辑绘图仪配置

完成添加绘图仪以后，要对它进行配置，使之更好地满足出图的要求。下面对绘图仪配置的过程进行简单的说明。

在下拉菜单"文件"中选择"图仪管理器"，弹出"Plotters"对话框，如图 10-21 所示，从中双击欲配置的绘图仪。系统将打开"绘图仪配置编辑器"对话框，如图 10-22 所示。

图 10-21　"Plotters"对话框

图 10-22　"绘图仪配置编辑器"对话框

"绘图仪配置编辑器"对话框包含三个选项卡。分别说明如下。

（1）基本　包含关于绘图仪配置（PC3）文件的基本信息。可在"说明"区域添加或修改信息。选项卡的其余内容是只读的。

绘图仪配置文件名：显示在"添加绘图仪"向导中指定的文件名。

说明：显示有关绘图仪的信息。

驱动程序信息：位置、端口、版本。

（2）端口　更改配置的绘图仪与用户计算机或网络系统之间的通信设置。可以指定通过端口打印、打印到文件或使用后台打印。

（3）设备和文档设置　包含打印选项。

在"设备和文档设置"选项卡中，可以修改打印配置（PC3）文件的多项设置，该选项卡中包含下列五个区域。

① 介质：指定纸张来源、尺寸、类型和目标。

② 图形：指定打印矢量图形、光栅图形和 TrueType 字体的设置。

③ 自定义特性：显示与设备驱动程序相关的设置。

④ 初始化字符串：设置初始化前、延期初始化和终止绘图仪的字符串。

⑤ 用户定义图纸尺寸与校准：将打印模型参数（PMP）文件附着到 PC3 文件中，校准绘图仪，添加、删除或修正自定义的以及标准的图纸尺寸。

三、打印样式管理器

打印样式表主要用于对图形对象的打印颜色、线型、线宽、抖动和填充样式进行设置。打印样式表分为两种，一种是颜色打印样式表，一种是命名打印样式表。颜色打印样式表根据对象的颜色设置样式，使用对象的颜色决定打印特征（如线宽），例如图中所有红色对象均以相同方式打印，对于使用不同颜色的对象，系统将根据这些颜色为其指定不同的打印样式。命名打印样式表可以指定给对象，与对象的颜色无关，可以对不同的对象进行不同的打印设置。

可以用"打印样式管理器"对打印样式表进行创建和编辑。

选择"文件"→"打印样式管理器"或执行 STYLESMANAGER 命令，打开"打印样式"对话框，如图 10-23 所示，双击对话框中"添加打印样式表"图标，系统打开"添加打印样式表"对话框如图 10-24，单击"下一步"按钮，打开"添加打印样式表-开始"对话框，如图 10-25，选择"创建新打印样式表"单选按钮，单击"下一步"按钮，打开"添加打印样式表-选择打印样式表"对话框，如图 10-26，根据需要选择所需的样式，单击"下一步"按钮，打开"添加打印样式表-文件名"对话框，如图 10-27，输入打印样式表名称，单击"下一步"按钮，打开"添加打印样式表-完成"对话框，如图 10-28，单击"打印样式表编辑器（S）…"按钮，打开"打印样式表编辑器"对话框，如图 10-29，进行相应的设置，单击"保存并关闭"按钮返回"添加打印样式表-完成"对话框，单击"完成"按钮完成打印样式表的创建。

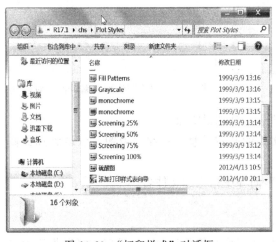

图 10-23　"打印样式"对话框

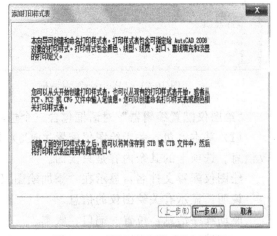

图 10-24　"添加打印样式"对话框

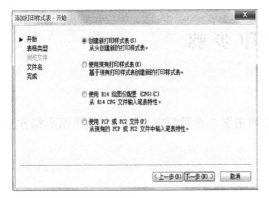

图 10-25 "添加打印样式表-开始"对话框

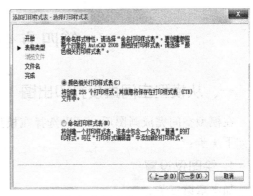

图 10-26 "添加打印样式表-选择打印样式表"对话框

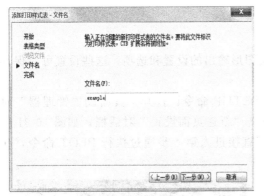

图 10-27 "添加打印样式表-文件名"对话框

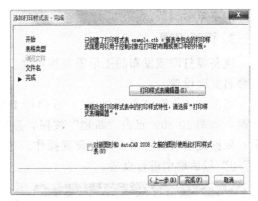

图 10-28 "添加打印样式表-完成"对话框

图 10-29 "打印样式表编辑器"对话框

在图 10-23 "打印样式"对话框中,双击任何一个已经建立的打印样式表可以打开图 10-29 "打印样式表编辑器"对话框,对该打印样式表进行重新设置编辑。

第四节 打印步骤

一、从模型空间直接打印出图

在模型空间完成画图后,可以选择在模型空间出图。在模型空间中打印输出图形操作步骤如下4步:

1. 绘图仪设置

如本章第三节。

2. 打印样式设置

如本章第三节。

3. 页面设置

准备要打印或发布的图形需要指定许多定义图形输出的设置和选项,这些设置可以保存为命名页面设置。

点击"文件"→"页面设置",或执行 PAGESETUP 命令,打开"页面设置管理器"对话框,如图 10-30;点击"新建"按钮,系统弹出"新建页面设置"对话框,如图 10-31 所示;依据提示可进行新页面的设置操作。也可以直接进入第 4 步通过执行 PLOT 命令,在"打印"对话框中进行设置。

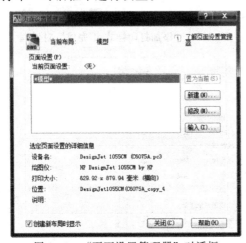

图 10-30 "页面设置管理器"对话框

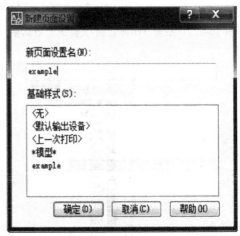

图 10-31 "新建页面设置"对话框

下面简要介绍"页面设置-模型"对话框(图 10-32)各选项。

① 名称:新建页面设置名称。

② 打印机/绘图仪选项中"名称"下拉菜单选择绘图仪型号,单击"特性"按钮,弹出"绘图仪配置编辑器"对话框,可以进行绘图仪的设置进行修改设置。

③ 图纸尺寸:下拉列表中给出了打印设备可用的标准图纸尺寸。如果没有选定打印机,则显示全部标准图纸尺寸。

④ 打印范围:指定要打印的区域,可选择以下 4 种定义中的一种。

a. 图形界限:打印指定图纸尺寸页边距内的所有对象。

b. 范围:打印图形的当前空间中的所有几何图形。

图 10-32 "页面设置-模型" 对话框

c. 显示：打印"模型"选项卡的当前视口中的视图。

d. 窗口：打印由用户指定的区域内的图形。用户可单击"窗口（O）"按钮返回绘图区来指定打印区域的两个角点。

⑤ 打印偏移：指定相对于可打印区域左下角的偏移量。如选择"居中打印"，则自动计算偏移值，以便居中打印。

⑥ 打印比例：选择或定义打印单位（英寸或毫米）与图形单位之间的比例关系。如果选择了"缩放线宽"项，则线宽的缩放比例与打印比例成正比。如果选择了"布满图纸"，则自动计算打印比例。

⑦ 打印样式表（笔指定）：下拉列表中列出了可用的打印样式。单击，则打开图 10-29 "打印样式表编辑器"对话框，对所选打印样式表进行编辑设置。

⑧ 着色视口选项：指定着色和渲染视口的打印方式，并确定它们的分辨率大小和 DPI 值。

a. 着色打印：有 4 个选项，分别说明如下。

按显示：按对象在屏幕上的显示打印。

线框：在线框中打印对象，不考虑其在屏幕上的显示方式。

消隐：打印对象时消除隐藏线，不考虑其在屏幕上的显示方式。

渲染：按渲染的方式打印对象，不考虑其在屏幕上的显示方式。

b. 质量：指定着色和渲染视口的打印分辨率，可从下列选项中选择。

草稿：将渲染和着色模型空间视图设置为线框打印。

预览：将渲染和着色模型空间视图的打印分辨率设置为当前设备分辨率的四分之一，DPI 最大值为 150。

普通：将渲染和着色模型空间视图的打印分辨率设置为当前设备分辨率的二分之一，DPI 最大值为 300。

演示：将渲染和着色模型空间视图的打印分辨率设置为当前设备的分辨率，DPI 最大值为 600。

最大值：将渲染和着色模型空间视图的打印分辨率设置为当前设备的分辨率，无最大值。

自定义：将渲染和着色模型空间视图的打印分辨率设置为"DPI"框中用户指定的分辨率设置，最大可为当前设备的分辨率。

c. DPI：指定渲染和着色视图每英寸的点数，最大可为当前打印设备分辨率的最大值。只有在"质量"框中选择了"自定义"后，此选项才可用。

⑨ 打印选项：选择各项可具有如下作用。

a. 打印对象线宽：打印线宽。

b. 打印样式：按照对象使用的和打印样式表中定义的打印样式进行打印。

c. 最后打印图纸空间：先打印模型空间的几何图形，然后再打印图纸空间的几何图形。

d. 隐藏图纸空间对象：打印在布局环境（图纸空间）中删除了对象隐藏线的布局。

⑩ 图形方向：选择"纵向"表示用图纸的短边作为图形页面的顶部。"横向"则表示图纸的长边作为图形页面的顶部。无论使用哪一种图形方式，都可以通过选择"反向打印"来得到相反的打印效果。

⑪ 预览：可以在实际打印输出之前浏览打印效果。

4. 图纸打印

点击"文件"菜单"打印"或执行 STYLEMANAGER 命令。系统弹出"打印-模型"对话框，根据提示进行绘图仪、页面、图纸尺寸、打印区域等设置，如图 10-33 所示。

图 10-33 "打印-模型"对话框

在页面设置项的名称选择框中选择步骤 2 中页面设置名称，调入步骤 2 中的相关设置，也可对对话框中各项进行重新设置。

该对话框与"页面设置"对话框的设置基本相同，只是增加"打印到文件"、"打开打印戳记"和"将修改保存到布局"和"应用到布局"。

打印到文件：选择该项后，系统将打印输出到文件而不是输出到打印机。用户需指定打印文件名和打印文件存储的路径。缺省的打印文件名为图形及选项卡名，用连字符分开；缺省的位置为图形文件所在的目录。

打印戳记：选择该项后，可在图形中指定的位置打印标记。用户可单击按钮，弹出"打印标记"对话框，用于指定打印标记的信息（包括图名、日期和时间、打印比例等，也可自定义其他信息）和位置等。

将修改保存到布局：将在"打印"对话框中所做的修改保存到布局。

应用到布局：将当前"打印"对话框设置保存到当前布局。

如果想观察打印效果，可单击"预览"按钮，对打印效果不满意还可以再进行调整。如果此时打印机处于开机状态，单击"确定"按钮即可在模型空间直接打印出图。

二、从图纸空间打印出图

在图纸空间及布局中，不仅可以打印输出一个视图的图形对象，也可以打印输出布局在模型空间中各个不同视角下产生的同一比例的多个视图，还可以将不同比例的两个以上的视图安排在同一张图纸上，并为它们加上图框、标题栏和文字注释等内容。

从图纸空间打印出图的步骤同在模型空间中出图基本一样，下面仅介绍插入图框和视图的基本操作。

① 打开一个图形文件，点击屏幕下方的"布局1"按钮，进入图纸空间模式。

② 执行"插入块"命令，在弹出的"插入"对话框中单击"浏览"按钮，打开一个保存的图框文件，并取消"插入点"选项组中的"在屏幕上指定"复选框，其他参数使用系统的默认设置。

③ 单击"确定"按钮，完成图框的插入。如果该图框需要插入时定义属性，这时会弹出"编辑属性"对话框，按照要求中输入各属性值即可。

④ 单击"图层特性管理器"按钮，在打开的"图层特性管理器"对话框中新建一个名为"视口"的图层，图层颜色为"红色"，并设置为当前层。

⑤ 在布局中建立浮动视口，并调整各视口的位置、形状、大小等。

⑥ 依次双击各新建视口内部，新建的浮动视口被激活。单击菜单栏中的"视图"→"缩放"→"比例"命令，根据命令行的提示，直接在命令行中输入比例，调整图形对象的比例，依次调整好各视口的视图。视口建立并调整好大小位置后，不需要再动时就锁定，可以点选视口边框，按右键并在右键菜单里选择"显示锁定"→"是"。

⑦ 如不想打印视口边界，则关闭"视口"图层。至此，一张确定了比例并调整好位置的图纸在"布局1"设置完成。

打印步骤为：a. 配置绘图仪；b. 设置打印样式表；c. 页面设置；d. 图纸打印。

各步骤与从模型空间打印基本相同，不再赘述。

第十一章
工程设计实例

本章主要介绍建筑电气工程设计实例，通过实例说明建筑电气 CAD 绘图过程。

第一节　建筑电气平面图绘制

建筑电气平面图是建筑电气设计的主要环节，是建筑电气设备的安装依据。可以反映建筑的特点，一般是在建筑结构图的基础上画电气元件及导线的配置。但是对于建筑平面图的绘制也应有所了解和掌握。一般民用建筑平面图主要包括门厅、客厅、餐厅、卧室、卫生间、厨房、阳台、走廊、仓库、楼梯间、电梯间、电井、暖井等部分，电气设计强电部分主要包括供配电系统图、供配电平面图、竖向图、防雷平面图等。弱电部分主要包括宽带系统图和平面图、电缆电视系统图和平面图、电话系统图和平面图、消防系统图和平面图、可视对讲及监控系统图和平面图等。所有平面图均围绕建筑平面图展开进行。一般在绘制建筑图的基础上制作一些元件的块，插入布置后再连接导线，要注意适当的线宽及图层、颜色，对技术标准要加以标注。使分散孤立的各部分元件连接成协调统一的整体。

建筑电气主要是平面图形设计，建筑电气设计是在建筑主体部分的基础上进行相应的电气设计。本例电气部分主要针对照明部分进行设计，为了使读者对 CAD 熟练掌握，本例将建筑部分也考虑在内。具体绘制过程如下。

① 新建 CAD 图应先设置图幅，设置的尺寸按 1:1 比例，一般比实际要大一些。

② 精度一般小数点后保留一位即可。

③ 设置线型，工程图的线型不能都是一种线型常用线宽组见表 11-1。

表 11-1　线宽比和线宽对照表

线宽比	线宽组/mm					
b	2.0	1.4	1.0	0.7	0.5	0.35
$0.5b$	1.0	0.7	0.5	0.35	0.25	0.18
$0.35b$	0.7	0.5	0.35	0.25	0.18	

一般轮廓线用粗实线，剖面线用细实线，其余轮廓线可用中实线，部分元件可用细实线绘制。

④ 设置图层。本设计图设有 24 层，要求用不同的颜色以示区别。以下各项均在不同的层内完成（见图 11-1）。

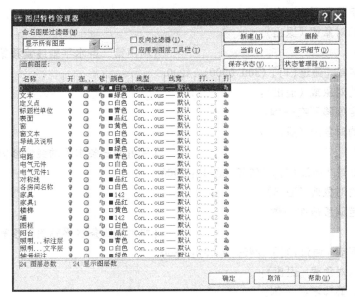

图 11-1　图层设置图

⑤ 画轴线，轴线是建筑图的主要参照，通常以各墙的中心线为依据画出，另外轴线要标出轴号。

⑥ 画墙，本设计墙厚 240，采用多线设置封口形式。设置方法参考多线部分。

⑦ 画窗，本设计窗为双层，可用点等分后画出，然后制成块可随时插入。

⑧ 画门，也可以制成块。

⑨ 画外墙表面（防冻砖）。

⑩ 画楼梯，并标注上下方向。

⑪ 画家具，因较为复杂分为三层画。

⑫ 画电气元件，因较为复杂分为三层画。

⑬ 画电气元件连接导线。

⑭ 电气元件说明标注。

⑮ 轴线标注（可用定义属性的块插入）。

⑯ 尺寸标注。

⑰ 照明元件层。

⑱ 窗文本层。

⑲ 标题栏单位层。

⑳ 阳台层。

1. 轴线绘制过程

（1）先用偏移命令画水平轴线

命令：_line 指定第一点：　　　　　　　　　　（画第一条水平轴线）

指定下一点或 [放弃(U)]：

指定下一点或 [放弃(U)]：

命令：_offset　　　　　　　　　　　　　　（利用第一条水平轴线偏移第二条轴线）

指定偏移距离或 [通过(T)] 〈4800.0000〉：170

选择要偏移的对象或〈退出〉：

指定点以确定偏移所在一侧：

选择要偏移的对象或〈退出〉：

命令：_offset　　　　　　　　　　　　　　　　(利用第二条水平轴线偏移第三条轴线)

指定偏移距离或 [通过(T)]〈300.0000〉：4200

选择要偏移的对象或〈退出〉：

指定点以确定偏移所在一侧：

选择要偏移的对象或〈退出〉：

命令：_offset　　　　　　　　　　　　　　　　(利用第三条水平轴线偏移第四条轴线)

指定偏移距离或 [通过(T)]〈4200.0000〉：2400

选择要偏移的对象或〈退出〉：

指定点以确定偏移所在一侧：

选择要偏移的对象或〈退出〉：

命令：_offset　　　　　　　　　　　　　　　　(利用第四条水平轴线偏移第五条轴线)

指定偏移距离或 [通过(T)]〈2400.0000〉：4800

选择要偏移的对象或〈退出〉：

指定点以确定偏移所在一侧：

选择要偏移的对象或〈退出〉：

命令：_offset　　　　　　　　　　　　　　　　(利用第五条水平轴线偏移第六条轴线)

指定偏移距离或 [通过(T)]〈4800.0000〉：170

选择要偏移的对象或〈退出〉：

指定点以确定偏移所在一侧：

选择要偏移的对象或〈退出〉：

(2) 再绘制垂直轴线

命令：_line 指定第一点：　　　　　　　　　　　(画第一条垂直轴线)

指定下一点或 [放弃(U)]：

命令：_offset　　　　　　　　　　　　　　　　(利用第一条垂直轴线偏移第二条垂直轴线)

指定偏移距离或 [通过(T)]〈170.0000〉：170

选择要偏移的对象或〈退出〉：'_pan

〉〉按 Esc 或 Enter 键退出，或单击右键显示快捷菜单。

正在恢复执行 OFFSET 命令。

选择要偏移的对象或〈退出〉：

指定点以确定偏移所在一侧：

选择要偏移的对象或〈退出〉：＊取消＊

命令：_offset　　　　　　　　　　　　　　　　(利用第二条垂直轴线偏移第三条垂直轴线)

指定偏移距离或 [通过(T)]〈170.0000〉：3300

选择要偏移的对象或〈退出〉：'_pan

〉〉按 Esc 或 Enter 键退出，或单击右键显示快捷菜单。

正在恢复执行 OFFSET 命令。

选择要偏移的对象或〈退出〉：

指定点以确定偏移所在一侧：

选择要偏移的对象或〈退出〉：＊取消＊

命令：'_pan

按 Esc 或 Enter 键退出，或单击右键显示快捷菜单。

命令：_offset　　　　　　　　　　　　　　　（利用第三条垂直轴线偏移第四条垂直轴线）

指定偏移距离或［通过(T)］〈3300.0000〉：4200

选择要偏移的对象或〈退出〉：

指定点以确定偏移所在一侧：

选择要偏移的对象或〈退出〉：'_pan

〉〉按 Esc 或 Enter 键退出，或单击右键显示快捷菜单。

命令：_offset　　　　　　　　　　　　　　　（利用第四条垂直轴线偏移第五条垂直轴线）

指定偏移距离或［通过(T)］〈4200.0000〉：2800

选择要偏移的对象或〈退出〉：

指定点以确定偏移所在一侧：

选择要偏移的对象或〈退出〉：＊取消＊

命令：_offset　　　　　　　　　　　　　　　（利用第五条垂直轴线偏移第六条垂直轴线）

指定偏移距离或［通过(T)］〈2800.0000〉：4400

选择要偏移的对象或〈退出〉：

指定点以确定偏移所在一侧：

选择要偏移的对象或〈退出〉：'_pan

〉〉按 Esc 或 Enter 键退出，或单击右键显示快捷菜单。

正在恢复执行 OFFSET 命令。

命令：_offset　　　　　　　　　　　　　　　（利用第六条垂直轴线偏移第七条垂直轴线）

指定偏移距离或［通过(T)］〈4400.0000〉：3300

选择要偏移的对象或〈退出〉：

指定点以确定偏移所在一侧：

选择要偏移的对象或〈退出〉：＊取消＊

2. 画轴号

轴号可以用块插入制作。图块应首先附着属性以利于插入后轴号的编写。具体操作如下。

命令：_circle 指定圆的圆心或［三点(3P)/两点(2P)/相切、相切、半径(T)］：

指定圆的半径或［直径(D)］：　　　　　　　（先画出轴号的外圆）

命令：_properties　　　　　　　　　　　（附着属性）

命令：指定对角点：

命令：_mtext 当前文字样式："Standard"　当前文字高度：2.5

指定第一角点：

指定对角点或［高度(H)/对正(J)/行距(L)/旋转(R)/样式(S)/宽度(W)］：j

输入对正方式

［左上(TL)/中上(TC)/右上(TR)/左中(ML)/正中(MC)/右中(MR)/左下(BL)/中下(BC)/右下(BR)］〈左上(TL)〉：mc

指定对角点或［高度(H)/对正(J)/行距(L)/旋转(R)/样式(S)/宽度(W)］：

［自动(A)/控制(C)/开始(BE)/结束(E)/标记(M)/后退(B)］〈1〉：1 定义属性(D)...GROUP

命令：_attdef

起点：

命令：_circle 指定圆的圆心或［三点(3P)/两点(2P)/相切、相切、半径(T)］：

指定圆的半径或［直径(D)］〈388.0617〉：

命令：_attdef

起点：

命令：指定对角点：

命令：_.erase 找到 1 个

命令：_block   （制作成块）

选择对象：指定对角点：找到 2 个

选择对象：

指定插入基点：

命令：_insert   （插入已附着属性的块）

指定插入点或 [比例(S)/X/Y/Z/旋转(R)/预览比例(PS)/PX/PY/PZ/预览旋转(PR)]:'_pan

〉〉按 Esc 或 Enter 键退出，或单击右键显示快捷菜单。

正在恢复执行 INSERT 命令。

指定插入点或 [比例(S)/X/Y/Z/旋转(R)/预览比例(PS)/PX/PY/PZ/预览旋转(PR)]：

输入属性值

轴号〈1〉：8   （修改轴号值）

命令：_insert

指定插入点或 [比例(S)/X/Y/Z/旋转(R)/预览比例(PS)/PX/PY/PZ/预览旋转(PR)]：

输入属性值

轴号〈1〉：9   （修改轴号值）

命令：_insert

指定插入点或 [比例(S)/X/Y/Z/旋转(R)/预览比例(PS)/PX/PY/PZ/预览旋转(PR)]：

输入属性值

轴号〈1〉：10   （修改轴号值）

命令：_insert

指定插入点或 [比例(S)/X/Y/Z/旋转(R)/预览比例(PS)/PX/PY/PZ/预览旋转(PR)]：

输入属性值

轴号〈1〉：11   （修改轴号值）

命令：_insert

指定插入点或 [比例(S)/X/Y/Z/旋转(R)/预览比例(PS)/PX/PY/PZ/预览旋转(PR)]：

输入属性值

轴号〈1〉：12   （修改轴号值）

命令：_insert

指定插入点或 [比例(S)/X/Y/Z/旋转(R)/预览比例(PS)/PX/PY/PZ/预览旋转(PR)]：

输入属性值

轴号〈1〉：13   （修改轴号值）

命令：_circle 指定圆的圆心或 [三点(3P)/两点(2P)/相切、相切、半径(T)]:（重新制作轴号）

指定圆的半径或 [直径(D)]〈404.4583〉：

命令：_attdef   （附着属性）

起点：

命令：指定对角点：

命令：_.erase 找到 1 个

命令：_block   （制成附着属性的块）

选择对象：指定对角点：找到 2 个

指定插入基点：

正在重生成模型。

命令：_insert   （插入带属性的块）

指定插入点或［比例(S)/X/Y/Z/旋转(R)/预览比例(PS)/PX/PY/PZ/预览旋转(PR)］：'_zoom

〉〉指定窗口角点,输入比例因子 (nX 或 nXP),或

［全部(A)/中心点(C)/动态(D)/范围(E)/上一个(P)/比例(S)/窗口(W)］〈实时〉：_w

〉〉指定第一个角点：〉〉指定对角点：

正在恢复执行 INSERT 命令。

指定插入点或［比例(S)/X/Y/Z/旋转(R)/预览比例(PS)/PX/PY/PZ/预览旋转(PR)］：

输入属性值

轴号〈2〉：A   （利用属性修改图号）

命令：'_pan

按 Esc 或 Enter 键退出,或单击右键显示快捷菜单。

命令：_insert

指定插入点或［比例(S)/X/Y/Z/旋转(R)/预览比例(PS)/PX/PY/PZ/预览旋转(PR)］：

输入属性值

轴号〈2〉：B   （利用属性修改图号）

命令：_insert

指定插入点或［比例(S)/X/Y/Z/旋转(R)/预览比例(PS)/PX/PY/PZ/预览旋转(PR)］：

输入属性值

轴号〈2〉：C   （利用属性修改图号）

命令：'_pan

按 Esc 或 Enter 键退出,或单击右键显示快捷菜单。

命令：_insert

指定插入点或［比例(S)/X/Y/Z/旋转(R)/预览比例(PS)/PX/PY/PZ/预览旋转(PR)］：

输入属性值

轴号〈2〉：D   （利用属性修改图号）

命令：_move

选择对象：找到 1 个

选择对象：

指定基点或位移：指定位移的第二点或〈用第一点作位移〉：

命令：_insert

指定插入点或［比例(S)/X/Y/Z/旋转(R)/预览比例(PS)/PX/PY/PZ/预览旋转(PR)］：

需要点或选项关键字。

指定插入点或［比例(S)/X/Y/Z/旋转(R)/预览比例(PS)/PX/PY/PZ/预览旋转(PR)］：

需要点或选项关键字。

指定插入点或［比例(S)/X/Y/Z/旋转(R)/预览比例(PS)/PX/PY/PZ/预览旋转(PR)］：

需要点或选项关键字。

指定插入点或［比例(S)/X/Y/Z/旋转(R)/预览比例(PS)/PX/PY/PZ/预览旋转(PR)］：

输入属性值

轴号〈2〉：H   （利用属性修改图号）

命令：_move

选择对象：找到 1 个

选择对象：

指定基点或位移：指定位移的第二点或〈用第一点作位移〉：

重复上述过程制作对边的轴号。

画出的图形见图 11-2。

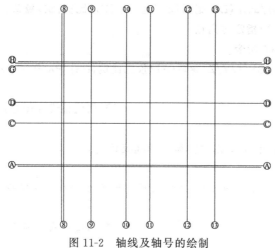

图 11-2　轴线及轴号的绘制

3. 为轴线标注尺寸

首先调整标注比例及箭头样式，箭头样式采用建筑样式，全局比例经实验调整为 80。利用标注工具标注如下。

命令：_dimlinear

指定第一条尺寸界线原点或〈选择对象〉：

指定第二条尺寸界线原点：指定尺寸线位置或

[多行文字(M)/文字(T)/角度(A)/水平(H)/垂直(V)/旋转(R)]：

标注文字 =170

命令：'_pan

按 Esc 或 Enter 键退出，或单击右键显示快捷菜单。

命令：_dimcontinue

指定第二条尺寸界线原点或 [放弃(U)/选择(S)]〈选择〉：

标注文字 =3470

指定第二条尺寸界线原点或 [放弃(U)/选择(S)]〈选择〉：

标注文字 =4200

指定第二条尺寸界线原点或 [放弃(U)/选择(S)]〈选择〉：

标注文字 =2800

指定第二条尺寸界线原点或 [放弃(U)/选择(S)]〈选择〉：

标注文字 =4400

指定第二条尺寸界线原点或 [放弃(U)/选择(S)]〈选择〉：

选择连续标注：* 取消 *

命令：_dimlinear

指定第一条尺寸界线原点或〈选择对象〉：

指定第二条尺寸界线原点：指定尺寸线位置或

[多行文字(M)/文字(T)/角度(A)/水平(H)/垂直(V)/旋转(R)]：

标注文字 ＝14700

命令：_dimlinear

指定第一条尺寸界线原点或〈选择对象〉：

指定第二条尺寸界线原点：指定尺寸线位置或

[多行文字(M)/文字(T)/角度(A)/水平(H)/垂直(V)/旋转(R)]：

标注文字 ＝170

命令：_dimcontinue

指定第二条尺寸界线原点或 [放弃(U)/选择(S)]〈选择〉：

标注文字 ＝547.07

指定第二条尺寸界线原点或 [放弃(U)/选择(S)]〈选择〉：

标注文字 ＝4100

指定第二条尺寸界线原点或 [放弃(U)/选择(S)]〈选择〉：'_pan

〉〉按 Esc 或 Enter 键退出，或单击右键显示快捷菜单。

正在恢复执行 DIMCONTINUE 命令。

标注文字 ＝2400

指定第二条尺寸界线原点或 [放弃(U)/选择(S)]〈选择〉：

标注文字 ＝4800

指定第二条尺寸界线原点或 [放弃(U)/选择(S)]〈选择〉：

标注文字 ＝170

指定第二条尺寸界线原点或 [放弃(U)/选择(S)]〈选择〉：

选择连续标注：

命令：_dimlinear

指定第一条尺寸界线原点或〈选择对象〉：

指定第二条尺寸界线原点：指定尺寸线位置或

[多行文字(M)/文字(T)/角度(A)/水平(H)/垂直(V)/旋转(R)]：

标注文字 ＝12040

重复对边的标注方法与以上标注相同。完成标注的轴线见图 11-3。

4. 画墙

墙用多线绘制。

（1）设置多线

端部设置见图 11-4。

其他设置如下。

命令：_mline

当前设置：对正 ＝ 上,比例 ＝ 20.00,样式 ＝ STANDARD

指定起点或 [对正(J)/比例(S)/样式(ST)]： s

输入多线比例〈20.00〉： 240

当前设置：对正 ＝ 上,比例 ＝ 240.00,样式 ＝ STANDARD

指定起点或 [对正(J)/比例(S)/样式(ST)]： j

输入对正类型 [上(T)/无(Z)/下(B)]〈上〉： z

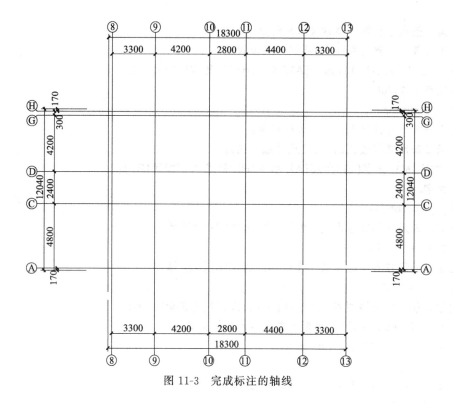

图 11-3　完成标注的轴线

（2）设置端部封闭直角样式

命令：_mlstyle

（3）开始画墙线

利用轴线的各交点进行捕捉将未开门的墙线逐一画完。

命令：_mline

当前设置：对正 = 无,比例 = 240.00,样式 = STANDARD

指定起点或 [对正(J)/比例(S)/样式(ST)]：

指定下一点：

指定下一点或 [放弃(U)]：

选择不同端点，重复上述过程。

出现多线绘制的墙线。

再输入命令 mledit 用多线编辑工具对多线进行编辑（见图 11-5）。

图 11-4　多线端部样式设置

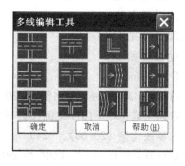

图 11-5　多线编辑工具

将墙的十字交叉和丁字交叉部分进行编辑，提高绘图效率。操作如下。

命令：mledit

选择第一条多线：

选择第二条多线：

选择第一条多线或［放弃(U)］：'_zoom

命令：mledit

选择第一条多线：

选择第二条多线：

选择第一条多线或［放弃(U)］：'_zoom

命令：mledit

选择第一条多线：

选择第二条多线：

选择第一条多线或［放弃(U)］：'_zoom

命令：mledit

选择第一条多线：

选择第二条多线：

选择第一条多线或［放弃(U)］：'_zoom

命令：mledit

选择第一条多线：

选择第二条多线：

选择第一条多线或［放弃(U)］：'_zoom

再将编辑好的多线分解，然后根据实际尺寸开门。

开门后绘制好的墙线见图 11-6。

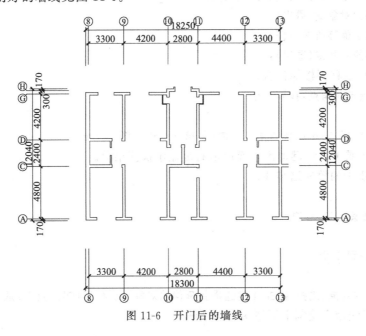

图 11-6 开门后的墙线

5. 绘制楼梯

（1）将楼梯置为当前层

（2）绘制端线 AB

命令：_line 指定第一点：〈对象捕捉 开〉

指定下一点或［放弃(U)］：

指定下一点或［放弃(U)］：

（3）用偏移工具命令绘制楼梯踏步线

命令：_offset

指定偏移距离或［通过(T)］〈通过〉：280

选择要偏移的对象或〈退出〉：

指定点以确定偏移所在一侧：

选择要偏移的对象或〈退出〉：

选择要偏移的对象或〈退出〉：

指定点以确定偏移所在一侧：

选择要偏移的对象或〈退出〉：

重复以上步骤。

楼梯一共 3 条踏步线偏移距离均为 280。

（4）绘制上下楼梯扶手

① 绘制一个 1960×160 的矩形。

命令：_rectang

指定第一个角点或［倒角(C)/标高(E)/圆角(F)/厚度(T)/宽度(W)］：

指定另一个角点或［尺寸(D)］：@160,1960

将矩形向外偏移 60

命令：_offset

指定偏移距离或［通过(T)］〈280.0000〉：60

选择要偏移的对象或〈退出〉：

指定点以确定偏移所在一侧：

选择要偏移的对象或〈退出〉：

② 将矩形扶手移到楼梯位置。

选择对象：指定对角点：找到 2 个

选择对象：

指定基点或位移：指定位移的第二点或〈用第一点作位移〉：'_pan

〉〉按 Esc 或 Enter 键退出，或单击右键显示快捷菜单。

③ 修剪扶手中的楼梯踏步线。

命令：_trim

当前设置：投影＝UCS,边＝无

选择剪切边...

选择对象：找到 1 个

选择对象：

选择要修剪的对象,或按住 Shift 键选择要延伸的对象,或［投影(P)/边(E)/放弃(U)］：

（5）用多段线命令绘制上下箭头和折断线

命令：_pline

指定起点：

当前线宽为 0.0000

指定下一个点或[圆弧(A)/半宽(H)/长度(L)/放弃(U)/宽度(W)]：

指定下一点或[圆弧(A)/闭合(C)/半宽(H)/长度(L)/放弃(U)/宽度(W)]：w

指定起点宽度〈0.0000〉：50

指定端点宽度〈50.0000〉：0

指定下一点或[圆弧(A)/闭合(C)/半宽(H)/长度(L)/放弃(U)/宽度(W)]：

指定下一点或[圆弧(A)/闭合(C)/半宽(H)/长度(L)/放弃(U)/宽度(W)]：

完成的楼梯见图 11-7。

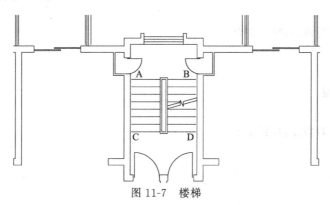

图 11-7　楼梯

6. 画门窗

（1）制作门

门可制成图块插入，制作过程如下。

① 先画直线后画弧然后复制镜像（图 11-8 为不同方向的门）。

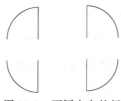

图 11-8　不同方向的门

命令：_line 指定第一点：

指定下一点或[放弃(U)]：@0,855

指定下一点或[放弃(U)]：

命令：_arc 指定圆弧的起点或[圆心(C)]：_c 指定圆弧的圆心：

指定圆弧的起点：

指定圆弧的端点或[角度(A)/弦长(L)]：_a 指定包含角：-90

命令：_arc 指定圆弧的起点或[圆心(C)]：

指定圆弧的第二个点或[圆心(C)/端点(E)]：_c 指定圆弧的圆心：

指定圆弧的端点或[角度(A)/弦长(L)]：_a 指定包含角：90

命令：_mirror

选择对象：指定对角点：找到 4 个

选择对象：

指定镜像线的第一点：指定镜像线的第二点：

是否删除源对象？[是(Y)/否(N)]〈N〉:

② 制成块。

命令:_block

选择对象:指定对角点:找到 2 个

选择对象:

指定插入基点:

命令:* 取消 *

命令:_block

选择对象:指定对角点:找到 2 个

选择对象:

指定插入基点:

正在重生成模型。

命令:_block

选择对象:指定对角点:找到 2 个

选择对象:

指定插入基点:

命令:_block

选择对象:指定对角点:找到 2 个

选择对象:

指定插入基点:

(2) 制作窗

命令:_rectang　(用矩形画轮廓,图 11-9 为窗图块)

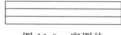

图 11-9　窗图块

指定第一个角点或[倒角(C)/标高(E)/圆角(F)/厚度(T)/宽度(W)]:

指定另一个角点或[尺寸(D)]:@1500,290

命令:_explode　　　　　　　　　　　　(分解后才能等分)

选择对象:找到 1 个

命令:_divide　　　　　　　　　　　(将竖向边等分成 3 份)

选择要定数等分的对象:

输入线段数目或[块(B)]:3

命令:_line 指定第一点:　　　　　　　　(加入直线)

指定下一点或[放弃(U)]:

指定下一点或[放弃(U)]:

命令:_line 指定第一点:　　　　　　　　　(加入直线)

指定下一点或[放弃(U)]:

指定下一点或[放弃(U)]:

① 制成块。

命令:_block

选择对象:指定对角点:找到 8 个

选择对象:

指定插入基点：

② 阳台窗（见图11-10）。

图11-10　阳台窗

命令：_rectang

指定第一个角点或[倒角(C)/标高(E)/圆角(F)/厚度(T)/宽度(W)]：

指定另一个角点或[尺寸(D)]：@2580,1230

命令：_.erase 找到 1 个

命令：_rectang

指定第一个角点或[倒角(C)/标高(E)/圆角(F)/厚度(T)/宽度(W)]：

指定另一个角点或[尺寸(D)]：@2580,1220

命令：_offset

指定偏移距离或[通过(T)]〈60.0000〉：60

选择要偏移的对象或〈退出〉：

指定点以确定偏移所在一侧：

选择要偏移的对象或〈退出〉：

指定点以确定偏移所在一侧：

选择要偏移的对象或〈退出〉：

指定偏移距离或[通过(T)]〈60.0000〉：100

选择要偏移的对象或〈退出〉：

指定点以确定偏移所在一侧：

选择要偏移的对象或〈退出〉：

命令：_explode

选择对象：指定对角点：找到 4 个

选择对象：

命令：_trim

当前设置：投影＝UCS,边＝无

选择剪切边…

选择对象：找到 1 个

选择对象：

选择要修剪的对象,或按住 Shift 键选择要延伸的对象,或[投影(P)/边(E)/放弃(U)]：

选择要修剪的对象,或按住 Shift 键选择要延伸的对象,或[投影(P)/边(E)/放弃(U)]：

重复上述步骤。

制成块

命令：_block

选择对象：指定对角点：找到 12 个

选择对象：

指定插入基点：

分别插入适当位置（插入门窗后的建筑图见图 11-11）。

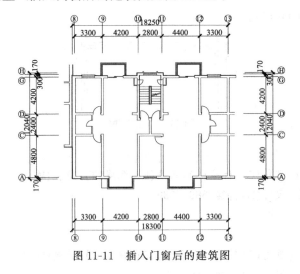

图 11-11　插入门窗后的建筑图

7. 绘制电气图层

电气图层分为元件层和配电箱及导线层。

（1）绘制电气元件图块

① 画花灯图标，如图 11-12 所示。

图 11-12　花灯图标

命令:_circle 指定圆的圆心或[三点(3P)/两点(2P)/相切、相切、半径(T)]:
指定圆的半径或[直径(D)]:300
命令:_line 指定第一点:
指定下一点或[放弃(U)]:
指定下一点或[放弃(U)]:
命令:_line 指定第一点:
指定下一点或[放弃(U)]:
指定下一点或[放弃(U)]:
命令:_rotate
UCS 当前的正角方向: ANGDIR＝逆时针　ANGBASE＝0
选择对象:指定对角点:找到 0 个
选择对象:找到 1 个,总计 1 个
选择对象:找到 1 个,总计 2 个
选择对象:
指定基点:
指定旋转角度或[参照(R)]:45
命令:_line 指定第一点:

指定下一点或[放弃(U)]:

指定下一点或[放弃(U)]:

② 画插座图标，如图 11-13 所示。

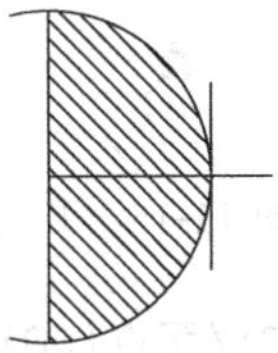

图 11-13　插座图标

命令:_circle 指定圆的圆心或[三点(3P)/两点(2P)/相切、相切、半径(T)]:

指定圆的半径或[直径(D)]〈300.0000〉:200

命令:_line 指定第一点:

指定下一点或[放弃(U)]:

指定下一点或[放弃(U)]:

命令:_trim

当前设置:投影＝UCS,边＝无

选择剪切边...

选择对象:找到 1 个

选择对象:

选择要修剪的对象,或按住 Shift 键选择要延伸的对象,或[投影(P)/边(E)/放弃(U)]:

选择要修剪的对象,或按住 Shift 键选择要延伸的对象,或[投影(P)/边(E)/放弃(U)]:

命令:_bhatch

选择对象:指定对角点:找到 4 个

选择对象:指定对角点:找到 2 个,总计 2 个

正在分析内部孤岛...

[自动(A)/控制(C)/开始(BE)/结束(E)/标记(M)/后退(B)]〈1〉:1 夹点编辑

命令:_move

选择对象:找到 1 个

选择对象:

指定基点或位移:指定位移的第二点或〈用第一点作位移〉:

③ 绘制防水防尘灯（见图 11-14）。

图 11-14　防水防尘灯

命令:_circle 指定圆的圆心或[三点(3P)/两点(2P)/相切、相切、半径(T)]:

指定圆的半径或[直径(D)]〈200.0000〉:250

命令:_bhatch

选择对象:指定对角点:找到 1 个

选择对象:

④ 绘制开关（见图11-15）。

图 11-15　开关

命令:_circle 指定圆的圆心或[三点(3P)/两点(2P)/相切、相切、半径(T)]:
指定圆的半径或[直径(D)]〈250.0000〉:75
命令:_bhatch
选择对象:指定对角点:找到 1 个
命令:_line 指定第一点:
命令:_line 指定第一点:
指定下一点或[放弃(U)]:
指定下一点或[放弃(U)]:
命令:_move
选择对象:指定对角点:找到 5 个
选择对象:
指定基点或位移:指定位移的第二点或〈用第一点作位移〉:
命令:_copy
选择对象:找到 1 个。
⑤ 画双插座图标（见图11-16）。

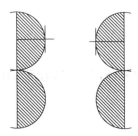

图 11-16　双插座图标

利用已有的单插座复制增加数量，再旋转可获得不同方向的双插座。
命令:_copy
选择对象:指定对角点:找到 5 个
选择对象:
指定基点或位移,或者[重复(M)]:指定位移的第二点或〈用第一点作位移〉:
命令:_copy
选择对象:指定对角点:找到 10 个
选择对象:
指定基点或位移,或者[重复(M)]:指定位移的第二点或〈用第一点作位移〉:
命令:_rotate
UCS 当前的正角方向: ANGDIR＝逆时针 ANGBASE＝0
选择对象:指定对角点:找到 10 个

选择对象：

指定基点：

指定旋转角度或[参照(R)]:180

⑥ 制作图块。

命令:_block

选择对象:指定对角点:找到 4 个

选择对象：

指定插入基点：

命令:_block

选择对象:指定对角点:找到 4 个

选择对象：

指定插入基点：

其他图块依次相同方法制作。将电气图块插入建筑。图 11-17 为插入电气图块的建筑平面图。

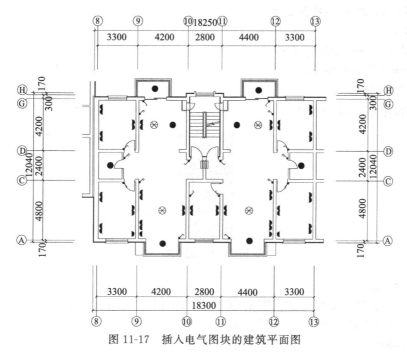

图 11-17　插入电气图块的建筑平面图

（2）绘制防水防尘插座及配电箱

① 绘制防水防尘插座（图 11-18）。

图 11-18　防水防尘插座

命令:_circle 指定圆的圆心或[三点(3P)/两点(2P)/相切、相切、半径(T)]:

指定圆的半径或[直径(D)]:150

命令:_line 指定第一点:

指定下一点或[放弃(U)]:

指定下一点或[放弃(U)]:

命令:_trim

当前设置:投影＝UCS,边＝无

选择剪切边...

选择对象:找到 1 个

选择对象:

选择要修剪的对象,或按住 Shift 键选择要延伸的对象,或[投影(P)/边(E)/放弃(U)]:

选择要修剪的对象,或按住 Shift 键选择要延伸的对象,或[投影(P)/边(E)/放弃(U)]:

命令:_rectang

指定第一个角点或[倒角(C)/标高(E)/圆角(F)/厚度(T)/宽度(W)]:

指定另一个角点或[尺寸(D)]:@322,390

命令:_bhatch

选择对象:指定对角点:找到 3 个

选择对象:

选择内部点:正在选择所有对象...

正在选择所有可见对象...

正在分析内部孤岛...

② 绘制配电箱（图 11-19）。

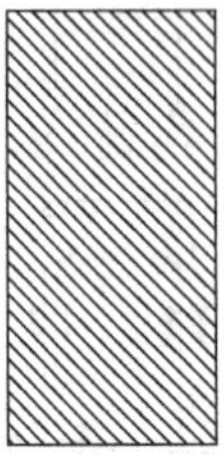

图 11-19　配电箱

命令:_rectang

指定第一个角点或[倒角(C)/标高(E)/圆角(F)/厚度(T)/宽度(W)]:

指定另一个角点或[尺寸(D)]:@295,600

命令:_bhatch

选择对象:指定对角点:找到 1 个

选择对象:

③ 绘制防水防尘灯（图 11-20）。

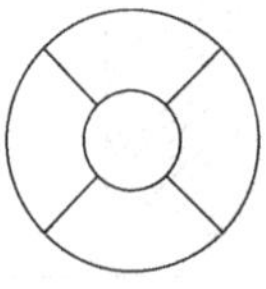

图 11-20　防水防尘灯

命令:_circle 指定圆的圆心或[三点(3P)/两点(2P)/相切、相切、半径(T)]:

指定圆的半径或[直径(D)]〈150.0000〉:92

命令：_circle 指定圆的圆心或[三点(3P)/两点(2P)/相切、相切、半径(T)]：

指定圆的半径或[直径(D)]〈92.0000〉：240

命令：_line 指定第一点：

指定下一点或[放弃(U)]：

指定下一点或[放弃(U)]：

命令：_line 指定第一点：

指定下一点或[放弃(U)]：

指定下一点或[放弃(U)]：

命令：_line 指定第一点：

指定下一点或[放弃(U)]：

指定下一点或[放弃(U)]：

命令：_line 指定第一点：

指定下一点或[放弃(U)]：

指定下一点或[放弃(U)]：

命令：_rotate

UCS 当前的正角方向： ANGDIR＝逆时针　ANGBASE＝0

找到 4 个

指定基点：

指定旋转角度或[参照(R)]：45

将防水防尘插座、配电箱、防水防尘灯等插入建筑图，并绘制导线及说明。插入电气元件及导线的建筑电气平面图。所得结果见图 11-21。

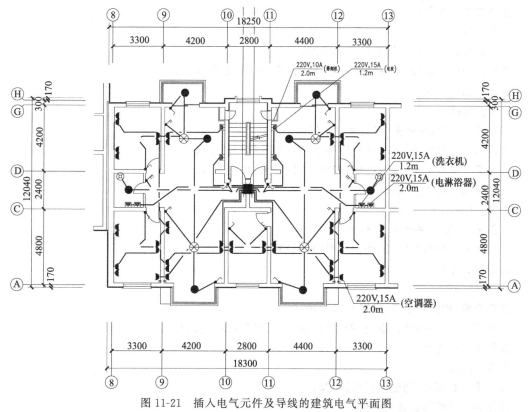

图 11-21　插入电气元件及导线的建筑电气平面图

8. 绘制家具

以餐椅为例，绘制过程如下。

① 绘制餐椅。

命令:_rectang

指定第一个角点或[倒角(C)/标高(E)/圆角(F)/厚度(T)/宽度(W)]:

指定另一个角点或[尺寸(D)]:@350,350

命令:'_dist 指定第一点:指定第二点:

距离＝50.0000,XY 平面中的倾角＝180, 与 XY 平面的夹角＝0

X 增量＝－50.0000, Y 增量＝0.0000, Z 增量＝0.0000

命令:_explode

选择对象:指定对角点:找到 1 个

命令:_offset

指定偏移距离或[通过(T)]〈375.0000〉:50

选择要偏移的对象或〈退出〉:

指定点以确定偏移所在一侧:

选择要偏移的对象或〈退出〉:

命令:_fillet

当前设置:模式＝修剪,半径＝25.0000

选择第一个对象或[多段线(P)/半径(R)/修剪(T)/多个(U)]:r

指定圆角半径〈25.0000〉:50

选择第一个对象或[多段线(P)/半径(R)/修剪(T)/多个(U)]:

选择第二个对象:

命令:_fillet

当前设置:模式＝修剪,半径＝50.0000

选择第一个对象或[多段线(P)/半径(R)/修剪(T)/多个(U)]:

选择第二个对象:

命令:_fillet

当前设置:模式＝修剪,半径＝50.0000

选择第一个对象或[多段线(P)/半径(R)/修剪(T)/多个(U)]:

选择第一个对象或[多段线(P)/半径(R)/修剪(T)/多个(U)]:

选择第二个对象:＊取消＊

命令:_fillet

当前设置:模式＝修剪,半径＝50.0000

选择第一个对象或[多段线(P)/半径(R)/修剪(T)/多个(U)]:

选择第二个对象:

命令:_fillet

当前设置:模式＝修剪,半径＝50.0000

选择第一个对象或[多段线(P)/半径(R)/修剪(T)/多个(U)]:

选择第二个对象:

命令:_offset

指定偏移距离或[通过(T)]〈50.0000〉:

选择要偏移的对象或〈退出〉:

指定点以确定偏移所在一侧：

选择要偏移的对象或〈退出〉：

指定点以确定偏移所在一侧：

选择要偏移的对象或〈退出〉：

命令：_fillet

当前设置：模式＝修剪，半径＝50.0000

选择第一个对象或[多段线(P)/半径(R)/修剪(T)/多个(U)]：＊取消＊

命令：_fillet

当前设置：模式＝修剪，半径＝50.0000

选择第一个对象或[多段线(P)/半径(R)/修剪(T)/多个(U)]：r

指定圆角半径〈50.0000〉：100

选择第一个对象或[多段线(P)/半径(R)/修剪(T)/多个(U)]：

选择第二个对象：

命令：_fillet

当前设置：模式＝修剪，半径＝100.0000

选择第一个对象或[多段线(P)/半径(R)/修剪(T)/多个(U)]：

选择第二个对象：

命令：_arc 指定圆弧的起点或[圆心(C)]：

指定圆弧的第二个点或[圆心(C)/端点(E)]：

指定圆弧的端点：

命令：_.erase 找到 1 个

命令：_.erase 找到 1 个

命令：_arc 指定圆弧的起点或[圆心(C)]：

指定圆弧的第二个点或[圆心(C)/端点(E)]：_e

指定圆弧的端点：

指定圆弧的圆心或[角度(A)/方向(D)/半径(R)]：_r 指定圆弧的半径：25

命令：_arc 指定圆弧的起点或[圆心(C)]：

指定圆弧的第二个点或[圆心(C)/端点(E)]：_e

指定圆弧的端点：

指定圆弧的圆心或[角度(A)/方向(D)/半径(R)]：_r 指定圆弧的半径：25

效果见图 11-22。

图 11-22　餐椅

② 将餐椅与餐桌组合。

命令：_rectang

指定第一个角点或[倒角(C)/标高(E)/圆角(F)/厚度(T)/宽度(W)]：

指定另一个角点或[尺寸(D)]：@800,1200

命令：_copy

选择对象:指定对角点:找到 14 个

选择对象:

指定基点或位移,或者[重复(M)]:指定位移的第二点或〈用第一点作位移〉:

命令:_rotate

UCS 当前的正角方向: ANGDIR＝逆时针 ANGBASE＝0

选择对象:指定对角点:找到 14 个

选择对象:

指定基点:

指定旋转角度或[参照(R)]:90

命令:_move

选择对象:指定对角点:找到 14 个

选择对象:

指定基点或位移:指定位移的第二点或〈用第一点作位移〉:'_zoom

〉〉指定窗口角点,输入比例因子 (nX 或 nXP),或

[全部(A)/中心点(C)/动态(D)/范围(E)/上一个(P)/比例(S)/窗口(W)]〈实时〉:_w

〉〉指定第一个角点:〉〉指定对角点:

正在恢复执行 MOVE 命令。

指定位移的第二点或〈用第一点作位移〉:

命令:'_pan

按 Esc 或 Enter 键退出,或单击右键显示快捷菜单。

命令:_move

选择对象:指定对角点:找到 14 个

选择对象:

指定基点或位移:指定位移的第二点或〈用第一点作位移〉: 〈正交 关〉

命令:_mirror

选择对象:指定对角点:找到 28 个

选择对象:

指定镜像线的第一点:指定镜像线的第二点:

是否删除源对象? [是(Y)/否(N)]〈N〉:

命令:_.erase 找到 1 个

命令:_.erase 找到 1 个

命令:_.erase 找到 1 个

效果见图 11-23。

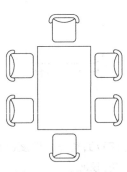

图 11-23 餐厅家具

9. 卫生间洁具制作

命令:_rectang

指定第一个角点或[倒角(C)/标高(E)/圆角(F)/厚度(T)/宽度(W)]:

指定另一个角点或[尺寸(D)]:@230,420

命令:_fillet

当前设置:模式＝修剪,半径＝100.0000

选择第一个对象或[多段线(P)/半径(R)/修剪(T)/多个(U)]:r

指定圆角半径〈100.0000〉:50

选择第一个对象或[多段线(P)/半径(R)/修剪(T)/多个(U)]:

选择第二个对象:

命令:_fillet

当前设置:模式＝修剪,半径＝50.0000

选择第一个对象或[多段线(P)/半径(R)/修剪(T)/多个(U)]:

选择第二个对象:

命令:_ellipse

指定椭圆的轴端点或[圆弧(A)/中心点(C)]:

指定轴的另一个端点:@470,0

指定另一条半轴长度或[旋转(R)]:＊取消＊

命令:_ellipse

指定椭圆的轴端点或[圆弧(A)/中心点(C)]:

指定轴的另一个端点:@470,0

指定另一条半轴长度或[旋转(R)]:185

命令:_offset

指定偏移距离或[通过(T)]〈50.0000〉:

选择要偏移的对象或〈退出〉:

指定点以确定偏移所在一侧:

命令:_ellipse

指定椭圆的轴端点或[圆弧(A)/中心点(C)]:

指定轴的另一个端点:

指定另一条半轴长度或[旋转(R)]:

命令:_trim

当前设置:投影＝UCS,边＝无

选择剪切边 . . .

选择对象:找到 1 个

选择对象:

选择要修剪的对象,或按住 Shift 键选择要延伸的对象,或[投影(P)/边(E)/放弃(U)]:

命令:_offset

指定偏移距离或[通过(T)]〈50.0000〉:101

选择要偏移的对象或〈退出〉:

指定点以确定偏移所在一侧:

命令:_trim

当前设置:投影＝UCS,边＝无

选择剪切边...

选择对象:找到 1 个

选择对象:找到 1 个,总计 2 个

选择对象:

选择要修剪的对象,或按住 Shift 键选择要延伸的对象,或[投影(P)/边(E)/放弃(U)]:

命令:_fillet

当前设置:模式＝修剪,半径＝50.0000

命令:_. erase 找到 1 个

洁具效果见图 11-24。

其他家具及洁具也应依次画出并制成图块（见图 11-25）。

电气元件图图例说明见图 11-26。

图 11-24　洁具

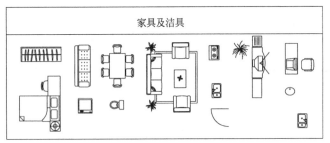

图 11-25　家具及洁具图块

序号	图例	名　　称
1		单联开关
2		双联开关
3		单相二极及三极插座
4	K	空调插座
5		防水单相三孔插座
6	⊗	节能吸顶灯
7	①	红外感应式灯
8		防水吸顶灯
9	○	座灯头
10		分户箱
11		集中电表箱
12		电源箱

图 11-26　图例说明

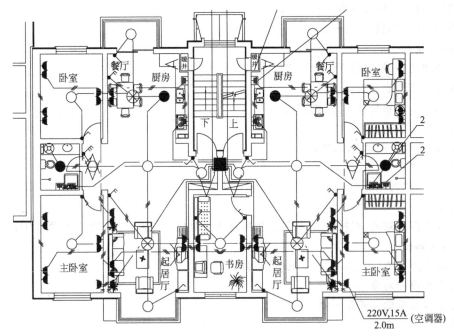

图 11-27　插入家具等和电气元件及连线局部图

插入家具及洁具的照明及插座平面局部图见图 11-27。

将制作好的图块插入图中将极大减少重复工作量。另外有时建筑电气图为简明起见也可不画家具。只是画出电气元件连接图。

10. 制作图框及说明

图框也可以制成图块，必要时可以附着属性，这样插入时填写内容很方便。对于电气说明应符合电气设计国家标准及规范。加入电气标注的电气平面图见图 11-28，电气标注绘制过程从略。

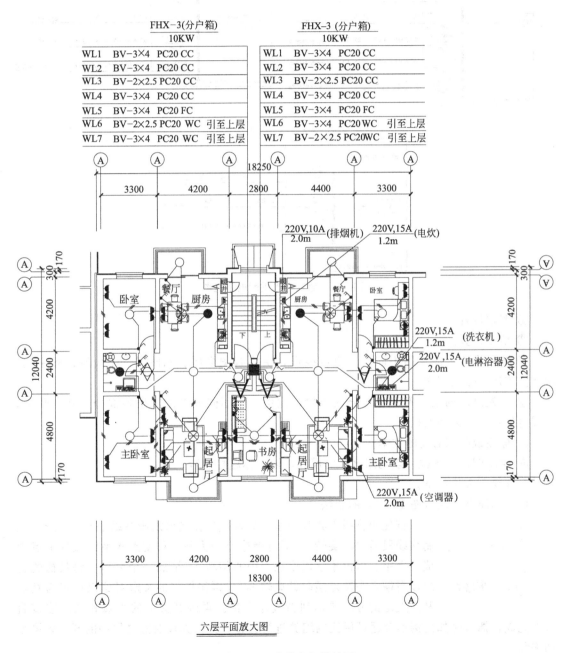

六层平面放大图

图 11-28　建筑电气设计图

第二节　建筑电气系统图的绘制

绘制如图 11-29 所示的建筑电气供配电系统图。绘制过程如下：

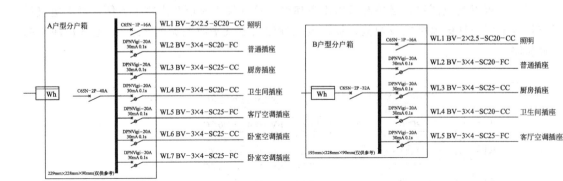

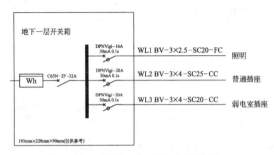

图 11-29　建筑电气供配电系统图

① 图幅设置。

② 精度设置。

③ 图层设置，注意用不同的颜色或线形，主要有图框层、元件层、导线层、标注层、说明文本层、轴线层等。

④ 首先画出轴线，确定各部分的位置，比例。用不同的图层画出各部分，其中开关；和漏电保护器可以用块插入。

⑤ 标注说明和必要的文本。

⑥ 绘制图框，图框可以利用已有的模板，输入标题栏内容。

具体绘制方法如下。

（1）断路器图块（图 11-30）的画法

图 11-30　断路器

首先用直线工具画一水平直线，再复制该线段并缩小至原 1/3，复制该线段后将其旋转 90° 后选择中点作为基点移动到水平线段的中点形成一十字。将该十字以中点为中心旋转 45° 形成一个 × 形。将最初的直线以一端点为基点逆时针旋转 30°，再将做好的叉形对象以中点为基点利用追踪的方法移动到斜线左上部。再画开关上的小圆和两端连接直线即完成。插入时如比例不合适可用比例缩放进行调整。另外如没有漏电保护的开关可将小圆去除。

具体操作过程如下。

命令:_line 指定第一点:

指定下一点或[放弃(U)]:

指定下一点或[放弃(U)]:   (画第一条水平直线)

命令:_copy

选择对象:指定对角点:找到 1 个

指定基点或[位移(D)/模式(O)]〈位移〉:指定第二个点或〈使用第一个点作为位移〉:

指定第二个点或[退出(E)/放弃(U)]〈退出〉:   (复制了另一水平直线)

命令:_scale

选择对象:指定对角点:找到 1 个

指定基点:

指定比例因子或[复制(C)/参照(R)]〈1.0000〉: 0.3   (将复制的直线缩小为原直线的 1/3)

命令:_copy

选择对象:指定对角点:找到 1 个

指定基点或[位移(D)/模式(O)]〈位移〉:指定第二个点或〈使用第一个点作为位移〉:

指定第二个点或[退出(E)/放弃(U)]〈退出〉:   (再复制缩小的直线)

命令:_rotate

选择对象:指定对角点:找到 1 个

指定基点:

指定旋转角度,或[复制(C)/参照(R)]〈0〉: 90   (将其旋转 90°)

命令:_move

选择对象:指定对角点:找到 1 个

指定基点或[位移(D)]〈位移〉: 指定第二个点或〈使用第一个点作为位移〉:   (移动到与前直线十字相交)

命令:_rotate

选择对象:指定对角点:找到 2 个

指定基点:

指定旋转角度,或[复制(C)/参照(R)]〈90〉: 45   (旋转 45°)

命令:_rotate

选择对象:指定对角点:找到 1 个

指定基点:

指定旋转角度,或[复制(C)/参照(R)]〈45〉: 30   (画开关线)

命令:_move

选择对象:指定对角点:找到 2 个

指定基点或[位移(D)]〈位移〉: 指定第二个点或〈使用第一个点作为位移〉:   (将 X 形对象移动至开关左端)

命令:_line 指定第一点:

指定下一点或[放弃(U)]:

指定下一点或[放弃(U)]:

命令:_line 指定第一点:

指定下一点或[放弃(U)]:

指定下一点或[放弃(U)]:   (画两端直线)

命令：_circle 指定圆的圆心或[三点(3P)/两点(2P)/相切、相切、半径(T)]：

指定圆的半径或[直径(D)]： （画小圆）

图 11-31 电度表图形

（2）电度表图形画法（图 11-31）

先用矩形工具画一矩形，再在矩形上部画一直线，然后利用多行文字工具在下面的矩形中输入文字"wh"，在对话框中文字对正选正中，字号选 500。将工程图插入该图块，如比例不合适可以用缩放工具放大或缩小。

绘制过程如下。

命令：_rectang

指定第一个角点或[倒角(C)/标高(E)/圆角(F)/厚度(T)/宽度(W)]：

指定另一个角点或[面积(A)/尺寸(D)/旋转(R)]： （画矩形）

命令：_line 指定第一点：

指定下一点或[放弃(U)]：

指定下一点或[放弃(U)]： （画中间的线段）

命令：_mtext 当前文字样式："Standard" 文字高度：500 注释性：否

指定第一角点：

指定对角点或[高度(H)/对正(J)/行距(L)/旋转(R)/样式(S)/宽度(W)/栏(C)]：〈动态 UCS 开〉

注：利用多行文字对话框输入文字。

（3）分户箱导线画法

先用多段线绘制竖母线，多段线宽度定为 100（也可根据实际情况调整）。然后用定数等分的方法用点等分该竖线为 7 等分。再在该线段上的等分点上画若干直线，相同的直线用复制方法绘制。用家电夹点编辑方法，选中竖母线用光标点两端向内略移动，结果见图 11-32。在画好的线段端点插入已绘制好的断路器和电度表（图 11-33）。

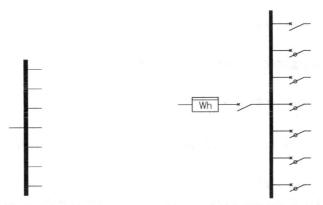

图 11-32 分户箱线路绘制过程　　　　图 11-33 插入断路器和电度表

具体操作如下。

命令：_pline

指定起点：

当前线宽为 100.0000

指定下一个点或[圆弧(A)/半宽(H)/长度(L)/放弃(U)/宽度(W)]：

指定下一点或[圆弧(A)/闭合(C)/半宽(H)/长度(L)/放弃(U)/宽度(W)]：

命令:_divide

选择要定数等分的对象:

输入线段数目或[块(B)]:8

命令:_line 指定第一点:

指定下一点或[放弃(U)]:

指定下一点或[放弃(U)]:

命令:_line 指定第一点:

指定下一点或[放弃(U)]:

指定下一点或[放弃(U)]:

命令:_copy

选择对象:指定对角点:找到 1 个

当前设置: 复制模式=多个

指定基点或[位移(D)/模式(O)]〈位移〉:指定第二个点或〈使用第一个点作为位移〉:

指定第二个点或[退出(E)/放弃(U)]〈退出〉:

指定第二个点或[退出(E)/放弃(U)]〈退出〉:

指定第二个点或[退出(E)/放弃(U)]〈退出〉:

指定第二个点或[退出(E)/放弃(U)]〈退出〉:

指定第二个点或[退出(E)/放弃(U)]〈退出〉:

指定第二个点或[退出(E)/放弃(U)]〈退出〉:

按 Esc 或 Enter 键退出,或单击右键显示快捷菜单。

命令:_copy

选择对象:指定对角点:找到 5 个

当前设置: 复制模式=多个

指定基点或[位移(D)/模式(O)]〈位移〉:指定第二个点或〈使用第一个点作为位移〉:

指定第二个点或[退出(E)/放弃(U)]〈退出〉:

指定第二个点或[退出(E)/放弃(U)]〈退出〉:

命令:_copy

选择对象:指定对角点:找到 6 个

当前设置: 复制模式=多个

指定基点或[位移(D)/模式(O)]〈位移〉:指定第二个点或〈使用第一个点作为位移〉:

指定第二个点或[退出(E)/放弃(U)]〈退出〉:

指定第二个点或[退出(E)/放弃(U)]〈退出〉:

指定第二个点或[退出(E)/放弃(U)]〈退出〉:

命令:

* * 拉伸 * *

指定拉伸点或[基点(B)/复制(C)/放弃(U)/退出(X)]:

命令:_copy

选择对象:指定对角点:找到 6 个

当前设置: 复制模式=多个

指定基点或[位移(D)/模式(O)]〈位移〉:指定第二个点或〈使用第一个点作为位移〉:

指定第二个点或[退出(E)/放弃(U)]〈退出〉:

命令:

＊＊拉伸＊＊

指定拉伸点或[基点(B)/复制(C)/放弃(U)/退出(X)]：

命令：_line指定第一点：

指定下一点或[放弃(U)]：

通过复制选择对象选择基点后将断路器插入到所需位置，将左端断路器上导线选中后利用夹点编辑方法略微拉伸后将电度表复制到左端。然后在其左中部画直线。见图11-33。然后用单行文字输入法（菜单/绘图/文字/单行文字），在图中相应位置输入文字，根据比例调整文字高度如下面的文字高度为260，角度默认为0，对右部导线输入第一行文字后可以将该行文字用复制的方法复制到其他行，然后对其他行的文字进行编辑修改。断路器的文字说明输入与导线相似过程相同。用矩形工具绘制矩形框，并选中该矩形框用特性工具将线形改为虚线。见图11-34。操作过程如下。

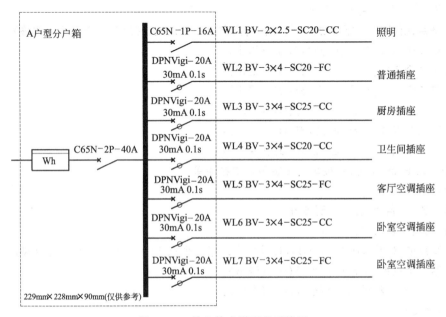

图11-34　输入技术说明的系统图

命令：_dtext

当前文字样式："Standard"　文字高度：2.5　注释性：　否

指定文字的起点或[对正(J)/样式(S)]:j

输入选项

[对齐(A)/调整(F)/中心(C)/中间(M)/右(R)/左上(TL)/中上(TC)/右上(TR)/左中(ML)/正中(MC)/右中(MR)/左下(BL)/中下(BC)/右下(BR)]:mc

指定文字的中间点：

指定高度〈50.0000〉:260

指定文字的旋转角度〈0〉：

命令：指定对角点：

命令：

命令：　　　　　　　　　　　　　　　　　　　　　　　　　　（单行文字输入过程）

命令：_copy

选择对象：找到 1 个

选择对象：

当前设置： 复制模式＝多个

指定基点或[位移(D)/模式(O)]〈位移〉:指定第二个点或〈使用第一个点作为位移〉:

指定第二个点或[退出(E)/放弃(U)]〈退出〉:

指定第二个点或[退出(E)/放弃(U)]〈退出〉:

指定第二个点或[退出(E)/放弃(U)]〈退出〉:

指定第二个点或[退出(E)/放弃(U)]〈退出〉:

指定第二个点或[退出(E)/放弃(U)]〈退出〉:

命令:_ddedit

选择注释对象或[放弃(U)]:

命令:_ddedit

选择注释对象或[放弃(U)]:

命令:_ddedit

选择注释对象或[放弃(U)]:

命令:_ddedit

选择注释对象或[放弃(U)]:

命令:_ddedit

选择注释对象或[放弃(U)]:

命令:_ddedit

选择注释对象或[放弃(U)]:   (编辑单行文字过程)

命令:_ddedit

选择注释对象或[放弃(U)]:   (编辑单行文字过程)

命令:_dtext

当前文字样式： "Standard" 文字高度： 250.0000 注释性： 否

指定文字的起点或[对正(J)/样式(S)]:j

输入选项

[对齐(A)/调整(F)/中心(C)/中间(M)/右(R)/左上(TL)/中上(TC)/右上(TR)/左中(ML)/正中(MC)/右中(MR)/左下(BL)/中下(BC)/右下(BR)]:mc

指定文字的中间点:

指定高度〈250.0000〉:100

指定文字的旋转角度〈0〉:

命令:_copy

选择对象:找到 1 个

选择对象:

当前设置： 复制模式＝多个

指定基点或[位移(D)/模式(O)]〈位移〉:指定第二个点或〈使用第一个点作为位移〉:

指定第二个点或[退出(E)/放弃(U)]〈退出〉:

指定第二个点或[退出(E)/放弃(U)]〈退出〉:

指定第二个点或[退出(E)/放弃(U)]〈退出〉：

指定第二个点或[退出(E)/放弃(U)]〈退出〉：

指定第二个点或[退出(E)/放弃(U)]〈退出〉：

指定第二个点或[退出(E)/放弃(U)]〈退出〉：

指定第二个点或[退出(E)/放弃(U)]〈退出〉：

指定第二个点或[退出(E)/放弃(U)]〈退出〉：

命令：_ddedit

选择注释对象或[放弃(U)]：

命令：_ddedit

选择注释对象或[放弃(U)]：   （编辑单行文字过程）

命令：_rectang

指定第一个角点或[倒角(C)/标高(E)/圆角(F)/厚度(T)/宽度(W)]：

指定另一个角点或[面积(A)/尺寸(D)/旋转(R)]：   （画矩形框）

    B 户型分户箱和地下一层开关箱与 A 户型分户箱的绘制方法类似可用复制后编辑的方法进行绘制，此处不再重复。

第三节　建筑电气弱电系统图绘制

    弱电系统工程图主要有电缆电视系统、电话系统、可视对讲系统、网络系统、消防系统等。本节主要介绍其中部分系统图的绘制。

    例一　电缆电视系统图的绘制。见图 11-35。

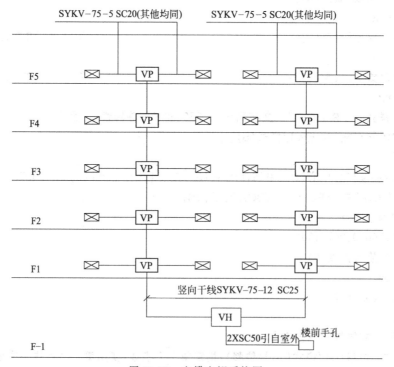

图 11-35　电缆电视系统图

绘制过程如下。

① 图幅及单位（精度）设置。将原始图幅扩大 1000 倍。精度为小数点后 1 位。

② 图层设置。除 0 层外可以设置元件层、导线层、标注层、图框层。

③ 绘制楼层线。采用偏移的方法绘制水平 7 条线偏移距离为 3000（也可自定，系统图没有比例，本图主要考虑与平面图成适当大小）。其中地下 F-1 层的宽度约为地上层宽度 2 倍。线可以长一些，或用构造线，完成后再将多余长度剪切掉。

④ 绘制各元件图。电缆电视系统主要有用户端弱电箱（有交叉线的元件）、分支器（VP 符号元件）、分配器（VH 符号元件）和楼前手孔元件。可依据比例分别在元件层画出（元件层采用粗实线）。符号字母可以用多行文字以及正中对正的方法填写，字号根据实际调整。画好后可做成块或放在空闲处备用。

⑤ 在一楼处先复制一 VP 元件，左侧画短一直线（在导线层），选右侧边的中心为基点将用户弱电箱移动到与导线连接，再用镜像的办法画出右半部之后再画出向上引导线。

⑥ 选 VP 元件下部中点为基点进行多重复制，接续 2～5 楼部分。在 5 楼画标注线并标注说明文字（SYV-75-5 SC20 等），标注文字之前在格式中设置字体样式＝"IDQSTYLE"；字体文件＝romans. shx hzfs1. shx；高度 350。楼层代号也进行标注（所选用字号均相同并在标注层进行）。

⑦ 复制左侧单元 1～5 楼元件及说明至右侧单元（点击复制工具后选择用包围窗口选择左侧要复制对象，选择基点后水平移动到右侧适当位置点左键后回车）。

⑧ 在地下一层部分先画左侧连接一楼元件的导线（长度以接近地下一层中部稍短），再将此导线复制到右侧。连接两导线的端点，再点击移动工具后选择 VH 元件的中点为基点（用追踪的方法，在对象捕捉及追踪均打开条件下，悬浮光标至 VH 元件左侧及右侧中点出现追踪虚线后再移动至纵向 VH 元件的上下中点悬浮出现追踪虚线后点击两虚线的交叉点即选中中心为基点），移动捕捉至前述导线的中点。将覆盖在元件上的多余导线修剪掉。

⑨ 画连接 VH 元件的竖向及右拐导线，用移动工具选楼前手孔元件左侧中间为基点与导线端相连接。标注说明文字，画 VH 元件上方指示线，文字输入方法与前相同。

因绘图程序较占篇幅，本节不再详细展示。

例二 电话系统图绘制

电话系统图见图 11-36。先单独绘制各图中元件。电话系统在图形结构上与电缆电视系统相似，只不过在各元件符号上和说明上有所不同，因此绘制方法与前面的过程完全相似，也可以将前面的图复制后加以改动和编辑完成。

例三 宽带网系统图绘制

宽带网系统图见图 11-37。先单独绘制各图中元件。1～5 楼部分绘制方法以及说明标注与前面系统图相似，只是地下一层部分有些不同，分别单独绘制地下 1 层的各元件，调整好适当的大小比例，放置在相应位置，用导线连接，在相应位置做说明标注。在配线架（FD）和 HUB 和 LIU 元件外加矩形框，完成宽带网系统图绘制。

例四 可视对讲门禁系统图绘制

可视对讲门禁系统图见图 11-38。先单独绘制各图中元件。2～5 楼的绘制方法与前面系统图的绘制方法相似，1 楼除了与楼上元件相同的部分外还要增加绘制可视对讲的门机和电源部分，将与 2 楼相同的部分向上移动后加入可视对讲的门机和电源，右半部可以复制，画说明线，标注说明文字完成全部内容。

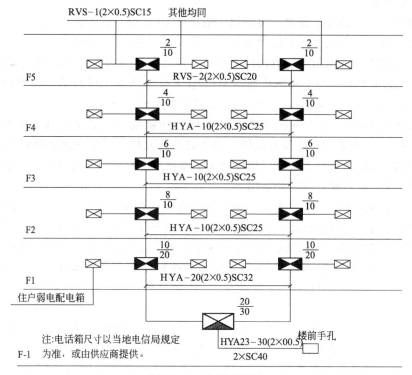

图 11-36　电话系统图

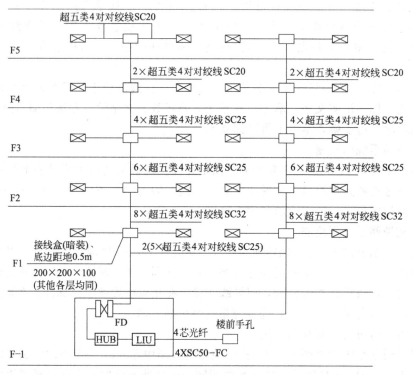

图 11-37　宽带网系统图

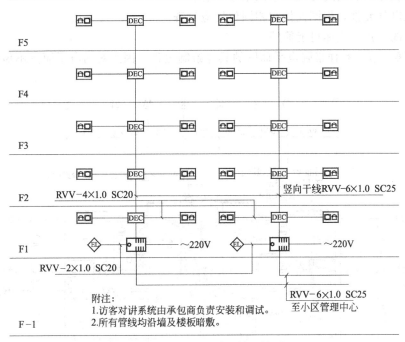

图 11-38 可视对讲门禁系统图

第四节 建筑电气弱电系统平面图绘制

弱电系统平面图主要反映弱电电气元件平面布置的空间位置和导线的电气连接。弱电系统平面图是指导电气施工的重要技术图纸。下面通过实际工程图说明绘制过程（为更加清楚只反映建筑的一个单元）。

图 11-39 是前面弱电系统对应的标准层的弱电系统平面图。主要反映弱电配电箱的位置和户内弱电插座的位置以及导线连接走向。

绘制过程如下。

① 设置图幅及精度 一定要大于建筑的实际尺寸，精度保留小数点后 1 位。

② 新建图层 包括轴线、标号、墙、门、窗、尺寸标注、楼梯、厨房和卫生间设备、说明文本、电气元件、导线、图框、标题栏等图层。各图层应设置不同颜色，电气导线线宽应加宽。

③ 用偏移的方法先绘制轴线，创建带属性的轴号。

④ 设置多线的比例为墙的宽度，画墙并用编辑工具编辑。

⑤ 用分解工具分解已画的墙线，在相应位置开门，并画门多个门可用复制方法绘制。

⑥ 画不同尺寸的窗图，用复制方法插入。

⑦ 画楼梯图，先画中间扶手，扶手可以先画一内矩形再偏移出外矩形，然后插入选择方便的基点移动到扶手所处的位置。楼梯台阶可以先画一横线然后逐级偏移，相同部分可以用复制方法绘制。

⑧ 画厨房、卫生间设备图块，然后依次插入。

⑨ 用标注工具标注尺寸，新建标注，调整标注适当比例，将尺寸箭头调整为建筑。

⑩ 插入轴号，利用属性逐一输入轴号内容。

⑪ 插入电气元件，相同元件在相同位置应对齐。

⑫ 画导线，走向应尽可能简短。

因本章第一节已有详细强电平面图的具体绘制过程，因此对弱电平面图不做详细绘制程序说明。

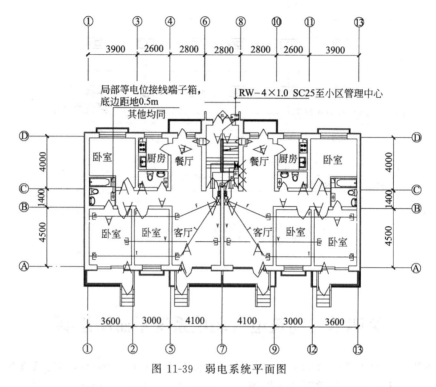

图 11-39　弱电系统平面图

第十二章
建筑电气CAD常见问题处理方法

在建筑电气 CAD 绘图过程中常出现一些问题，影响绘图工作正常进行，需要及时采取必要的解决措施，使绘图工作能够顺利开展。本章主要介绍一些常见问题的解决方法。

第一节　建筑电气图乱码问题解决方法

在打开电气工程图纸时，很多情况下可能出现找不到需要的字体情况。在这种情况下CAD 系统会弹出如图 12-1 "指定字体样式"对话框。要求选择一种替代字体。

如果强行找一种字体替代可能出现的结果是：第一种情况是出现字体较好的替代原来的字体，能反映图纸原来的内容。第二种情况是被替代的内容虽然能反映图纸的内容但是字体的大小位置发生了较大的改变，甚至影响图纸的阅读。第三种是最不好的情况，是所替代的内容完全不能识别，即出现乱码现象。

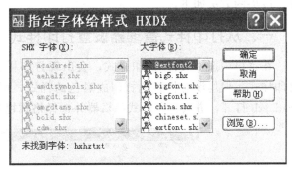

图 12-1 "指定字体样式"对话框

如打开 AutoCAD 图形文件时，提示字体文件 hzfs. shx 不存在。解决的方法有以下几种。

① 如果手里有包括 hzfs. shx 的字体文件可以将其复制到 AutoCAD 目录下的 fonts 文件夹中，即人为地找到所需要的字体提供给 AutoCAD 系统，这样可以方便的解决不能识别的问题。

② 在提示的对话框中选择较常用的能够显示的字体如 gbcbig. shx，有时需多次选择进行代替才能打开文件。

③ 如果图中乱码的文字较少，可以利用 AutoCAD 中的特性匹配工具（类似于 Word 中的格式刷），即在工具栏中的如毛笔的工具，选择能正常显示的字体后再点击特性匹配工具后选择要显示的乱码文字即可以将乱码文字转换成可以显示的字体。

④ 使用字体映射文件将所要使用的字体转换为其他字体。字体映射文件的扩展名为 .fmp，是纯文本文件，可以使用任意文本编辑器来创建和编辑。一般在 AutoCAD 目录

下的 support 文件夹里自动存在一个名为 acad.fmp 的字体影射文件。只要在该字体映射文件中加入命令行：hzfsl.shx；gbcbig1.shx，再打开 AutoCAD 图形文件时，系统会自动把 hzfsl.shx 字体映射为 gbcbig1.shx 字体。在这里可以通过加入多个这样的命令行的形式，进行多种字体的映射处理。如果 AutoCAD 中没有默认的 acad.fmp 文件，可以使用任意文本编辑软件认为生成，只是在存储时扩展名要选为 .fmp。

以上只是介绍解决乱码问题的几个基本方法，其中补充 AutoCAD 字库的方法较好，增加了字体的选择范围，如仍不能与所需字体相同，则可以尝试用不同的字体进行替代，能够较好地解决乱码问题。

第二节　AutoCAD 彩图的黑白打印输出方法

AutoCAD 制图之后要输出工程技术图纸，便于施工人员现场使用。但 AutoCAD 制图为使图纸更加清楚和更易分类，一般都要对各种不同的图层或线型等区分颜色，但往往图纸打印都是黑色，对于彩色的表现可能出现模糊的表现，使图纸不清楚，如何将彩色打印成黑色有如下解决方法。

如果直接使用 AutoCAD 默认的打印样式表 acad.ctb，而打印即是黑白色的，输出图虽然是黑白色的，但图中有些元素的颜色很浅，如蓝色的插座打印出来是浅灰色，清晰度不能保证。假如要打印一圆形对象，该圆为红色，通过菜单中的文件/打印进入打印对话框，进行预览后发现预览的效果仍然是红色的，由于打印机只能是黑色因此打印的效果红色比较模糊。解决的方法如下：

一、从打印样式管理器设置打印样式

在菜单中选择文件/打印样式，会出现打印样式管理器界面（见图 12-2），其中有多种打印样式，但均没有将彩色打印成黑色的样式，可选其中一打印样式进行重新设置。如将 acad.ctb 打开，进入打印样式编辑器并选择格式视图选项卡（见图 12-3，也可以从添加打印

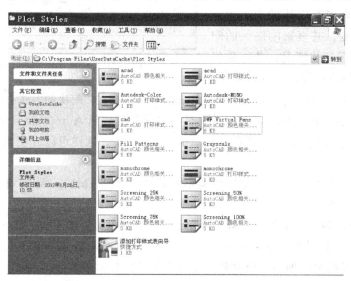

图 12-2　打印样式文件集

图 12-3　打印样式表编辑器　　　　　　　　图 12-4　打印样式表格式视图编辑

样式表向导重新建立一种打印样式并另起名）。

将对话框左侧的打印样式的各种颜色均选中。可以采用先点击第一行颜色再拖动滚动条到最后一种颜色，按住 Shift 键并点击该颜色则可以选择所有颜色，所有颜色均选择后再将右侧特性中的颜色选为黑色保存并关闭（见图 12-4）。

二、从页面管理器进行页面设置

对所选好的打印样式进行设置后再从菜单中文件/页面设置进入页面设置管理器（见图 12-5）。点击新建按钮进入页面设置对话框，选择现有的打印设备（如 HP LaserJet 1020），打印样式表选择已经设置好的 acad.ctb（见图 12-6）。确定后页面设置管理器出现当前页面设置为 1，并提示是否将其用于所有布局，点击是并确认即完成设置（见图 12-7）。

图 12-5　页面设置管理器

图 12-6　页面设置管理器设置

图 12-7　设置后的页面设置管理器

三、从打印对话框设置打印设备及打印样式并预览打印

从菜单文件/打印进入"打印-布局 1"对话框（图 12-8）。选择打印设备和页面设置名称（图 12-9），确认后进入布局 1 窗口（图 12-10）。可使其中的圆形对象为红色或其他颜色。再从菜单栏文件/打印预览进入打印预览（图 12-11），其中的红色的圆形对象已经变为黑色。说明设置成功。

经过以上步骤即可实现彩色图用黑白打印。

图 12-8　"打印-布局 1"对话框　　　　　图 12-9　调整后的"打印-布局 1"对话框

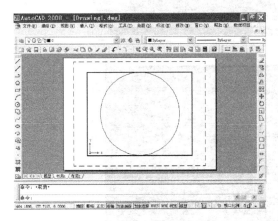

图 12-10　布局 1 窗口

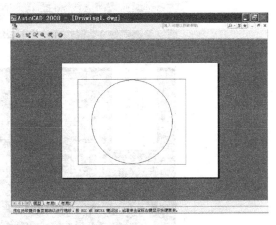

图 12-11　打印预览（红色的圆已经变成黑色）

第三节　如何进行图例表格的制作

电气设计中，很多情况需要创建图例表格。例如图 12-12 所示。

序号	符号	名　称	规　格	备　注
1	⊗	吸顶声光控感应灯	1×13W	
2	○	吸顶灯	节能光源	
3	✦✦✦	单、双、三联暗装照明开关	250V~10A	底边距地1.3米
4	⊻	单相二、三孔暗装插座	250V~10A	底边距地0.3米
5	⊻	卫生间热水器三孔插座	250V~16A	底边距地2.3米
6	⊻	洗衣机三孔插座	250V~10A	底边距地1.5米
7	⊻	厨房单相二、三孔暗装插座	250V~10A	底边距地1.5米
8	⊻	排油烟机插座	250V~10A	底边距地2.1米
9	⊻TEXT	卧室 书房空调插座	250V~10A	底边距地2.2米
10	⊻TEXT	客厅空调插座	250V~10A	底边距地0.3米
11	▭	电源总进线框		落地安装
12	▬	住宅分户箱		底边距地1.5米
13	▭	集中电表箱		底边距地1.0米
14	▭	网点计量箱		底边距地1.5米
15	▭	电能表		安装在集中计量表箱内
16	⊗	排气扇		卫生间吸顶安装
17	TEXT	局部等电位箱	160×75×35	底边距地0.5米
18	⊕	总等电位箱	280×200×120	底边距地0.5米
19	▣	应急照明灯	2×8W	底边距地2.5米 网点为自容式
20	EXIT	疏散指示灯	220V 1×2.5W	门口上方2米 网点为自容式

图 12-12　图例表格示例

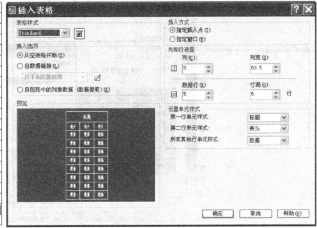

图 12-13　"插入表格"对话框

AutoCAD 不但有强大的图形绘制编辑功能，而且在表格处理方面也很完善，说明如下。

首先通过菜单中的绘图/表格选项进入"插入表格"对话框（见图 12-13）。

根据需要选择行高列宽等内容，创建表格后在文字格式对话框中选择对正方式（如其中的正中，一般常用此方式），此外便于将图例对象插入到相应位置（见图 12-14）后在不同的格中利用多行文本输入方式输入表格内容。将要插入的图形内容的拾取点定位于图形的中心，调整大小比例后移动到表格中的相应位置。多次反复后即可完成表格内容。

此外如有现成的 Excel 表格可以利用表格中的"自数据链接"方式插入（见图 12-15），可以极大地提高工作效率。

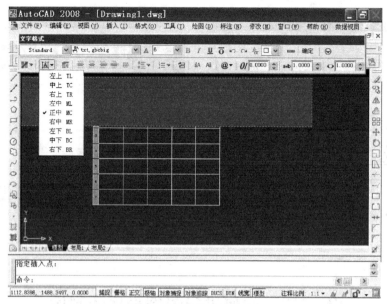

图 12-14　表格内容输入

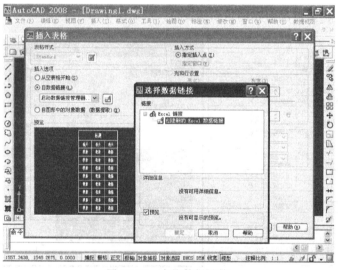

图 12-15　表格数据链接

第四节　如何提高 AutoCAD 制图效率

很多人在利用 AutoCAD 软件绘图时不假思索的忙于画图，对规范的绘图流程和设置不十分在意。但这样可能造成绘制过程中出现一些问题，再回过头来解决，并且绘图的效率并不高，编辑修改往往也不十分方便。要想提高制图的效率必须有良好的作图习惯，或者说在制图过程中要遵守必要的一些原则，建筑电气图的制图过程应遵循如下步骤。

① 必要的设置过程。设置图幅→设置单位及精度→建立若干图层→设置对象样式→开始绘图这样的过程。有关设置的方法，前面章节已经介绍。

② 绘图时建议始终使用 1∶1 的比例，如绘制建筑电气平面图时，可按建筑实际尺寸来

画，这样不用比例换算，可以提高制图效率，避免出现错误。若想改变图纸的大小可以在打印时在图纸空间选择适当的比例进行打印出图。

③ 利用图层来管理图形中各图元对象。例如在电气插座平面系统设计时，可以为插座、导线、配电箱、开关等设计不同的图层，并给每个图层设置不同的线型、颜色、线宽等，这样图元对象的颜色、线型、线宽等可以通过图层控制的方式进行批量修改。同时还可以一次性对一类图元对象进行诸如隐藏、删除、复制和打印等操作，这样可以提高对图形的管理和编辑效率。

④ 需要精确绘图时，可使用栅格捕捉功能，并将栅格捕捉间距设为适当的数值。不需要栅格捕捉时，一定将栅格捕捉关闭（状态栏中对应选项卡抬起），避免十字光标不必要的跳动。

⑤ 在进行建筑电气各系统设计时，一幅图中不仅要有图形，还应该有图框，可以单独作好图框以块的形式保存，以便在相关图形中插入，略加编辑即可使用，这样对提高工作效率非常有利。

⑥ 制图中，在给诸如视图、图层、图块、线型、文字样式、打印样式等对象命名时，要遵循一定的规律，名字应该既简明，又有较强的规律性，便于记忆和使用。

⑦ 要善于利用原有的相似绘图成果，如以前绘制过类似的图形要加以利用，做一些编辑修改工作比完全从头开始绘图要简单得多。

第十三章
天正电气软件介绍与应用

第一节 概　　述

在我国的建筑电气设计领域，常用的专业软件有天正、博超、理正和浩辰等，这些设计软件对 AutoCAD 进行了定制和开发，使之在应用上更加方便快捷。本章将简要介绍天正电气设计软件天正电气 TELec 在建筑电气设计领域的应用。

天正电气 TELec 以 AutoCAD 2002—2009 为平台，是天正公司总结多年从事电气软件开发经验，结合当前国内同类软件的各自特点，搜集大量设计单位对电气软件的设计需求，向广大设计人员推出的全新智能化软件。在专业功能上，该软件体现了功能系统性和操作灵活性的完美结合，最大限度地贴近工程设计，TELec8 不仅适用于民用建筑电气设计亦适用于工业电气设计。

TELec8.5 支持 32 位操作系统中的 AutoCAD 2004—2011 平台以及 64 位操作系统下2010 和 2011 平台，是继 TELec8.2 后完善其智能化功能的一款软件，在保留了原TELec8.2 主要功能的同时着重增加了滚球避雷线、三维支吊架、继电保护计算等功能。优化了三维桥架功能，支持绘制带隔板的桥架，增加桥架编码、编码检查、增加隔板、绘制垂直四通等命令；优化了电缆敷设，可按指定通道和噪声等级自动敷设电缆，以及三维碰撞检查增加电气灯具等内容。

一、TELec8.5 的用户界面介绍

天正电气的绘图功能可以有四个调用方法，分别是屏幕菜单、快捷菜单、快捷工具条和命令行直接命令键入。少数功能只能由菜单点取，不能从命令行键入。

1. 屏幕菜单

天正所有功能调用都可以在天正的屏幕菜单上找到，以树状结构调用多级子菜单，如图 13-1 所示。共有从"设置"到"帮助"19 个主菜单，每个主菜单下还有若干子菜单。对于子菜单既可以左键点击主菜单项点出，也可以右键点出，如图 13-2 所示。

2. 快捷菜单

快捷菜单又称右键菜单，在 AutoCad 的绘图区，单击鼠标右键弹出。快捷菜单根据当前预选对象确定菜单内容。如图 13-3 所示为选中布下的导线时，右键单击弹出的右键菜单。

3. 命令行

TELec8.5 大部分的功能都可以通过命令行键入，命令行命令以简化命令方式提供，采用汉语拼音的第一个字母组成，例如"穿墙布置"对应的键盘简化命令是 cqbz。

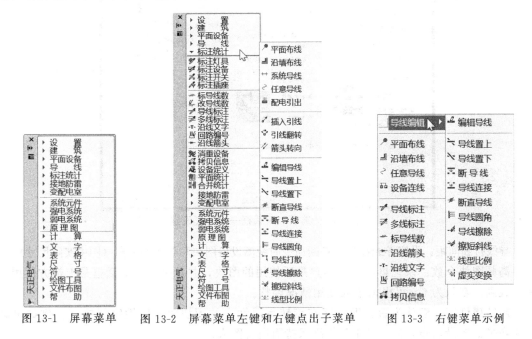

图 13-1　屏幕菜单　　图 13-2　屏幕菜单左键和右键点出子菜单　　图 13-3　右键菜单示例

4. 快捷工具条

快捷工具条是天正电气提供的一个快捷命令调用方式，如图 13-4 所示。调用工具条上的命令，可以直接左键点击相应命令图标。用户可以使用"设置"菜单下的"工具条"命令定制自己的图标菜单命令工具条，即用户可以将自己经常使用的一些命令组合起来做成工具条放置于桌面的习惯位置，可以将天正电气所有的命令放置在自制的工具条上，天正工具条具有位置记忆功能。

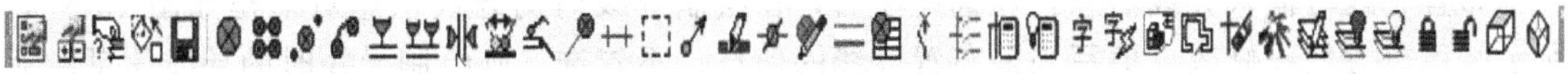

图 13-4　快捷工具条

二、电气设定

在用 TELec8.5 进行绘制电气图之前，需要对设计软件的界面和一些命令的使用方式等进行个性化设计，也需要首先对电气平面图和系统图中的图块比例、导线信息、文字字形、字高和宽高比等初始信息等进行设置，这些都是在初始设置界面中完成的。

菜单位置："设置"→"初始设置"或单击天正工具条第一个按钮或在命令行直接键入命令：OPTIONS。屏幕上出现如图 13-5 所示的"选项"对话框，选择本对话框的"电气设定"标签，进入初始设置界面。利用此对话框可以对绘图时的一些默认值进行修改，对话框中各项目说明如下。

设备块尺寸：用于设定图中插入设备图块时图块的大小。这个数字实际上是该图块的插入比例。

设备至墙距离：设定沿墙插设备块命令中设备至墙线距离的默认尺寸（图中实际尺寸）。

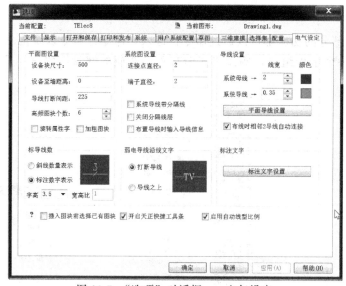

图 13-5 "选项"对话框——电气设定

导线打断间距：设定导线在执行打断命令时距离设备图块和导线的距离（图中实际尺寸）。

高频图块个数：系统自动记忆用户最后使用的图块，并总是置于对话框最上端方便用户及时找到。默认为 6，可根据个人使用情况调整。

旋转属性字：默认为否：即程序在旋转带属性字的图块时，属性字保持 0°。例如电话插座在平面图沿墙布置后，"TP"始终保持面向看图人。

连接点直径：为绘制导线连接点的直径，其数值是出图时的实际尺寸。

端子直径：为绘制固定或可拆卸端子的直径，其数值是出图时的实际尺寸。

系统导线带分隔线：此设定可控制"系统导线"、"绘制分隔线"的默认设定。此外也影响自动生成的系统图导线是否画分隔线。

关闭分隔线层：分隔线主要应用于系统图导线的绘制，可起到图面元件对齐的作用，在出图时，可"关闭分隔线层"关闭该层。

布置导线时输入导线信息：勾选此项后，在绘制导线时的导线信息对话框如图 13-6(a)所示，可以方便地修改、填写当前布置导线的信息。不勾选，则绘制导线时的导线信息对话框如图 13-6(b)所示。

标注文字：栏中可以设置电气标注文字的样式、字高、宽高比。

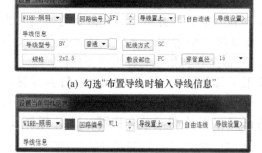

(a) 勾选"布置导线时输入导线信息"

(b) 不勾选"布置导线时输入导线信息"

图 13-6 "布置导线时输入导
线信息"选项示意图

开启天正快捷工具条：用于设置是否在屏幕上显示天正快捷工具条。

插入图块前选择已有图块：除"任意布置"外平面布置命令在执行后首先提示用户选择图中已有图块。后面介绍设备布置命令时，除"矩形布置"命令按此项打钩方式介绍外，其他命令均按此项不打钩介绍，不再提示。

系统母线、系统导线：用来设定系统图导线的宽度、颜色。设定颜色可以单击颜色选定按钮，便会弹出颜色设置对话框，这种对话框与一些在其他 AutoCAD 命令中调用的颜色设置对话框完全相同。注意如需要绘制细导线，可将线宽设为 0 即可。系统图元件的宽度默认设定为"系统导线"的宽度。

布线时相临 2 导线自动连接：用于设置"平面布线"绘制的导线是否与相邻导线自动连接成一根导线。

平面导线设置：请详见第三节建筑电气布线。

导线数标注样式：栏中的两个互锁按钮用于选择导线数表示符号的式样。这主要是对于三根导线的情况而言的，可以用三条斜线表示三根导线，也可以用标注的数字来表示。

弱电导线沿线文字中的两个互锁按钮用于选择新标准中弱电导线沿线文字的样式。

设置更改之后，单击 OK 退出，图中已有的标注文字字形、元件名称、导线数标注式样将按新设置修改过来。

第二节　建筑电气平面图布置设备

用 TELec 在平面图布置电气设备就是将一些事先制作好的设备图块插入到建筑平面图中。TELec8.5 增强了自动化功能，用户能够在执行命令时动态观看到布置效果。TELec8.5 共设置了 11 个功能不同的设备布置命令，还有 9 个设备编辑命令，在屏幕菜单的"平面设备"下，如图 13-7。这些命令用前面介绍的 4 种命令调用方法都可以调用。在屏幕菜单下调用过程如下：鼠标移动到屏幕菜单的"平面设备"主菜单上，左键单击（或右键单击），打开其子菜单，移动鼠标到各子菜单上左键单击即可。在右键菜单下调用过程如下：在绘图区选中一个或多个已布置设备，单击鼠标右键，弹出如图 13-8 所示菜单，鼠标移动到"设备布置"时又弹出各设备布置子菜单，移动鼠标至各子菜单上左键点击即可，"设备布置"下面紧接着还有"设备替换"等设备编辑命令菜单。

图 13-7　"平面设备"下各布置命令菜单

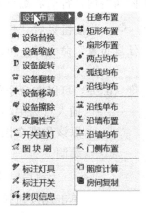

图 13-8　设备布置右键菜单

一、设备图块尺寸的设定与修改

在图中布置设备图块时，绘制后图块的大小由两个因素决定：一个是造块时给定的尺寸，造块时给定的尺寸越大，布置到图中的设备块越大；另一个是"电气设定"中"设备块尺寸"的设定值，实际上是给定图块的绘制比例，其值越大，布置到图中的设备块也越大。要调整绘制后图中设备图块的大小，可以在点击屏幕菜单下的"设置"→"初始设置"，也可以点击快捷工具条的"初始设置"按钮，弹出选项对话框，选择"电气设定"选项卡，修改设备块尺寸参数即可。也可以在图块绘制后，用设备编辑命令"设备缩放"进行修改。

二、任意布置（RYBZ）

功能：在平面图中绘制各种电气设备图块。

菜单点击或命令行键入此命令后，命令行提示：

请指定设备的插入点 {转 90[A]/放大[E]/缩小[D]/左右翻转[F]/X 轴偏移[X]/Y 轴偏移[Y]}〈退出〉：

同时屏幕弹出如图 13-9 所示"天正电气图块"对话框。当鼠标移动到图块幻灯片的上方时会在对话框最下面的提示栏显示该图块设备的名称，单击该图块幻灯片则可选定该图块，同时选定的图块幻灯片被加上红色框。对话框的顶端是对话框操作按钮。

图 13-9 "天正电气图块"对话框

图 13-10 "任意布置"对话框

"前页"/"后页" 🔼🔽：前后翻页按钮，当对话框中显示的设备数量超过显示范围时，可分别单击此两按钮进行前后翻页显示其他设备图块。

"旋转" ↻：此按钮只对"任意布置"（图 13-10）命令有效，当此按钮处于按下状态时，使用"任意布置"命令时，可以控制图块的旋转角度，当指定设备图块插入点后命令行提示：

旋转角度〈0.0〉：可以在命令行直接输入设备图块的旋转角度，也可用鼠标拖动图块以

图 13-11 布局菜单

插入点为中心进行旋转预演，当达到所需角度时，单击鼠标左键即可以该角度在图中绘制设备图块，如果直接单击鼠标右键则图块水平绘制。

"布局" ▦：此按钮用来控制对话框图块的显示布局，鼠标左键单击此按钮弹出如图 13-11 所示布局选项菜单，用户可以选择自己需要的显示布局。

"交换位置" ↔：用于调整设备图块在图块显示对话框中的显示位置，通过此按钮用户可以把常用的图块调整到前面，方便选定。

"加入常用" 🗄：用于将用户常用图块显示在图块显示对话框的最前面，鼠标左键点击

选定图块，然后左键点击此按钮，选定的图块就会显示在前面而不受分类显示的控制，常用图块个数由"电气设定"中"高频图块个数"参数控制。

"设备选择"：下拉菜单，用户可以通过对话框右侧的"设备选择"下拉菜单选择显示需要在图中插入的设备类别。在下拉菜单中用横线分成了强电、弱电和箱柜三类；其中强电包括了灯具、开关、插座和动力设备，弱电包括了消防、广播、电话、通信、安防和电视设备，当用户通过下拉菜单选中其中一项时，在"天正电气图块"对话框中将显示相应的强、弱电或箱柜设备。同时在"天正电气图块"对话框中将显示该类设备系统图库和用户图库的所有图块，软件默认将用户库中的设备块放在"天正电气图块"对话框中的前面，而系统库中的设备块接在用户库中最后一个图块后面显示，当鼠标移到图块幻灯片的上方时在提示栏中设备名称后面的括号中会提示该图块的位置在系统库还是用户库中。

用户可以通过以上这些按钮的组合选择到自己所需要设备的图块，然后根据命令行的提示，指定设备的插入点，就可以将图块绘制在电气图中。后面涉及对天正电气图块对话框中设备图块的选择方法与此命令选择方法相同，后面不再赘述。

本命令为循环执行的操作，即可以不断的在屏幕上绘制选定的图块。在绘制设备时"天正电气图块"对话框仍然浮动在屏幕上，用户可在绘制设备的同时选择要绘制的图块。选定设备后直接用鼠标在屏幕上取点，则图块以此点为插入点绘制到图中。

另外选择插入点之前，可以通过命令行提示的多个选项，对图块的绘制进行灵活处理。点击"任意布置"后，命令行提示：

请指定设备的插入点 {转 90[A]/放大[E]/缩小[D]/左右翻转[F]/X 轴偏移[X]/Y 轴偏移[Y]}〈退出〉：

其中花括号前是当前的操作提示，花括号后为回车采用的动作，花括号内为其他可选动作，方括号内的字母为相应动作的操作键，具体如下。

转 90 [A]：在指定插入点之前命令行每键入一次 A（不需要回车确认），选定的图块就会旋转90°，并在图上动态显示旋转后的状态。

放大 [E]：在指定插入点之前命令行每键入一次 E（不需要回车确认），选定的图块就会放大一定比例，并在图上动态显示放大后的状态。

缩小 [D]：在指定插入点之前命令行每键入一次 D（不需要回车确认），选定的图块就会缩小一定比例，并在图上动态显示缩小后的状态。

左右翻转 [F]：在指定插入点之前命令行每键入一次 F（不需要回车确认），选定的图块就会以图块的插入点为纵轴进行一次镜像操作，并在图上动态显示操作后的状态。

X 轴偏移 [X]/Y 轴偏移 [Y]：用户在布置设备过程中，在命令行输入"X/Y"（不需要回车确认），分别实现设备块在 X 轴、Y 轴上使得实际插入设备块的位置在指定插入点的基础上偏移一定的距离。

在"天正电气图块"对话框的右边还会同时出现一个如图 13-10 所示的"任意布置"对话框，对话框的各功能介绍如下：

回路编号：编辑框中可以输入设备和导线所在回路的编号，也可以通过旋转按钮控制回路编号，该编号为以后系统生成提供查询数据。当点击"回路编号"按钮时会弹出如图 13-12 所示的"回路编号"对话框，在该对

图 13-12 "回路编号"对话框

话框中的列表中用户可以选择回路的编号，同时用户可以在对话框下边的编辑框中直接输入需要的回路编号，通过"增加＋"、"删除－"按钮在列表中添加回路的数据以便下次选择，最后单击"确定"按钮就可以把回路编号输入到"回路编号"编辑框中。

自动连接导线：用来控制布置设备图块的同时是否布置导线，在其前打勾，可实现边布置边连接导线的功能。

图层：下拉列表框中可选择导线所属的类型及图层。

旋转角度：可以设置绘制设备图块时旋转的角度。

打断：用来设置布导线时，当导线与设备和导线交叉时是否自动断线。选择"导线置上"则断其他导线，选择"不断导线"则不自动断线。

三、矩形布置（JXBZ）

功能：在平面图中由用户拉出一个矩形框并在此框中按设定的行数、列数及行距和列距整齐绘制各种电气设备图块。

菜单点击或命令行键入本命令后，命令行提示：

请选择已有设备块〈从图库中选取〉：

如果从图库中选取，则直接回车，弹出如图 13-9 所示的"天正电气图块"对话框，而

图 13-13 "矩形布置"对话框

且同时弹出如图 13-13 所示的"矩形布置"对话框。

下面介绍"矩形布置"对话框各部分的功能。

回路编号：与"任意布置"命令中相同。

布置栏中的行数/列数：用于确定用户拉出的矩形框中要布置的设备图块的行数和列数的数量，可以直接在该编辑框中输入或通过点取旋转按钮上下控制数量。

布置栏中的行距/列距：用于确定用户拉出的矩形框中要布置的设备图块的行与行之间的距离和列与列之间的距离，直接在该编辑框中输入行距和列距数值，这是 TELec8.5 新增的功能，增加了"矩形布置"的灵活性。只在"行数"前打钩，不在"行距"前打钩时，此命令在鼠标拉出的矩形框内根据行数、列数和距边距离均匀布置设备图块；不在"行数"前打钩，只在"行距"前打钩时，此命令根据行距、列距和距边距离在鼠标拉出的矩形框内布置尽可能多的设备图块；在"行数"和"行距"前均打钩时，此命令矩形布置规定行数、列数、行距和列距的设备图块，不受鼠标拉出的矩形框的限制。后两种情况只有最左列和最上行的设备图块与鼠标拉出的矩形框的距边距离符合要求。

行向角度：用于输入或选择绘制矩形布置设备的整个矩形的旋转角度，用户可以从布置设备时的预演中随时调整其旋转角度。

接线方式：用于选择设备之间的连接导线的方式。当设备绘制到图中后设备之间会用当前导线层以行向或列向的方向连接导线，简化了用户在绘制设备后再连接导线的工作。

图块旋转：用于输入或选择待布置设备的旋转角度。

距边距离：用于输入或选择矩形布置设备的最外侧设备与布置设备时框选的矩形选框边框的距离，该距离以矩形布置同方向上设备间的间距为参考变量。

需要接跨线：选择框，与接线方式相配合，如果选择的是行向接线，则矩形布置结束后会在纵向连接一条横跨一列设备的方向连接一条导线，相反如果选择列向接线，则矩形布置

结束后会在行向连接一条横跨一行设备的方向连接一条导线。

点击或键入此命令后，命令行提示：

请选择已有设备块〈从图库中选取〉：

如果从图库中选取，则直接回车，弹出如图 13-9 所示的"天正电气图块"对话框，而且同时弹出如图 13-13 所示的"矩形布置"对话框。

从图库中选定要绘制设备图块的方法与"任意布置"相同。选定设备图块后，命令行提示：

请输入起始点{选取行向线[S]}〈退出〉：

在屏幕上鼠标左键单击点取矩形框起角点，接着命令行提示：

请输入终点：

拉动鼠标，会动态显示布置效果，左键点取矩形框的终止点，命令行提示：

请选取接跨线的列〈不接〉：

选取跨接线连接位置，则本次布置结束，命令行接着提示：

请输入起始点{选取行向线[S]}〈退出〉：

可重新选择绘制设备图块和在"矩形布置"对话框中输入布置参数进行下一次矩形布置，如按回车键，则推出矩形布置命令，"天正电气图块"和"矩形布置"自动关闭。布置效果如图 13-14 所示。

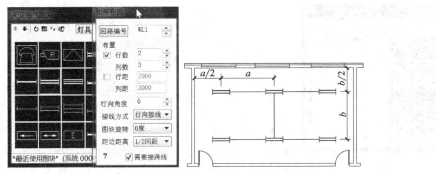

图 13-14　矩形布置荧光灯实例

四、扇形布置（SXBZ）

功能：在扇形房间内按矩形排列进行各种电气设备图块的布置。可以布置各种角度的扇面形状，如：扇形、扇饼形、扇形环等。

菜单点击或命令行键入本命令后，不仅弹出如图 13-9 所示的"天正电气图块"对话框，而且同时弹出如图 13-15 所示的"扇形布置"对话框。

"扇形布置"对话框的各功能介绍如下。

回路编号编辑框的使用方法与"任意布置"命令相同。

图块旋转：用来选择设备插入时的旋转角度，用户可以通过布置设备时的预演效果，随时在该编辑框后的下拉菜单中选择 0°、90°、180°、270°的角度数值以调整设备的旋转角度。

行数：更改选取扇面内需要布置设备的弧行数。

每行数量：用来设定扇形面外弧上沿线插入设备的数量。

图 13-15　"扇形布置"对话框

每行递减：选择在布置所选设备时，从外弧到内弧的过渡中每条弧线上需要布置的设备数量是否需要递减，如果选择"递减"，则可选择每行递减的数量。

距边距离：用于通过下拉菜单选择设备与扇形半径边的距离，用户可以从布置设备时的预演中随时调整设备的距边距离。该距离以设备弧线间距为参考变量。

不连导线：用来选择是否在设备之间连接导线。

点击或键入此命令后，命令行提示：

请选择已有设备块〈从图库中选取〉：

而本命令中选定要绘制设备类型的方法与"矩形布置"命令完全相同。同时（假设要绘制的是灯具块），命令行提示：

请输入扇形大弧起始点〈退出〉：

用户可以在屏幕上点取外弧的起始点，接着命令行提示：

请输入扇形大弧终点：

在屏幕上点取外弧的终止点，命令行提示：

点取扇形大弧上一点：

在屏幕上指定外弧上一点，命令行提示：

点取扇形内弧上一点：

此时用户可以通过拉伸扇面的内弧点来预演扇面的大小和所布置的设备的排列点具体位

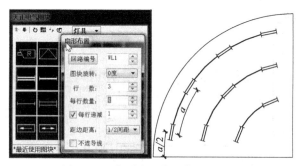

图 13-16　扇形布置房间荧光灯示例

置及形状，根据预演效果及自己的要求，在屏幕上点取任意一点以确定内弧的位置，鼠标左键在内弧上点取一点后，就会在屏幕上按照所预演的形式布置设备，并按所选择的接线方式在设备间连接并打断导线，命令结束，"天正电气图块"和"扇形布置"两对话框自动关闭。预演时同样可以通过"扇形布置"对话框调整所布设备的行数、设备旋转角度、设备数量及递减和选择是否接线。图 13-16 为扇形布置房间荧光灯示例。

五、两点均布（LDJB）

功能：平面图中在两个指定点之间沿一条直线均匀布置各种电气设备图块。

菜单点击或命令行键入本命令后，不仅弹出如图 13-9 所示的"天正电气图块"对话框，而且同时弹出如图 13-17 所示的"两点均布"对话框。

该对话框中"回路编号"编辑框的使用方法与任意布置命令中的相同。

布置方式编辑栏提供"数量"、"间距"两种布置方式，"数量"选项用来输入两点之间沿直线插入设备的数量；"间距"选项用来指定设备间距，按照固定的间距插入设备。

图 13-17　"两点均布"对话框

图块旋转选择框：用来选择设备插入时是否旋转以及旋转角度，主要用于荧光灯的布置。

距边距离下拉列表框：用于通过下拉菜单选择设备与端点的距离，该距离以设备间距为参考变量。用户可以从布置设备时的预演中随时调整设备的距边距离。

接导线选择框：用来选择是否在设备之间连接直导线。

点击或键入此命令后，命令行提示：

请选择已有设备块〈从图库中选取〉：

本命令中选定要插入设备类型的方法与"矩形布置"命令的相同。同时命令行提示：

请输入起始点〈退出〉：

点取图中要绘制设备的起始点，同时命令行提示：

请输入终止点〈退出〉：

拉伸预演的直线到所要求的位置，单击鼠标左键就会在预演的插入点布置设备，同时命令结束，"天正电气图块"和"两点均布"两对话框自动关闭。

图 13-18 为"两点均布"布置灯具示例。

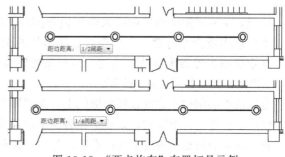

图 13-18　"两点均布"布置灯具示例

六、弧线均布（HXJB）

功能：平面图中在两个指定点之间沿一条弧线均匀布置各种电气设备图块。

本命令与"两点均布"命令的对话框和使用方法基本相同，不同的是此命令是在弧线上布置设备图块，设备间的导线是弧导线，而"两点均布"是在直线上布置，设备间的导线是直导线，不再赘述。

七、沿线单布（YXDB）

功能：在一条直线、弧线或墙上插入开关或插座等设备，动态决定插入方向。

菜单点击或命令行键入本命令后，弹出如图 13-9 所示的"天正电气图块"对话框。

本命令中选定要插入设备类型的方法亦与"矩形布置"命令的相同，选定要绘制设备类型。同时命令行提示：

请拾取布置设备的墙线、直线、弧线(支持外部参照){门侧布置[A]}〈退出〉：

根据命令行提示选取要布置设备的墙线、直线、弧线，然后通过鼠标的移动使设备沿墙线、直线或弧线的上下左右四个方向移动，选择合适的方向插入设备；如果用户按下"天正电气图块"对话框上的"旋转"按钮，此时用户可以使插入图中的设备沿着自己的圆心进行旋转，调整到合适的角度再插入设备。通过此种方法可以再插入设备时避开图中其他设备或导线。图 13-19 所示为"沿线单布"示例。

图 13-19　"沿线单布"示例

推荐使用：由于本命令在沿墙插入过程中不要求墙线的图层、线型等参数，只要是 LINE、PLINE 甚至是建筑条件图是图块也可，大大提升了软件的适应性。

八、沿线均布（YXJB）

功能：在平面图中沿一条线均匀布置各种电气设备图块，图块的插入角依选中线的方向而定，所谓均匀布置是指两端设备到选中线端点的距离为两设备之间距离的一半。

菜单点击或命令行键入本命令后，弹出如图 13-9 所示的"天正电气图块"对话框。

本命令中选定要插入设备类型的方法与"矩形布置"命令完全相同。同时命令行提示：

请拾取布置设备的墙线、直线、弧线(支持外部参照)〈退出〉：

拾取框拾取欲在其上布置设备的线后，命令行提示：

请给出欲布置的设备数量 {垂直该线段[R]}〈2〉：

输入灯具数量后，TELec沿选中的线均匀布置指定数量的灯具。如果用户想使插入的设备旋转90°，则输入 R，再键入灯具数量，就会发现插入图中设备已经旋转了90°。本命令对弧线也有效。

九、沿墙布置（YQBZ）

功能：在平面图中沿墙线插入电气设备图块，图块的插入角依墙线方向而定。

菜单点击或命令行键入本命令后，弹出如图13-9所示的"天正电气图块"对话框。

选定要插入设备类型的方法与"矩形布置"命令相同，同时命令行提示：

请拾取布置设备的墙线〈退出〉

点取的点必须位于直线或弧形墙线上，此点即为设备图块的插入点。设备沿墙线的方向插入，然后，重复上一个提示，以便您在另一个位置插入设备。本命令不仅适用于天正建筑的墙体对象，图中的任意一条线也同样有效，与"沿线单布"命令的主要区别在于"沿墙布置"命令设备离墙体的距离是可以调整的，具体方法是通过"选项"中的"电气设定"来调整。

十、沿墙均布（YQJZ）

功能：在平面图中沿一墙线均匀布置电气设备图块，图块的插入角依墙线方向而定。

本命令与"沿线均布"命令相似，只是在设备插入时不仅会自动根据墙线的方向来确定图块的插入方向，而且会沿着墙线等距均匀的插入设备。本命令只对天正建筑的墙体对象有效。

图 13-20 "穿墙布置"
对话框

十一、穿墙布置（CQBZ）

功能：在用户指定的两点连线与墙线的交点处插入设备。

本命令主要用于在一排房间的隔墙上对称配置插座。

菜单点击或命令行键入本命令后，弹出如图13-9所示的"天正电气图块"对话框，而且同时弹出如图13-20所示的"穿墙布置"对话框。

选定要插入设备类型的方法与"矩形布置"命令相同，同时命令行提示：

请点取布设备直线的第一点〈退出〉：

点取第一点 P1 后，继续提示：

请点取布设备直线的第二点〈退出〉：

点取第二点 P2 后，在 P1、P2 两点橡皮线与墙线的交点处沿墙插入选定的设备。

本命令对弧线墙同样有效。图 13-21 为"穿墙布置"示例。

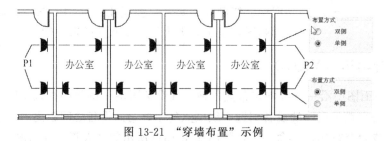

图 13-21 "穿墙布置"示例

十二、门侧布置（MCBZ）

功能：在沿门一定距离的墙线上插入开关。

本命令主要用于在门侧插入灯开关，布置开关的方向为开门一侧的墙线上。

菜单点击或命令行键入本命令后，不仅弹出如图 13-9 所示的"天正电气图块"对话框，而且同时弹出如图 13-22 所示的"门侧布置"对话框。

"回路编号"与"任意布置"命令相同。

距门距离：用来设定开关图块插入点距门的距离。

选择门/选择墙线：两个互锁按钮用来确定插入开关时的参考物。

选定要插入设备类型的方法与"矩形布置"命令相同，同时：

如果选择"选择墙线"选项，命令行提示：

请拾取靠近门侧的墙线〈退出〉：

如果选择"选择门"选项，命令行提示：

请拾取门〈退出〉：

拾取要布置开关的墙线或门，单击鼠标右键，则在开门一侧的墙线上布置了开关。

门侧布置开关示例如图 13-23 所示。

图 13-22 "门侧布置"对话框

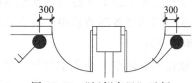

图 13-23 "门侧布置"示例

设备插入图中后，其大小、方向、位置等需要改动，或者某些设备图块需要擦除或替换，这些都可以通过 TELec8.5 提供的设备编辑功能来实现，下面介绍 TELec8.5 提供的设备编辑功能

十三、设备替换（SBTH）

功能：用选定的设备图块来替换已插入图中的设备图块。

菜单点击或命令行键入本命令后，弹出如图 13-9 所示的"天正电气图块"对话框，选定要用来替换已插入图中设备块图的设备图块，选定方法与"矩形布置"命令的相同。选定设备块后，命令行提示：

请选取图中要被替换的设备(多选)〈替换同名设备〉：

此时可用 AutoCAD 提供的各种选定图元的方式来选择要被替换的设备。由于程序中已设定了选择时的图元类型和图层的过滤条件，因此您可不必担心开窗选择会选中其他图层和类型的图元（例如导线、墙线等）。选定后，鼠标右键单击，命令行接着提示：

是否需要重新连接导线〈Y〉：

如果不需要，则输入 n，如果需要则单击鼠标右键（默认为 yes），单击鼠标右键所选设备被替换。

如果想替换图中所有同名设备则单击鼠标右键，命令行接着提示：

请选取图中要被替换的设备(单选)〈退出〉：

根据命令行提示在图中选择要替换设备的样板，这时只需要单击所有同名设备中的一个就会发现其他的同名设备都被选中，命令行接着提示：

是否需要重新连接导线〈Y〉：

如果不需要，则输入 n，如果需要则单击鼠标右键（默认为 yes），单击鼠标右键图中所有同名设备被替换。

十四、设备缩放（SBSF）

功能：改变平面图中已插入设备图块的大小（插入比例）。

菜单点击或命令行键入本命令后，屏幕命令行提示：

请选取要缩放的设备〈缩放所有同名设备〉：

可以用 AutoCAD 提供的各种选图元方式选定要放大（或缩小）的设备，选定设备后，命令行提示：

缩放比例〈1.0〉：

输入缩放比例后回车，则所选设备图块按输入比例缩放。

如果想缩放图中所有同名设备则单击鼠标右键，命令行接着提示：

请选取要缩放的样板设备〈退出〉：

根据命令行提示在图中选择要替换设备的样板，这时只需要单击所有同名设备中的一个就会发现其他的同名设备都被选中，命令行接着提示：

缩放比例〈1.0〉：

输入缩放比例后回车，则图中所有同名设备图块按输入比例缩放。

设备块被缩放后，所有与被缩放设备图块相连的导线仍然相连。

十五、设备旋转（SBXZ）

功能：将已插入平面图中的设备图块旋转至指定的方向，插入点不变。

菜单点击或命令行键入本命令后，屏幕命令行提示：

请选取要旋转的设备〈退出〉：

选取设备图块后，命令行接着提示：

旋转角度〈0.0〉

可以输入要转到的角度，也可以通过用鼠标进行拖拽从预演的图形确定角度，开关等设备的以圆的中心点旋转，插座等设备以插入点为中心旋转，调整好角度后，选定的设备图块便旋转至指定的方向。

十六、设备翻转（SBFZ）

功能：将平面图中的设备沿其 Y 轴方向作镜像翻转。

菜单点击或命令行键入本命令后，屏幕命令行提示：

请选定要翻转的设备〈退出〉：

在图中用 AutoCAD 提供的各种对象选择方式选定要翻转的设备图块后，选中的图块沿其 Y 轴方向作镜像翻转。

十七、设备移动（SBYD）

功能：移动平面图中的设备图块，能在移动到目标点前使用键盘先行对其进行旋转、翻转等操作。

菜单点击或命令行键入本命令后，屏幕命令行提示：

请选取要移动的设备〈退出〉：

拾取了要移动的设备后，命令行提示：

点取位置或［转90度(A)/左右翻(S)/上下翻(D)/对齐(F)/改转角(R)/改基点(T)]〈退出〉：

这时可以键入 A/S/D/F/R/T 多个选项进行各种移动前的处理，再点取要移到的位置后，拾取的这个设备便被移动到指定的位置。如果有导线与这个设备相连，那么相连的导线也将随设备一起移至新的位置。图 13-24 所示为"设备移动"示例。

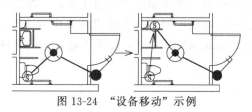

图 13-24 "设备移动"示例

十八、设备擦除（SBCC）

功能：擦除图中的设备图块。

菜单点击或命令行键入本命令后，屏幕命令行提示：

请选取要删除的设备〈退出〉：

根据提示选定要擦除的设备块之后，右键单击或回车选中的设备块即被擦除。由于选定时能够自动滤掉不在设备层上的图元，因此选取时比 AutoCAD 的 Erase（删除）命令方便、快捷。

十九、改属性字（GSXZ）

功能：修改平面图设备图块中的属性文字。

菜单点击或命令行键入本命令后，屏幕命令行提示：

请选取要改属性字的设备〈退出〉：

此时可以用 AutoCAD 的各种选图元的方法选中要修改属性文字的设备图块（可多选），命令行接着提示：

请输入修改后的文字〈退出〉：

输入新的属性文字之后，右键单击或回车则被选中的设备图块中的属性文字就被修改成新输入的文字。

二十、制造设备

功能：用户根据需要制作或对图块进行改造，并加入到设备库中。

平面设备布置实际上就是在平面图中插入各种预先制作好的图块。TELec 为您准备了您作图所需的大部分图块。但出于各种需要难免会需要插一些 TELec 提供的图库中没有的设备图块，此时就需要利用本节所介绍的各种命令制作新的图块，或对已有图块进行改造重制。

菜单点击或命令行键入本命令后，命令行提示：

请选择要做成图块的图元〈退出〉：

在图中拾取要改造的图块后，命令行提示：

请点选插入点〈中心点〉：

这时选择图块的插入点，并从中心点引出一条橡皮线，把鼠标移动到准备做插入点的位置，单击鼠标左键即可，取消时默认插入点为其中心点。命令行接着提示：

请点取要作为接线点的点(图块外轮廓为圆的可不加接线点)〈退出〉：

这时可在需要的位置点取，插入一些接线点；如果你所选图块的外形为圆则可不必添加接线点，因为在 TELec 中圆形设备连导线时，导线的延长线是过圆心的。

编辑完毕后会弹出如图 13-25 所示的"入库定位"对话框，此时弹出的图库为强电设备图库，在树状结构中选取所要入库的设备类型，并在"图块名称"编辑框中输入设备的名称，单击"新图块入库"按钮即可以存入所需的图块，当用户想要调用此图块，只需在插入图块时从"设备图块选择"对话框中选择设备类型，就会看见刚才所造设备被放在系统库设备的前面。如果单击"旧图块重制"按钮则会弹出如图 13-26 所示"天正图库管理系统"对话框，在图库的系统库或用户库中双击要被替换的设备块，则原先的图块被新的图块所替换，图块的位置不变，如果不输入新的名称则名称也不变。

图 13-25 "入库定位"对话框

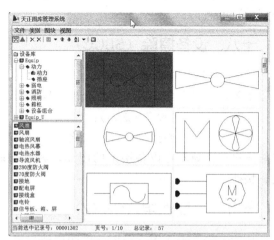

图 13-26 "天正图库管理系统"对话框

第三节 建筑电气图布线

在平面图的绘制中导线是很重要的一部分，包括导线布置和导线编辑两个部分。天正电气 TELec 提供了此两类导线布置和编辑专用命令，可以极大提高绘图效率。天正电气 TELec8.5 导线命令的树干式菜单如图 13-27 所示，右键菜单如图 13-28 所示。导线布置和编辑命令的调用方法与设备布置和编辑命令调用方法相同。

天正电气 TELec8.5 将导线图层默认分为普通照明、应急照明、动力插座、弱电通信和普通消防 5 层，另外还提供了 8 个备用导线层，系统默认名称为动力控制、动力母线、火警电话、火警广播、火警控制、火警电源、弱电电视和弱电网络，用户可以根据自己的需要通过设置来决定是否选择和定制这些图层。这些图层导线的线宽、颜色、线性和标注信息系统都有默认参数，用户可以根据需要通过"平面导线对话框"进行修改。"平面导线设置"对话框如图 13-29 所示。

"平面导线设置"对话框可以通过以下方式调用：

"初始设置"→"电气设定"→"平面导线设置"按钮，或"平面布线"→"导线设置"按钮。

图 13-27　导线命令的树干式菜单　　　　　图 13-28　导线命令的右键菜单

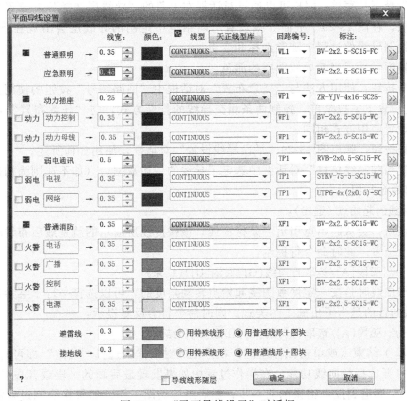

图 13-29　"平面导线设置"对话框

　　在这个对话框中显示了当前几个导线层默认的线宽、颜色、线型和标注信息。用户可以在线宽编辑框中输入或通过旋转按钮调整线宽；如果单击每个导线层的颜色编辑框，就会弹出"选择颜色"对话框用户可以在这里修改导线层的颜色；用户还可以通过线型的下拉菜单选择需要的线型；如果没有需要的线型可以使用"天正线型库"来自定义，详细操作方式参照"线型库"；在"标注"编辑框中用户可以直接输入该导线层默认的导线标注，也可以通过单击编辑框旁边的按钮在弹出"导线标注"对话框中更改导线的标注，标注的具体修改方法将在"导线标注"中介绍。"回路编号"可以通过旋转按钮为各个图层选择默认回路编号。

一、平面布线（PMBX）

功能：在平面图中绘制直导线连接各设备元件，同时在布线时带有轴锁功能。

菜单点击或命令行键入本命令后，弹出如图 13-30 所示的"设置当前导线信息"对话框。该对话框的使用方法如下。

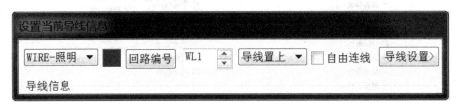

图 13-30   "设置当前导线信息"对话框

导线层选择下拉菜单：用户可以通过对话框左上角的"导线层选择"下拉菜单选择所绘制导线的图层，在图 13-29"平面导线设置"对话框中定制的导线层会出现在下拉菜单中，用户可以在绘制导线的过程中随意选择和变更。

颜色编辑框：显示当前导线图层的颜色。

回路编号按钮：使用方法与"任意布置"对话框中"回路编号"按钮的使用方法相同。

导线置上/置下下拉菜单：控制两条相交导线的打断方式，与"任意布置"对话框中导线打断方式设置使用方式相同。

导线设置按钮：弹出图 13-29"平面导线设置"对话框，使用如前所述。

在"设置当前导线信息"对话框中选定了导线的一切数据后（如不选则为初始设置的默认值），屏幕命令行提示：

请点取导线的起始点〈退出〉：

取起始点后，会从起始点引出一条橡皮线，该橡皮线所演示的就是最后布线时导线的具体长度形状及位置。此时命令行提示：

直段下一点{弧段[A]/选取行向线(G)/回退[U]}〈结束〉：

在旋转橡皮线时是按一定度数围绕起始点转动角度的，可以选择平行于某参考线（行向线），这样做的目的是为了出施工图美观。同时命令行会反复提示：

直段下一点{弧段[A]/选取行向线(G)/回退[U]}〈结束〉：

至〈回车〉结束（或单击鼠标左键，在弹出的对话框中选择"确定"即可）。可以键入"G"关闭或打开选择行向线功能。在操作过程中如果发现最后画的一段或几段导线有错误，可以键入"U"回退到发生错误的前一步，然后继续绘图工作。如果在绘制过程需要从绘直线方式改变到绘弧线的方式，可以键入"A"，命令行提示：

弧段下一点{直段[L]/回退[U]}〈结束〉：

取下一点后，接着提示：

点取弧上一点：

此时可以根据预演的弧线确定弧线上的一点；反之，如果需要从绘弧线方式改变到绘直线方式，则可键入"L"。

导线与设备相交时会自动打断，并且画导线时是每点取一点后就会在两点之间连上粗导线，再提示用户输入下一点。

画导线过程中，如果需要连接设备，一般有两种情况：

（1）点取起始设备，再点取最后一个设备，那么在这两个设备所在的直线上或附近的设备会自动连接。

（2）在每个设备图块一般只需点取一次，而且可以随便点在这个图块的任意位置，TELec将按"最近点连线"原则，自动确定设备上接线点的位置。但如果您希望人为地控制设备上的出线点，则可以在同一设备上再点取一次，这时第二次点取到的设备上的点便作为下一点连接的接线点，而不再自动选择最近点作为接线点了。

所谓"最近点连线"原则是在画点与设备的连线或设备与设备的连线时都是取设备中距离对方最近的那个接线点作为连线点。这样画导线的优点是画设备间的连线时每个设备块只需点取一次，而且大多数情况下能画出理想的连线。另一方面，如果希望画出理想的连线，也需要您在自己制作设备图块时要在适当的位置设置一定数量的接线点（一般一个设备可设置 3、4 个接线点）。

对于大部分设备块，TELec 都按"最近点连线"原则连线，只有外形为圆的设备块，不用以此原则连线，而是采用连线的延长线经过圆心的原则。

图 13-31 为"平面布线"示例。

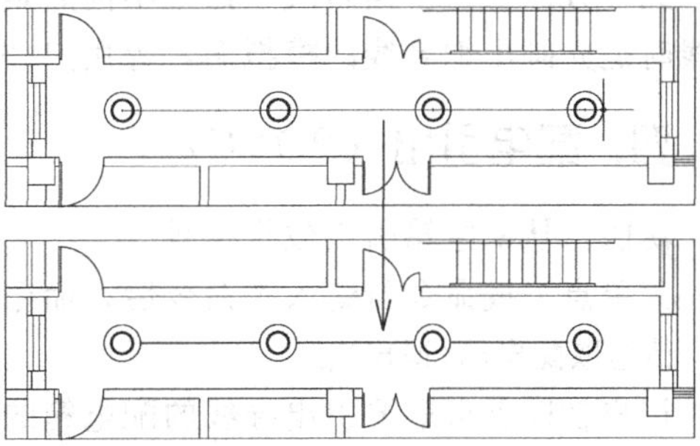

图 13-31 "平面布线"示例

二、系统导线（XTDX）

功能：以墙线、Line 线、弧线做参考，平行绘制导线。

菜单点击或命令行键入本命令后，弹出如图 13-30 所示的"设置当前导线信息"对话框，选定了导线的数据，命令行提示：

请点取导线的起始点[输入参考点(R)]〈退出〉：

取起始点后，此时命令行提示：

请拾取布置导线需要沿的直线、弧线〈退出〉：

点击布置导线需要沿的墙线或者直线、弧线后，命令行提示：

请拾取布置导线需要沿的直线、弧线〈退出〉请输入距线距离〈1021〉：

输入距离参照线的距离 500，则绘制出距参照线 500 的导线，下一步只需点击参照线，则自动绘制出距离参照线 500 的导线。

三、任意导线（RYDX）

功能：在平面图中绘制直或弧导线。

菜单点击或命令行键入本命令后，弹出如图 13-30 所示的"设置当前导线信息"对话框，选定了导线的数据，命令行提示：

请点取导线的起始点：(当前导线层->WIRE-照明；宽度->0.35；颜色->) 或 [点取图中曲线(P)/点取参考点(R)]〈退出〉：

点取起始点后，命令行反复提示：

直段下一点{弧段[A]/回退[U]}〈结束〉：

直至〈回车〉退出画导线程序。在画直线过程中如果需改为画弧线，可键入"A"，提示就改为：

弧段下一点{直段[L]/回退[U]}〈结束〉：

在这个提示下点取下一点后，接着提示：

点取弧上一点{输入半径[R]}：

可以以三点定弧的方式画弧线，也可以输入曲线半径画弧线。如果要再改回画直线，就键入"L"。

如果用户想由图中的某 LINE、ARC 线或 PLINE 线生成导线，则在执行本命令后根据提示键入"P"，则命令行接着提示：

选择一曲线(LINE/ARC/PLINE)：

用户可以从图中选取一条直线、曲线或 PLINE 线，就会发现该选中线上方覆盖了一条导线，而原来的线仍然存在。

此种方法与"平面布线"命令不同点是：画导线时与设备相交时并会自动打断，并且画导线时是先画出细导线的模拟图，等用户"确定"后，才把细导线加粗。

四、配电引出 （PDYC）

功能：从配电箱引出数根接线。

菜单点击或命令行键入本命令后，命令行提示：

请选取配电箱〈退出〉：

用户在图上点取要引出导线的配电箱的端线，所谓连接引出导线的端线是指配电箱图块

图 13-32 "箱盘出线"对话框

上要画引出线的那条直线边，则弹出如图 13-32 所示"箱盘出线"对话框，从此对话框中用户可以设置箱盘出线的方法，以及引出导线的在图中的布置位置。

直连式和引出式是 TELec8.5 为配电箱引出导线提供了两种方法，这两种方法在对话框中设了互锁栏。直连式就是引出的多条导线直接连在配电箱上，这种方法会自动改变配电箱大小。引出式就是通过一条导线把所有的引出导线连接起来，这样可以不改变配电箱的大小。

等长引出：只在直连式方式下有效，勾选后，各条引出线长度相等 ，不勾选则各条引出线长度依次相差一个分支间距的长度。

分支数量：配电盘引出导线的数量。

分支间距：两条引出导线之间的距离。

引线距离：引出式方式时，引出线距配电箱出线端线的距离。

起始编号：引出导线的起始编号，引出导线以此起始编号依次对每个回路进行编号，并且依次递增回路编号的序号。

导线层选择：设置引出导线的图层。

如果选择的是直连式，在点取配电箱上连接引出导线的一条端线后，系统会预演引线结果，但预演时配电箱大小不变，预演过程中同时可以通过"箱盘出线"对话框对各参数进行调整。用户由预演图中调整合适后，单击鼠标左键就会根据预演图绘出配电箱引出导线，同时会自动调整配电箱到合适大小，如果勾选了"等长引出"，各条引出线长度相等 ，如没勾

选则各条引出线长度依次相差一个分支间距的长度，可通过鼠标的移动来调整是从配电箱左还是右逐个减少引出导线的长度。

如果选择的是引线式，同直连式一样点取配电箱一条端线，也会预演引出导线的分布情况，预演过程中同时可以通过"箱盘出线"对话框对各参数进行调整，当画完引出导线后，配电箱大小不变，每条引出导线是等长的。

配电引出示例如图 13-33、图 13-34 所示。

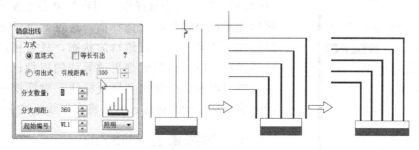

图 13-33 "配电引出"示例之直连式

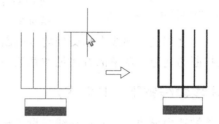

图 13-34 "配电引出"示例之引出式

五、插入引线（CRYX）

功能：插入表示导线向上、向下引入或引出的引线图块。

菜单点击或命令行键入本命令后，弹出如图 13-35 所示的"插入引线"对话框，此对话框为悬浮式对话框，用户可以选择上引线、下引线、上下引线和同侧双引各 2 个，共 8 种形式，同时可以通选择"引线翻转"选择框来调整箭头形式达到用户的要求，并可在引线大小下拉列表中选择引线的大小。

同时屏幕命令行提示：

请点取要标出引线的位置点〈退出〉：

点取要插入的位置，则引线的图块插入在指定位置。

另外系统还设置了"引线翻转"和"箭头转向"

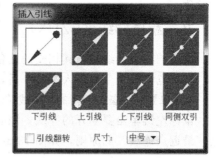

图 13-35 "插入引线"对话框

两个引线编辑命令，命令与"设备翻转"用法相同，使引线镜像翻转，"箭头转向"命令使引线箭头在指向引线点和背向引线点之间翻转。

六、编辑导线（BJDX）

功能：改变导线层、线型、颜色、线宽、回路编号和导线标注信息。

菜单点击或命令行键入本命令后，命令行提示：

请选取要编辑导线〈退出〉：

选取要编辑的导线后（可多选），弹出如图 13-36 所示的"编辑导线"对话框，用户可

图 13-36 "编辑导线"对话框

以在此对话框中对所选导线的所有信息和属性进行修改。在此对话框中可以看到包括"更改线型"、"更改图层"、"更改颜色"、"更改线宽"、"更改回路"、"更改规格"、"更改标注"等几个选择框，用户如果要更改导线的某个属性只需选中要修改的选择框，这时就会看见后面的编辑框或下拉菜单变成可编辑的状态，只需从这些选项中选择或输入新的信息就会更改导线的属性；对"导线标注"按钮点击后会弹出"导线标注"对话框中更改导线的标注，标注的具体修改方法将在导线标注中讲解。

七、导线置上（DXZS）

功能：将与被选中导线相交的导线在相交处截断。

菜单点击或命令行键入本命令后，命令行提示：

请选取导线〈退出〉：

选中导线后，与之相交的导线在相交处均被截断，如图 13-37 所示。用户可以根据自己的需要调整导线打断的间距，调整的方法见本章第一节"二、电气设定"部分。

八、导线导线置下（DXZX）

功能：将被选中导线在与其他导线或设备相交处截断。

菜单点击或命令行键入本命令后，命令行提示：

请选取要被截断的导线〈退出〉：

选中导线后回车，此导线在与其他导线或设备相交处均被截断，如图 13-37 所示。

用户可以根据自己的需要调整导线打断的间距，调整的方法见本章第一节"二、电气设定"。

九、断直导线（DZDX）

功能：将直导线从与其相交的设备块处断开，但保持导线与设备相连。

菜单点击或命令行键入本命令后，命令行提示：

请选取要从设备处断开的直导线〈退出〉：

鼠标左键单击要断开的导线，该导线便从与之相交的设备块处断开，与设备之间连线遵循"最近点连线"的原则，如图 13-38 所示。

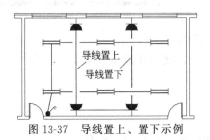

图 13-37　导线置上、置下示例

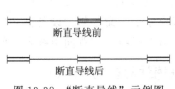

图 13-38　"断直导线"示例图

十、 断导线（DDX）

功能：用选定导线上两点的方法，截断导线。

本命令主要用于"导线置上"和"导线置下"命令不能满足需要的情况，手动打断一段导线。

菜单点击或命令行键入本命令后，命令行提示：

请选取要打断的导线〈退出〉：

从图中选取需要打断的直线，同时所选的点也就是导线上要打断的起始点，选定后命令行接着提示：

再点取该导线上另一截断点〈导线分段〉：

如按提示在导线上选取另一截断点后，导线在这两点间被截断，如直接回车（或鼠标右键单击），则该导线在一地个选择点出分为两段导线。本命令适用与所有导线层导线，对空心母线同样适用。

十一、 导线连接（DXLJ）

功能：将被截断的两根导线连接起来。

菜单点击或命令行键入本命令后，命令行提示：

请拾取要连接的第一根导线〈退出〉：

选定后命令行接着提示：

请拾取要连接的第二根导线〈退出〉：

选定第二根导线，这两根导线被连接起来。在连接弧导线时，拾取弧导线上的点要选在靠近连接处的一端。要连接的两根导线要求在同一直线或同一弧线上。

十二、 导线圆角（DXYJ）

功能：将直导线之间用弧导线相连。

菜单点击或命令行键入本命令后，命令行提示：

请拾取连接的主导线〈退出〉：

根据命令行提示拾取一根要连接的主导线后，命令行接着提示：

请拾取要圆角的分支导线〈倒拐角〉：

再选取一组需要与主导线相连的分支导线，选定后命令行接着提示：

请输入倒角大小(0 为导线延长)：

输入连接分支导线与主导线之间弧导线的倒角大小，此时会在主导线与分支导线之间的钝角方向连接一条指定倒角的弧导线。当分支导线与主导线之间垂直时可以用鼠标拖拽动态调整弧导线的连接方向，如图 13-39"导线圆角"示例图所示。倒角大小为 0 时，可实现若干根导线同时延长至主根导线。

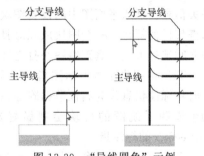

图 13-39 "导线圆角"示例

十三、 导线打散（DXDS）

功能：将 PLINE 导线打断成 n 断不相连的导线。

在布导线时，系统根据初始设置"布线时相邻 2 导线自动连接"可将连续绘制的导线连成一根导线。

有时需要把这根导线打散时，可用此命令。

菜单点击或命令行键入本命令后，命令行提示：

请选取要打散的导线〈退出〉：

选定后回车或鼠标右键单击，则选定的 PLINE 导线打断成 n 断不相连的导线。

十四、导线擦除（DXCC）

功能：擦除各导线层上的导线。

菜单点击或命令行键入本命令后，命令行提示：

请选取要擦除的导线〈退出〉：

AutoCAD 的各种选图元的方法选中要擦除的导线后，选中的导线被擦除。用本命令选取导线时不会选中除导线外的其他图元。

十五、擦除斜线（CCXX）

功能：专门用于擦除接地线、通信线等特殊线型中的短斜线。

菜单点击或命令行键入本命令后，命令行提示：

请选取要擦除的导线中的短斜线〈退出〉：

选取后，选中短斜线被擦除。由于本命令是专用于擦短斜线的，因此选取时不会选中其他图元。本命令主要是用于擦除那些擦特殊线型粗导线时偶然遗留下来的短斜线。

十六、线型比例（XXBL）

功能：改变虚线层线条的线型，同时可改变特殊线型虚线的线型。

菜单点击或命令行键入本命令后，如果原来图中虚线层上的线为连续线型，则屏幕命令行提示：

请选择需要设置比例的线〈退出〉：

据命令行提示选择要改变线型的导线后，命令行接着提示：

请输入线型比例〈1000〉：

此时可以输入一定的线型比例，数字越大，虚线中每条短线的长度和间隔就越大。对于 1：100 的出图比例，默认线型比例为 1000。输入这个比例后，TELec 将虚线层上的线变为虚线。如果图中虚线层上的线原来就是虚线，则在选取本命令后将这些虚线都变为连续线。

第四节　建筑电气图标注

建筑电气平面图为了表现完整细致，需要在导线、设备等处标注其型号、规格、数量等相关信息。插入平面图中的设备图块虽然可能是来自不同的设备库，但在插入后图块本身并未携带任何标记，一个图块放在灯具库还是放在开关库完全是人为的划分，只是为了在图块插入时选择方便，真正给图块打上标记、赋予信息是在对这个图块进行标注之后。

TELec 提供了若干标注指令，可以方便高效地完成对图纸设备、导线等的标注注释，同时将标注信息作为属性数据附加在被标注的图元上，为后继的图纸修改、统计材料表的自动生成和系统图的自动绘制做好数据准备，实现绘图的智能化。本节介绍天正电气 TELec8.5 的标注指令。

TELec8.5 的标注命令在主菜单"标注统计"的菜单下面，树干式下拉菜单如图 13-40 所示。

图 13-40 "标注统计"菜单

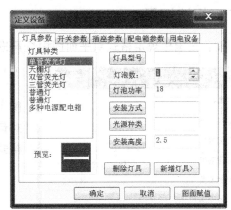

图 13-41 "定义设备"对话框

一、设备定义（SBDY）

功能：对平面图中各种设备进行统计并显示在对话框上，同时可以对同种类型的设备进行信息参数的输入和修改，同时将标注数据附加在被标注的设备上。

菜单点击或命令行键入本命令后弹出如图 13-41 所示的"定义设备"对话框，在对话框上方有"灯具参数"、"开关参数"、"插座参数"、"配电箱参数"和"用电设备"五个标签，每个标签所代表的表格中都列出了如标签题目所示的相应设备的标注信息，用户可以点击上面的标签进行各类设备表格的更换。

每张表格的形式都基本相同，在表格的左边的列表框中列出了图中所有的属于该类设备的名称，同种类型的设备只列出一次。当选择其中一种设备后会在列表框的下方显示出该种设备的演示图，同时会在表格的右边列出该种设备的所有需要参数，在此对话框中分别输入"灯具型号"、"灯泡数"、"灯泡功率"、"安装高度"、"安装方式"和"光源种类"等编辑框的参数后（并不要求输入所有的参数），单击"确定"按钮后即完成了对该灯具的参数输入，也可以单击每个参数前面的按钮，则弹出该种参数的选择对话框，用户可以在该对话框中选择、增加或删除参数数据。对于"开关参数"、"插座参数"、"配电箱参数"和"用电设备"几个标签中参数的输入的方法是一样的，只是所需设备参数不同而已。在这个对话框中也可以对该类型设备的参数进行修改，修改完毕后单击退出本对话框并储存修改数据，单击"取消"按钮则退出本对话框但参数数据不变。需要注意的是当用此方法进行设备参数的输入或修改后，则该种类型的所有设备参数都相同，也就是以刚输入数据为准。如图 13-41 所示，当在左边的列表中选择二管荧光灯，在下面的预演框中会演示二管荧光灯的幻灯片，同时会在右边各参数编辑框中显示出该设备的各项参数，如果单击"确定"按钮则图中所有投光灯的参数以图 13-41 中的参数为准，如果不想改变其他投光灯的参数只需单击"取消"按钮即可。"图面赋值"用来把对话框中各设备的参数分别赋值给图纸中相同的设备图块。

虽然对于每种设备我们都可以单独进行参数信息的定义，可是通过本命令可以统计出图中所有的设备，并对每类设备进行赋值，这样做的好处是可以对图中所有的设备进行参数赋值避免遗漏，同时同类设备只需赋值一次，如果该类设备中有几种不同的设备参数，再用下面所介绍的"标注灯具"等命令分别修改设备参数即可。

二、标注灯具（BZDJ）

功能：按国标规定格式对平面图中灯具进行标注，同时将标注数据附加在被标注的灯具上，并可连续对同种灯具进行标注。

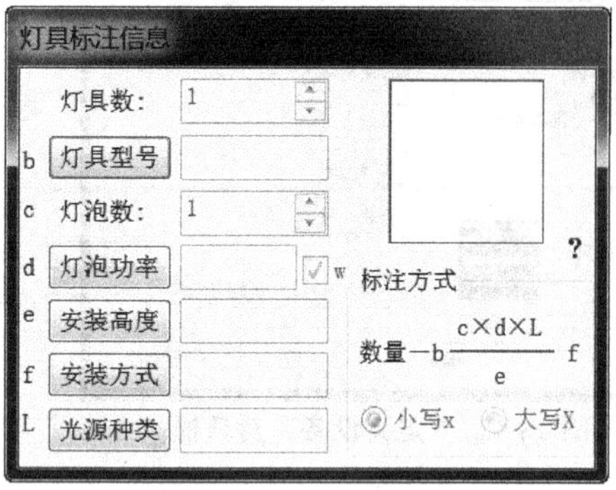

菜单点击或命令行键入本命令后，弹出如图 13-42 所示的"灯具信息标注"悬浮式对话框。对话框中的"标注格式"栏给出了在图中的标注格式（国标 GB/T 4728.11—2008）。

同时屏幕命令行提示：

请选择需要标注信息的灯具：〈退出〉

此时可用各种 AutoCAD 选图元方式选定要标注的灯具，也可选图块符号相同的几个灯具。则所选灯具的各项参数都显示在"灯具信息标注"对话框中，可以对其中的参数进行修改，与"设备定义"命令不同的是本命令不仅可以标注信息，而且可以对同种灯具分别进行不同参数的输入，选择完毕后命令行提示：

图 13-42　"灯具信息标注"对话框

请输入标注起点{修改标注[S]}〈退出〉：

如果点取选择标注引线的起始点，命令行提示：

请给出标注引出点〈不引出〉：

根据预演选择选择标注的引出点，则完成灯具标注。如直接回车（或单击鼠标右键），则不绘制引出线。标注完成，命令行提示：**请选择需要标注信息的灯具：〈退出〉**，可接着选择灯具进行标注。

如果键入 S，则命令行提示：

请选择需要修改的标注：

点击要修改的已有标注，则系统用"灯具标注信息"对话框（图 13-43）中数据修改原标注。

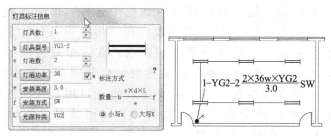

图 13-43　"灯具标注信息"示例

三、标注设备（BZSB）

功能：按国际规定形式对平面图中电力和照明设备进行标注，同时将标注数据附加在被标注的设备上。

菜单点击或命令行键入本命令后，弹出如图 13-44 所示的"用电设备标注信息"悬浮式对话框，同时屏幕命令行提示：

请选择需要标注信息的用电设备：〈退出〉

这时可用各种 AutoCAD 选图元方式选定要输入标注信息的设备，一次只能标注一个设备。

"用电设备标注信息"对话框中显示该种设备的各项参数，在此对话框中分别输入或修改"设备编号"、"额定功率"和"规格型号"等编辑框的参数后（并不要求输入所有的参数），命令行接着提示：

请输入标注起点{修改标注[S]}〈退出〉

给出标注引出点〈不引出〉：

根据命令行提示选择标注引线的起点，再在图中点取标注引线的终点，则标注根据引线方向自动调整放置。标注形式如"用电设备标注信息"对话框如图 13-44 所示。

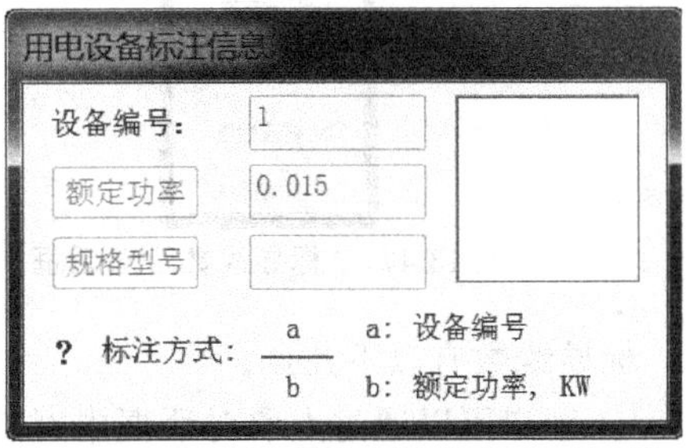

如果所选设备是消防、广播、电视和电话等弱电设备时，标注形式是不同的，这时在"用电设备标注信息"对话框中只出现了"规格型号"编辑框。

图 13-44 "用电设备标注信息"对话框

四、标注开关（BZKG）

功能：对平面图中开关进行信息参数的输入，同时将标注数据附加在被标注的开关上。

本命令的使用方法与"标注设备"命令基本相同，只是"信息标注"对话框的内容和标注方式不同，此命令弹出如图 13-45 所示"开关标注信息"对话框。

五、标注插座（BZCZ）

对平面图中所选插座进行信息参数的输入，同时将标注数据附加在被标注的插座上。

本命令的使用方法与"标注设备"命令基本相同，只是"信息标注"对话框的内容和标注方式不同，此命令弹出如图 13-46 所示"插座标注信息"对话框。

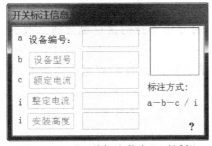

图 13-45 "开关标注信息"对话框

图 13-46 "插座标注信息"对话框

六、标导线数（BDXS）

功能：按国标规定在导线上标出导线根数。

菜单点击或命令行键入本命令后，弹出如图 13-47 所示的"标导线数"悬浮式对话框，同时屏幕命令行提示：

请选取要标注的导线 1 根[1]/2 根[2]/3 根[3]/4 根[4]/5 根[5]/6 根[6]/7 根[7]/8 根[8]/自定义[A]〈退出〉：

图 13-47 "标导线数"对话框

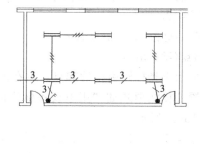

图 13-48 "标导线数"示例

标导线数有以下几点。

① 用户可以通过点取对话框中对应导线根数的按钮，或者通过直接在命令行输入导线根数的方法实现对导线根数的标注。

② 系统默认提供 1～8 根导线根数的标注，如果用户要标注的导线根数大于 8 根，可以通过点取对话框中"自定义"按钮，或者根据命令行提示在命令行输入"A"（自定义）两种方法，实现标注任意根数的操作。

③ 如果用户事先已经定义好了导线的根数，那么在标导线数的时候可以直接点选对话框中的"自动读取"按钮，直接标注导线定义好的根数。

④ "单选标注"实现点选单根导线的标导线数操作。

⑤ "多线标注"可以采用框选的方式，一次对多条导线同时标注导线数。

⑥ 标 3 根及 3 根以下的导线根数时标注的形式有两种（如图 13-48 所示）。更换标注形式的方法见本章第一节"二、电气设定"，通过选择"选项"对话框中"导线数标注样式"一栏中的一组互锁按钮更换两种不同的标注形式。

注意：① 不论采取哪一种标注方式，在标注的同时导线本身的信息也会随之改变，即导线包含的导线根数信息与标注数量一致。

② 天正标注与导线实际信息是关联的，修改了信息标注会自动改变，因此也可利用"拷贝信息"、"导线标注"等命令修改导线数标注。

七、改导线数（GDXS）

功能：修改标出的导线根数。

菜单点击或命令行键入本命令后，屏幕命令行提示：

请选择要修改的导线根数标注〈退出〉：

弹出如图 13-49 所示的"修改导线根数"对话框，选中"改导线根数"选择框，后面的编辑框变成可编辑状态，修改编辑框中的导线根数，单击"确定"按钮则导线根数标注自动修改。

八、导线标注（DXBZ）

功能：按国标规定的格式标注平面图中的导线。

如果需要标注时修改导线参数会弹出如图 13-50 所示的"导线标注"对话框。在这个对话框中列出了导线标注时所需要的参数,这些参数既有键入和列表选词条的输入数据方式,也有根据已输入的数据自动计算出来的方式。

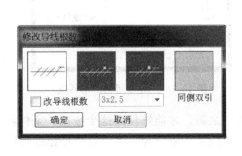

图 13-49 "修改导线根数"对话框

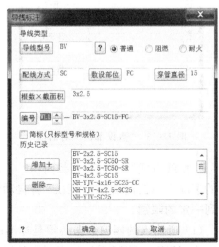

图 13-50 "导线标注"对话框

1. 对话框中各项目的使用方法

导线型号按钮:即可在编辑框中直接键入数据,也可单击该按钮弹出图 13-51 所示的对话框进行导线型号的选择。在本对话框最下面的编辑框中可以输入列表中所没有的导线型号,如果想把该词条存入列表框中可以单击对话框右下边的"增加+"按钮,就会在上面列表框中的最后一项后面加入该词条。如果想删除列表中的一项,则须选中要删除的词条单击"删除一"按钮即可。

在"导线型号"编辑框旁边三个选项,可以选择导线类型是普通、阻燃还是耐火。

配线方式按钮:单击该按钮弹出图 13-52 所示"配线方式"对话框,此对话框的操作方法与"导线型号"对话框相似,可以用来选择导线的配线方式。

图 13-51 "导线型号"对话框

图 13-52 "配线方式"对话框

敷设部位按钮:单击该按钮弹出图 13-53 所示"敷设部位"对话框,此对话框可以用来选择导线的敷设部位,操作方法与"导线型号"对话框相似。

根数×截面积按钮:单击该按钮弹出图 13-54 所示"导线规格"对话框,此对话框可以用来选择导线根数和截面积,操作方法与"导线型号"对话框相似。

穿管直径按钮:虽然与以上三项的按钮放在一起,但使用方法却不同。只有在"导线型

图 13-53 "敷设部位"对话框

图 13-54 "导线规格"对话框

号"、"配线方式"、"根数×截面积"三项数据都输入了之后，才能够使用这个按钮。条件具备的情况下单击此按钮，TELec 将自动计算出所需的导线穿线管直径。不过这个按钮的使用受到一定的限制：

(1) 所输入的四项数据必须是标准的（亦即 TELec 可识别的），对于有些导线型号和配线方式，TELec 可能无法判定所需的穿管直径；

(2) 所计算的管径是针对当前"根数×截面积"编辑框中数据的（见图 13-54），如果以上几项中任何一项发生改变，需要重新单击此按钮进行计算。

后一条件请您要特别注意，以免标注错误的数据。这里的穿管直径的计算数据来自《华北标办 92DQ1 》。

编号：输入导线的回路编号。

历史记录：栏中为用户提供了存储常用的导线标注信息的列表框。用户可以通过单击"增加＋"按钮将"标注示例"中的一组数据送到列表框中，如果想删除列表框的数据，就先用鼠标选中错误项（使其亮显），然后单击"删除"按钮，该项数据便被删除。这些存储在列表框中的数据在下次调用此对话框时仍存在，用户就可以不用再次输入参数只需直接从列表框中选择需要的标注信息即可。

2. 具体操作步骤

菜单点击或命令行键入本命令后，屏幕命令行提示：

请选择导线(左键进行标注,右键进行修改信息)〈退出〉：

鼠标划过目标导线时，系统自动显示其参数信息，如果正确在标注起始位置左键点选导线，命令行接着提示：

请给出文字线落点〈退出〉：

点取引出点执行引出标注，如果在标注起始位置右键单击，则沿线标注。

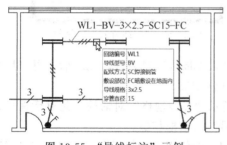

图 13-55 "导线标注"示例

如果导线参数需要修改，则右键单击要标注的导线，会弹出图 13-55 "导线标注"画面，参数修改完毕后，再执行上面相同的步骤进行导线标注。

九、多线标注（DXBZ）

功能：用于多根标注信息相同的导线在一起标注时的导线标注。

菜单点击或命令行键入本命令后，命令行提示：

请点取标注线的第一点〈退出〉：

点取第一点后，命令行接着提示：

请拾取第二点〈退出〉：

点取第二点后，命令行接着提示：

请选择文字的落点[简标(A)]：

选择文字的落点后，自动标注导线，同时命令退出。

此处取两点形成的直线要截取所有要标注的导线，则所有被截取的导线都处于被标注范围。点取两点后会发现这条直线成为标注线，起点和终点分别为与其相交的第一和最后一条导线的交点，并且每条与它相交的导线都会在交点处生成一条短斜线。

如果在选择文字落点前，键入 A，则命令行提示：

请选择文字的落点[正常标注(A)]：

选择文字的落点，此时只标注导线回路编号。如果键入 A，则重新回到正常标注。"多线标注"示例见图 13-56。

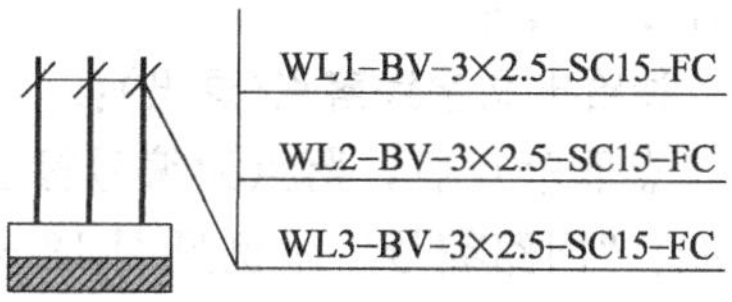

十、沿线文字（YXWZ）

功能：在导线上方写入文字或断开导线并在断开处写入文字。

图 13-56 "多线标注"示例

菜单点击或命令行键入本命令后，屏幕命令行提示：

请输入要标注的文字〈F〉：

输入要标注的文字后，命令行反复提示：

请拾取要标注的导线[多选导线(M)]〈退出〉：

拾取要标注的导线，同时拾取的位置也是要写入文字的位置，可以反复在导线上点取要输入标注文字的点。导线上写入文字时有以下两种情况：

① 在导线上指定位置写入标注文字，同时从写文字处断开。

② 在导线指定位置的上方写入标注文字，但不打断导线。

其中：命令行提示中还包括"［多选导线（M）］"的提示，可以实现对多条导线以一定的间距同时、批量进行沿线文字的写入。操作如下：

此提示下，在命令行输入"M"；

命令行提示：请选择导线〈退出〉:选多条导线后，

命令行提示：请输入文字最小间距:〈5000〉，系统默认值为 5000，用户可根据需要输入适当的间距；

至此多选导线沿线文字操作结束。

这两种标注形式的切换可以在"初始设置"命令（即"选项"→"电气设定"）中设定，在"弱电导线沿线文字"一栏中，有"打断导线"和"导线之上"一组互锁按钮，选定一个按钮后，会在互锁按钮旁边的预演框中预演文字的标注形式，单击"确定"按钮选定沿线文字的标注形式并退出"选项"对话框。

十一、回路编号（HLBH）

功能：为线路和设备标注回路号。

菜单点击或命令行键入本命令后，弹出如图 13-57 所示的对话框。

图 13-57 "回路编号"
对话框

对话框中有三种编号方式：自由标注、自动加一、自动读取。

自由标注方式：根据对话框中"回路编号"的设定值，对所选取的导线进行标注。

自动加一方式：以对话框中"回路编号"的设定值为基数，每标注一次，回路编号的值即自动加一，可以依次实现递增标注。

自动读取方式：不受对话框中"回路编号"设定值影响的一种回路编号标注方式，可以自动读取导线本身设置的回路编号值。

弹出图 13-57 所示的对话框时，命令行提示：

请选取要标注的导线〈退出〉：

选取后，随着鼠标的滑动，系统会自动预演标注结果，同时命令行提示：

请给出文字线落点〈退出〉：

点取落点后，落点为编号标注起始点，如直接回车，则在导线上标注编号，没有标注引出线。"回路编号"示例见图 13-58。

十二、沿线箭头（YXJT）

功能：沿导线插入表示电源引入或引出的箭头。

在菜单上或右键菜单选取本命令后，屏幕命令行提示：

请拾取要标箭头的导线〈退出〉：

在导线上点取要插入箭头的点后，会在拾取点上沿导线方向插入一个箭头，但此时插入的箭头只是预演箭头可以通过鼠标进行拖拽确定箭头的指向，单击鼠标左键后箭头按预演的方式绘出。

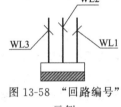

图 13-58 "回路编号"
示例

第五节　计算工具应用

电气设计时，需要进行相关的计算和校验，电气设计软件提供了强大的计算功能，使相关的计算和校验十分方便。本节介绍天正电气 TELec8.5 提供的常用的计算命令：照度计算、负荷计算、短路电流计算、无功补偿计算。这些命令在屏幕菜单的"计算"下，如图 13-59 所示，点击相关菜单即可调用，也可以在命令行直接键入命令的名字调用。

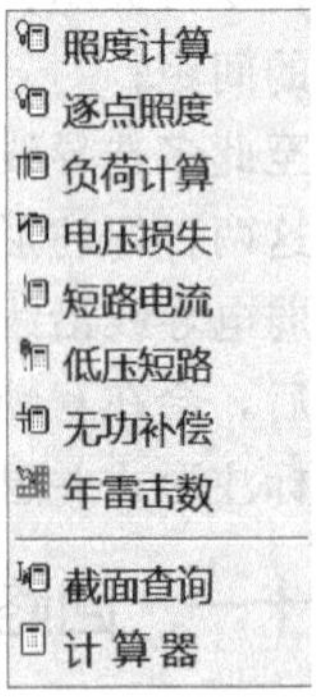

一、照度计算（ZDJS）

1. 计算方法概述

功能：用利用系数法计算房间在要求照度下需要的灯具数并进行校验。

本节中所介绍的"照度计算"命令主要用于根据房间的大小、计算高度、灯具类型、反射率、维护系数以及房间要求的照度值确定之

照度计算
逐点照度
负荷计算
电压损失
短路电流
低压短路
无功补偿
年雷击数

截面查询
计算器

图 13-59 "计算"
下各计算命令菜单

后，选择恰当的灯具，然后计算该工作面上达到标准照度时需要的灯具数，并对计算结果条件下的照度值进行校验，也可以输入灯具数量，计算工作面上平均照度值，并计算结果照度下的功率密度值和折算到标准照度值下的功率密度值。

工程上用于照度计算的方法很多。本程序中采用的是利用系数计算法，用于计算平均照度与配灯数和功率密度值。利用系数由带域空间法计算，即先利用房间的形状、工作面、安装高度和房间高度等求出室空间比（支持不规则房间的计算）；然后再由照明器的类型参数，天棚、墙壁、地面的反射系数求出利用系数，最后根据房间照度要求和维护系数就可以求出灯具数和照度校验值以及功率密度值。

在本程序中，我们既可以查表得出常用利用系数，也可以由用户自定义输入参数求得特殊灯具的利用系数。新表中的利用系数来自《照明设计手册》第二版，并录入了其相应的灯具。旧表的利用系数的数据来自《民用建筑电气设计手册》一书。

自定义利用系数计算方法取自中国建筑工业出版社出版的《建筑灯具与装饰照明手册》一书，计算中所需的等照度曲线数据除一小部分取自中国建筑工业出版社出版的《建筑电气设计手册》一书外，大部分来自《建筑灯具与装饰照明手册》。点光源（如白炽灯）与线光源（如荧光灯）的计算公式本是不同的，但这里把荧光灯按点光源处理，所以此程序中对所有光源都按点光源的计算公式计算。本程序不能计算面光源的直射照度，如需计算，也只能将其简化为点光源来计算。

带域空间法计算利用系数吸收了各国的研究成果，理论上比较完善，适用于各种场所。它将光分成直射和反射两部分，将室分成三个空间。其中，光的直射部分用带系数法进行计算，给出了带乘数的概念；反射部分应用数学分析法解方程，抛弃了用经验系数计算的方法。计算简便、准确，是目前较先进的方法。

进行照度电流计算的步骤如下：

① 首先确定房间的参数，即长、宽、面积、工作面高度和灯具安装高度等，由此可得室空间比；

② 再确定照明器的参数，查表求得利用系数；

③ 最后由房间的照度要求和维护系数得到计算结果，灯具数和照度校验值及功率密度值。

2. 计算程序使用

单击此命令菜单或命令行键入此命令，会弹出如图 13-60 所示"照度计算-利用系数法"对话框，可以看出该对话框由房间参数设定栏、利用系数栏、光源参数设定栏、其他计算参数栏和计算结果栏五部分组成，以下将对每部分中的主要功能进行说明。

（1）房间参数设定栏

主要是用来设定房间参数的，其中对于房间的长和宽可由用户自行输入或根据图中的房间选定两种方法输入。

① 用户如果想要自行输入房间长和宽，只需

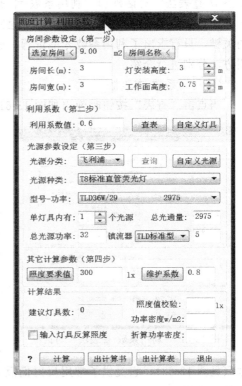

图 13-60　"照度计算-利用系数法"对话框

在"房间长（m）"编辑框和"房间宽（m）"编辑框中直接输入数值即可。

② 用户如果想从图中选取房间大小只需单击"选定房间＜"按钮，这时对话框消失，进入设计图，所要计算照度的房间应在屏幕上的当前图中，屏幕命令行提示：

请输入起始点{选取行向线[S]/选取房间轮廓 PLine 线[P]}〈退出〉：

若是异形房间（前提绘制房间的闭和 PL 线，或操作-"建筑"-"房间轮廓"自动生成闭合的 PL 线），则直接输入 P，然后直接点取 PL 线即可，则房间的参数就会被提取。

若是矩形房间则点取房间的一个内角点，此时命令行继续提示：

请输入对角点：

这时需要用户点取房间的另一个对角点，用户在进行选择时，可以看见预演：以默认的矩形框形式预演房间的形状及大小。点取房间的对角点后就完成了对房间大小的选择，会重新弹出"照度计算-利用系数法"对话框，并在"房间长（m）"编辑框和"房间宽（m）"编辑框中出现该房间的长和宽的数值（长宽的数值由图中按照 1∶100 的比例自动换算为米）。

这种方法不必输入房间的面积，因为本程序会根据房间的长和宽自动在"房间面积（m²）"编辑框中变更数值。

"灯具安装高度（m）"和"工作面高度（m）"两项分别表示灯具距地面高度和所要计算照度的平面离地的高度。可以手动输入也可通过按钮来增加或减少。

（2）利用系数栏

利用系数栏主要是用来计算利用系数的，其中包括了利用系数编辑框，在编辑框中用户可以直接输入利用系数值，也可以通过点取"查表"和"自定义灯具"按钮，分别弹出"利用系数-查表法"对话框和"利用系数-计算法"对话框，在弹出的两种方法的对话框中输入相关参数会得到利用系数并把计算结果返回到"利用系数"编辑框中。利用系数是求照度法的关键，只有求出了利用系数才能进行下面的计算，下面我们就利用两种系数获得对话框使用方法分别进行介绍。

① 利用系数-查表法

当点击"查表"按钮时弹出如图 13-61 所示的"利用系数-查表法"对话框。

图 13-61 "利用系数-查表法"对话框

在该对话框中首先确定"查表条件栏"中的各项参数，新表中包括"顶棚反射比"、"墙反射比"和"地面反射比"三个按钮，用户可选择相应反射比值，右侧选择相应灯具，该灯具及其相应的利用系数表均摘录自《照明设计手册》第二版。一切参数设定后，点击"查表"即可求出利用系数值。

如点"查旧表"则弹出图 13-62 对话框，在该对话框中首先确定"查表条件"栏中的各项参数，包括"顶棚 ρcc"和"墙面 ρw"两个按钮，用户可以在按钮右边的编辑框中直接输入数据，也可以通过单击按钮弹出"反射比的选择"对话框（见图 13-63），它提供了常用反射面反射比和一般建筑材料反射比的中一部分材料反射比的参考值。

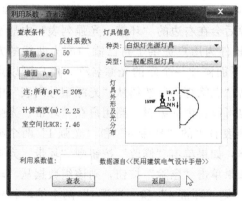

图 13-62 "查旧表"对话框

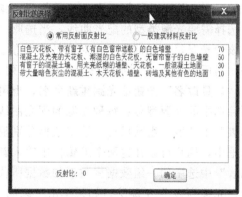

图 13-63 "反射比的选择"对话框

然后确定"灯具信息"栏中的各项参数,通过"种类"和"类型"两个下拉菜单选择所需灯具的类型,则在下拉菜单下方的"灯具外形及光分布"预演框中显示该灯具的外形及配光曲线图。然后单击"查表"按钮,就在"利用系数值"编辑框中显示查出的利用系数的数值,最后单击"返回"按钮结果返回到主对话框中,此时主对话框"照度计算-利用系数法"中"光源参数设定"栏的各项参数,会根据查利用系数时涉及的光源参数自动智能组成。

② 利用系数-计算法

当点击"自定义灯具"按钮时弹出如图 13-64 所示"利用系数-计算法"对话框。该对话框是用来计算利用系数的,在这个对话框中含有大量的参数,下面我们将对该对话框的各项功能逐一介绍。

首先是确定反射值,反射值包括"顶棚反射比"、"墙面反射比"和"地板反射比"三个按钮,用户可以在按钮右边的编辑框中直接输入数据,也可以通过单击上面三个按钮其中之一弹出"反射比的选择"对话框(如图 13-63),它提供了常用反射面反射比和一般建筑材料反射比中的一部分材料反射比的参考值,用户可以通过单击选择其中一项使之变蓝,就会在对话框下面的反射比编辑框中显示它的参考值(这个值是可以修改的),然后单击"确定"按钮就会返回所选择的反射值;也可以通过双击列表中的要选择的项,这样也会返回需要的反射比值。返回的值会显示在相应的"顶棚反射比"、"墙面反射比"和"地板反射比"三个按钮右边的编辑框中。

"距离比(λ)"下拉列表框中列出了可供选择的值,由距离比(最大距高比 L/h,L—房间长度、h—房间高度)可以查出环带系数。

"计算高度(m)"和"室空间比"是不能编辑的,它由"照度计算-利用系数法"对话框中的"灯具安装高度(m)"和"工作面高度(m)"和房间大小数据决定。

当以上参数全部给出以后,就开始输入"灯具配光数据"栏中的各项参数值,灯具各方向平均光强值可由配光曲线得到,它的主要目的是通过各方向已知光强乘以球带系数得出环带光通量。在本栏中提供了一些常用光源型

图 13-64 "利用系数-计算法"对话框

号的配光曲线（其数据来自《建筑灯具与装饰照明手册》），用户可以在"光源型号列表"中选择需要光源类型的配光曲线，当选取一种光源后会在右边的"环带、光强列表"中显示出该种光源每个环带角度相对应的光强值。同时软件为用户提供了自己添加配光曲线的方法，当用户点击"添加灯具"按钮会在列表的最下面添加一个新的光源名称，用户可以点击"灯具改名"按钮给光源重新命名，也可以点击"删除灯具"按钮从"光源型号列表"中删除选中的光源型号；每种光源的配光曲线用户也可以自由的编辑，当用户在"环带、光强列表"中选取一组数据时，该组数据分别显示到列表右边的"环带 α"和"光强 I"两个编辑框中，用户可以在这两个编辑框中输入新的数据，如果单击"修改"按钮则"环带、光强列表"中选中的一组数据将被新的数据所代替，如果单击"删除"按钮，则该组数据从"环带、光强列表"中删除，如果单击"添加"按钮，则"环带 α"和"光强 I"两个编辑框中的新数据被添加到列表中，由于每个环带角只能对应一个光强，所以如果"环带 α"编辑框中的新数据与列表中某个数据相同时列表会提醒用户重新输入环带角度。

"上半球效率"和"下半球效率"是用来显示照明器上、下半球效率的，所谓上、下半球效率就是灯具上部和下部光输出占光源总光通量的百分比（上部光通量为照明器 0°～90°输出的光通量，下部光通量为照明器 90°～180°输出的光通量）。灯具的上、下半球效率可由配光曲线计算得来，因此当用户选中一组光源的配光曲线或修改某种光源的配光曲线时灯具的上、下半球效率都会相应的变化。在本栏中还有配光曲线的预演图，该图也是随着配光曲线的数据做相应的变化的。

完成参数输入以后用户只要单击"计算"按钮就可以计算利用系数了，得出的数值会显示在"利用系数"对话框最下边的"利用系数"编辑框中，然后单击"返回"按钮则该编辑框中的数值返回到主对话框图 13-60"利用系数"按钮右边的编辑框中。

（3）光源参数设定栏

"光源参数设定"栏主要是用来选定照明器光通量参数，其中"光源分类"下拉列表框，"光源种类"下拉列表框和"型号－功率"下拉列表框必须通过下拉菜单选择，但这几项都有着联系，其中"光源分类"决定着"光源种类"和"光源型号"，"光源种类"又决定着"光源型号"，这样分类可以明确的划分灯具的类别方便用户查找所需要的灯具类型光通量。

图 13-65 "照度标准值选择"对话框

在本栏的下边有一个光源个数编辑框可以确定每一个光源中所含光源的个数，如果调整光源个数，则相应的光通量也会改变。

（4）其他计算参数栏

本栏确定房间的照度要求值和维护系数两项参数。房间的照度要求值可以由用户在"照度要求值（lx）"编辑框中输入，也可通过单击"照度要求值（lx）"按钮后弹出图 13-65 所示的"照度标准值选择"对话框，该对话框列出了一些常用建筑各个不同场所对照度的要求参考值，在该对话框的上部有一个下拉菜单，用户可以通过它选择建筑物的类型，当选定建筑物后，在列表中会出现该种建筑物中的主要场所及其要求的照度值，用户可双击一条记录或通过选择其中一条记录，再单击"确定"按钮，则该值被写在"照度要求值（lx）"编辑框中。

维护系数是由于照明设备久经使用后，工作面照度值会下降，为了维持一定的照度水平，计算室内布灯时要考虑维护系数以补偿这些因素的影响。单击"维护系数"按钮，弹出图 13-66 所示的"维护系数"对话框，列举了常用的几种条件下的维护系数的值，双击选取并返回该维护系数。

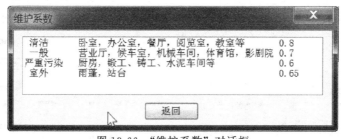

图 13-66 "维护系数"对话框

（5）计算结果栏

这样照度计算所需要的参数都已输入或选择完毕，只要单击"计算"按钮，所需要计算的结果就会显示在"计算结果"栏中的"建议灯具数"、"照度校验值"、"功率密度"和"折算功率密度"编辑框中，另外勾选"输入灯具反算照度"，可输入灯具，重新计算照度，如图 13-67 所示。

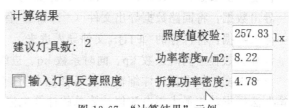

图 13-67 "计算结果"示例

点击"出计算书"按钮可将所得的照度计算结果以计算书的形式直接存为 WORD 文件。

点击"出计算表"按钮可将所得的照度计算结果以计算表的形式在平面图上显示。

二、负荷计算（FHJS）

功能：计算供电系统的线路负荷。

计算程序采用了供电设计中普遍采用的需要系数法（《工业与民用配电设计手册》）。需要系数法的优点是计算简便，使用普遍，尤其适用于配、变电所的负荷计算。本计算程序进行负荷计算的偏差主要来自三个方面：其一是需要系数法未考虑用电设备中少数容量特别大的设备对计算负荷的影响，因而在确定用电设备台数较少而容量差别相当大的低压分支线和干线的计算负荷时，按需要系数法计算所得结果往往偏小。其二是用户使用需要系数与实际有偏差，从而造成计算结果有偏差。其三是在计算中未考虑线路和变压器损耗，从而使计算结果偏小。

菜单点击或命令行键入本命令后，系统弹出图 13-68 "负荷计算"对话框，输入数据后即可计算。获取负荷计算所需数据的方法有两种：一种是在系统图中搜索获得（主要是适用于照明系统、动力系统和配电系统命令自动生成的系统）；另一种是利用对话框手动输入数据。

对话框中各项的功能如下。

"用电设备组列表"以列表形式列出所需计算的各组数据，包括：名称、相序、负载容量、需要系数（K_x）、功率因数（$\cos\phi$）、有功功率（kW）、无功功率（kvar）、视在功率（kV·A）、计算电流（A）。

系统图导入：返回 ACAD 模型空间，选择已生成的配电箱系统图母线，系统自动搜索获得各回路数据信息。

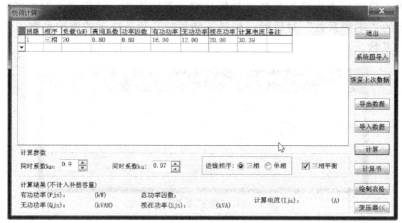

图 13-68 "负荷计算"对话框

恢复上次数据：可以恢复上一次的回路数据。

导出数据：将回路数据导出文件（*FHJS）保存。

导入数据：将保存的*FHJS 文件导入进来。

计算参数栏中同时系数 kp、同时系数 kq、进线相序用户可输入整个系统进线参数。

三相平衡：如果用户详细输入每条回路相序（按 L1、L2、L3），系统可以采用"三相平衡"法根据单相最大相电流值计算总的计算电流（附加要求：需要系数、功率因数各组必须一致）。

计算结果栏包含有功功率 Pjs、无功功率 Qjs、总功率因数、视在功率 Sjs、计算电流 Ijs。

变压器选择/无功补偿：为两个互斥按钮，用户可根据上面计算结果进行变压器的选择和无功补偿计算。当选择"无功补偿"时，用户输入无功补偿参数：补偿后功率因数（0.9～1.0）、有功补偿系数、无功补偿系数，系统根据负荷计算结果返回"补偿容量"。当选择"变压器选择"时，用户输入参数：负荷率及变压器厂家、型号，系统根据负荷计算结果选择变压器额定容量。

"计算"按钮，点击该按钮后，计算出有功功率 Pjs、无功功率 Qjs、总功率因数、视在功率 Sjs、计算电流 Ijs 等计结果并显示到"计算结果"栏中。

"计算书"按钮，点击该按钮后，可将负荷计算结果以计算书的形式直接存为 WORD 文件。

"绘制表格"按钮，点击该按钮后，可把刚才计算的结果绘制成 ACAD 表格插入图中。此表为天正表格，点击右键菜单可导出 EXCEL 文件进行备份。

"退出"按钮，点击该按钮后，结束本次命令并退出对话框。

三、线路电压损失计算（DYSS）

本程序用于计算三相平衡、单相及接于相电压的两相-零线平衡的集中或均匀分布负荷的计算。计算方法主要参考《建筑电气设计手册》的计算方法，近似地将电压降纵向分量看作电压损失。本程序的计算结果的误差主要产生于两个方面：一方面是计算中将电压降的纵向分量当作电压损失，但由于线路电压降相对于线路电压来说很小，故其误差也很小；另一方面用户输入的导线参数、负荷参数、环境工作参数与实际存在误差导致计算结果产生误差，总的来看，第二方面的因素是主要的，其计算结果的误差大小主要决定于用户输入计算参数与实际参数的误差大小。在本计算中所用的数据参数主要来源于《现代建筑电气设计实用指南》。

菜单点击或命令行键入本命令后，屏幕上出现如图13-69"电缆电压损失计算"对话框。在对话框中输入一组负荷数据，便可计算出线路电压损失。以下先简要说明此对话框中各项目的用途，然后再根据一个实例说明利用此对话框计算电压损失的方法。

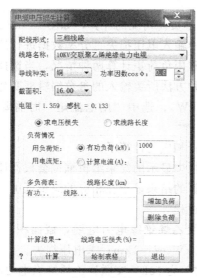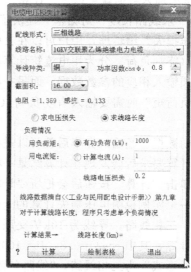

(a) 求电压损失对话框　　　　　　　(b) 求线路长度对话框

图13-69　"电缆电压损失计算"对话框

配线形式下拉列表框：主要是选择恰当的配线形式，从而确定电压损失的计算公式。

线路名称下拉框：主要功能是确定所要计算的导线的类型，在这里提供了四种常用导线的型号（由此可知导线的线电压、工作温度等条件）。当选择的导线型号是380V导线时，对话框还会给出线路敷设方式选择按钮，用户可以通过"穿管线"和"明线"两个互锁按钮来确定导线的敷设方式。对其他三种导线型号则没有敷设方式选项。

导线种类下拉框：主要是选择该种导线类型是铜芯还是铝芯。

截面积下拉框：主要用来选择导线的截面积大小，当线路名称和导线种类确定后，就会在"截面积"下拉框中出现相应的可供选择的截面积。

选定后会发现此种导线的所有选项被确定后，"截面积"下拉框下面的电阻和感抗的数值相应的确定，话框中电阻和感抗仅是参考，不需要用户输入，是由导线的种类和型号决定的。

功率因数 $\cos\phi$ 编辑框：主要用来输入功率因数，此编辑框只能由用户手动输入。

当输入完导线负荷的数据后就开始确定需要计算的数据的情况，用户既可以已知线路长度来求电压损失，也可以已知线路的电压损失求线路的长度。用户可以通过"求电压损失"和"求线路长度"两个互锁按钮来确定需要计算的数据。

在用户对计算结果进行选择时，对话框也会做出相应的调整。

① 当选择"求电压损失"，则显示"线路长度（km）"编辑框，用户可以在其中输入线路长度的数据。如果此时"配线形式"下拉框选中的是"三相线路"和"线电压单相线路负荷"两种配线形式时本对话框提供了多负荷情况的计算，此时会显示"多负荷表"的列

表，如图 13-69(a) 所示，用户需要在"线路长度（km）"编辑框和"有功负荷（kW）"或"计算电流（A）"编辑框（通过是用电流矩计算还是用负荷矩计算两种情况确定输入哪个数据）中输入数据，单击"增加负荷"按钮在列表中添加一组数据，用户也可以删除列表中的数据，选择一组数据后单击"删除负荷"按钮则改组数据从列表中删除；如果"配线形式"下拉框选中的是"两相-零线线路负荷"和"相电压单相线路负荷"两种配线形式时本对话框只提供了单负荷情况的计算，此时不显示"多负荷表"列表，用户只要在"线路长度（km）"编辑框中输入数据就可以进行计算。

② 当选择"求线路长度"对话框只提供了单负荷情况的计算，如图 13-69(b) 所示，只显示"线路电压损失"编辑框，用户可以在其中输入电压损失百分率数据进行计算。

负荷情况（终端负荷）分为用电流矩计算和用负荷矩计算两种情况，当选择其中的一种方法后，还必须输入相应的参数数据，而另一种方法所要输入的参数编辑框变为不可编辑状态，选中"用负荷矩"时需要输入有功负荷（kW），选中"用电流矩"时需要输入计算电流（A）。

当确认一切数据已经输入完毕后就可以进行相应的计算了。

选中一种计算要求后会发现在计算结果一栏中显示的结果编辑框也会根据计算要求发生相应的变化。单击"计算"按钮后会把所要计算的结果显示在相应的编辑框中。

以下结合一个实例说明电压损失计算的全过程。

已知条件：三相线路，导线为 10kV 交联聚乙烯绝缘电力电缆，截面积 $=16m^2$，终端负荷用负荷矩计算，其中 $\cos\phi=0.8$，$P=1000kW$，$l=1km$；求电压损失。

选择"配线形式"为三相线路，"线路名称"为 10kV 交联聚乙烯绝缘电力电缆，"导线种类"为铜，"截面积"为 16.00，"功率因数 $\cos\phi$"中输入 0.8。

此时会发现电阻 $=1.359$，感抗 $=0.133$。

选择用负荷距计算，在有功功率编辑框中输入有功功率 $P=1000kW$，由于求电压损失，在计算要求中选择求电压损失一栏，并输入线路长度 $l=1km$。单击"增加负荷"按钮，此负荷增加到"多负荷表"中，

单击"计算"会在计算结果中显示"线路电压损失（%）"$=1.459$。如图 13-70。

单击"退出"按钮结束本次计算。

图 13-70　电缆电压损失计算示例

四、短路电流计算（DLDL）

功能：计算系统中某点的短路电流并进行设备校验。

短路电流计算是电气设计的一项重要工作内容，为了校验设备的动稳定性和热稳定性，选择切断短路故障电流的开关电器，整定作为短路保护的继电保护装置和选择限制短路电流的元件，需要进行短路电流计算。

TELec8.5 提供了短路电流计算程序，其短路电流的计算采用从系统元件的阻抗标幺值来求短路电流的方法。参照《建筑电器设计手册》，这种计算方法是以由无限大容量电力系统供电作为前提条件来进行计算的，在计算中忽略了各元件的电阻值，并且只考虑对短路电流值有重大影响的电路元件。由于一般系统中已采取措施，使单相短路电流值不超过三相短路电流值，而二相短路电流值通常也小于三相短路电

流值，因而在短路电流计算中以三相短路电流作为基本计算以及作为校验高压电器设备的主要指标。由于本计算方法假设系统容量为无限大，并且忽略了系统中对短路电流值影响不大的因素。因此计算值与实际是存在一定误差的。这种误差随着假设条件与实际情况的差异增大而增大，但对一般系统这种计算值的精确度是足够了。

进行短路电流计算时采用在示意图中输入数据的方法输入系统和导线的数据；设备校验时所需的数据也存放在同一张示意图中。进行短路电流计算的步骤如下。

① 用"定义线路"在对话框中输入计算用的示意图。

② 在输入计算用的示意图的同时对图中设备和导线的数据进行输入和修改。

③ 用"计算"命令计算短路电流和进行设备校验。设备校验时对各种设备数据进行的修改可以自动存入图中。

下面介绍此命令的使用方法。

菜单点击或命令行键入本命令后，会弹出如图 13-71 所示的"短路电流计算"对话框。以下将对本对话框上的按钮和功能键逐一进行说明。

对话框弹出后进行计算前首先要定义线路，定义线路的过程主要包括以下三部分。

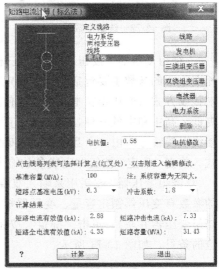

图 13-71　"短路电流计算"对话框

① 根据所要计算短路电流的系统组成添加或删除组成系统的元件。组成系统的元件都以按钮的形式排列在本对话框的最右边，可以通过单击这些按钮达到往系统中添加组件的目的，每个按钮的具体操作过程将在后面讲解。

② 在中间的白色编辑框中以文字形式顺序显示加入系统中的组件，它的功能是能够对每个加入系统的组件进行修改和编辑并选择短路计算点。

③ 左边的黑色框是预演框，它会把每种加入系统的组件以符号的形式显示出来。

往系统中添加组件时必须单击菜单右边的组件按钮，现在就对每个按钮进行介绍。

"线路"按钮单击后会弹出如图 13-72 所示的"类型参数"对话框，该对话框列出了计算短路电流时线路多个需要的参数，其中的"基准容量"由系统的基准容量决定用户不能单个修改系统中某个组件的基准容量，因此这里的基准容量是不能修改的，后面其他组件都一样不需要输入基准容量，不再说明。而"线路长度"要由用户输入，"平均额定电压"则可以通过下拉菜单从其中选择或输入，这一项要求您选择或输入该导线的电压平均值，也就是导线两端电压的平均值。用户还必须确定线路的类型，对话框默认的是电缆，两种类型的导线计算结果不同，所有的参数确定后，用户单击"确定"按钮，则线路的参数就输入完毕，并且会在主对话框中间的白色编辑框中看见增加了"线路"一个选择项，且在主对话框左边的黑色框中多了一个表示线路的绿色符号，如图 13-71 所示。

"发电机"按钮是用来输入发电机参数的，单击它会弹出如图 13-73 所示的"发电机类型参数"对话框，它的"基准容量"也是由整个系统来决定不能独自修改，另两个参数为"发电机额定容量"和"发电机电抗百分数"，都由用户根据需要输入数值后单击"确定"按钮，和上面相同也会在白色和黑色框中出现加入的发电机相应的条目。

图 13-72　线路参数输入示例

图 13-73　发电机参数输入示例

　　"三绕组变压器"按钮用来输入三相变压器参数，单击后出现图 13-74 所示的对话框，三相变压器的参数主要包括变压器额定容量、变压器各接线端间短路电压百分数和变压器接线端接线方式（变压器在本系统中所使用的接线端），变压器各接线端间短路电压百分数包括高低、高中和中低三种，每种电压百分数即可由下拉列表框选择也可手动输入，对于变压器接线端接线方式由三个互锁按钮来确定，单击其中一个互锁按钮，便是选定其对应的接线方式。单击"确定"按钮即完成参数输入，并在白色和黑色框中出现加入的相应的条目。

　　"双绕组变压器"按钮用来输入双绕组变压器参数，单击后出现图 13-75 所示的对话框，它的参数有变压器额定容量、变压器短路电压百分数和并联的台数（本命令提供了最多四台双绕组变压器并联），单击"确定"按钮即完成参数输入，并在白色和黑色框中出现加入的相应的条目，如图 13-71 所示。

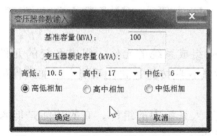

图 13-74　三绕组变压器参数输入示例

图 13-75　双绕组变压器参数输入示例

　　"电抗器"按钮用来输入一个电抗器的各项参数，单击后弹出图 13-76 所示的对话框，电抗器是由用户自定义的系统中的一些组件的电抗值的形象表示，用户需要输入"电抗标么值"、"额定电压"、"额定电流"、"基准电压"和"基准电流"等几项参数，本命令会根据对话框的下边提供的电抗值的计算公式来计算该系统组件的电抗值，完成计算后加入到系统中，单击"确定"按钮即完成参数输入和电抗计算，并在白色和黑色框中出现加入的相应的条目，其中在黑色框中电抗器都以电抗绕组的符号表示出来，如图 13-71 所示，如果用户不知道该组件的各项参数只知道它的电抗值，则可以在输入完成后修改电抗值。

　　"电力系统"按钮是用来输入电力系统参数的，对话框如图 13-77 所示，用户只需要输入参数"短路容量"后单击"确定"按钮即完成参数输入，并在白色和黑色框中出现加入的相应条目，如图 13-71 所示。

　　通过以上按钮可以根据所要计算的短路电流的要求造一个电力系统，如果这些参数不符合您计算的需要也可以进行修改。具体的做法如下。

　　系统图造好后会在黑色框中显示虚拟系统图，且在中间的白色编辑框相应的显示对应的条目，如果想修改系统的哪个组件则只要双击白色编辑框中对应的条目，就会弹出上面的对话框之一，并且会显示该组件原有的参数，只要想修改的地方重新输入新值，再单击"确

图 13-76　电抗器参数输入示例　　　　　图 13-77　电力系统参数输入示例

定"按钮即完成参数修改，修改的结果同时便存入对应的图块中，屏幕上显示的数据也会做相应的改变。

　　如果想删除系统中的某一个组件，只要单击白色编辑框中想删除的条目，再单击主对话框右边一排按钮中的"删除"按钮，就会发现在黑色和白色框中相应的组件都会被删除。

　　修改某一组件电抗值的方法：当选中白色编辑框中某一组件时，会在主对话框的"电抗值"编辑框中显示相应的该组件的电抗值，如果想根据实际需要改变或只知道该设备的电抗值，就要在编辑框中输入想要的电抗值，然后单击编辑框右边的"电抗修改"按钮，用户就会发现该设备的电抗值已经被改成需要的值，而与该设备的参数无关。

　　以上为对电力系统中单个供电设备的编辑和修改，如果想修改整个系统的参数，则需要在主对话框的中部对"基准容量"编辑框进行输入，对"短路点基准电压"下拉列表框和"冲击系数"下拉列表框的下拉菜单中进行选择或编辑。

　　当一切参数输入完毕后就可以进行计算了，由于系统的短路点可以有多个，为了方便用户选择短路计算点，本命令使用了由用户在白色编辑框中选择一个组件，则表示短路点就在该组件末端，即想要计算某一点的短路点，只需选择该组件。为了直观的让用户看到短路点，本命令采用了用一个红叉表示短路点的方法，当选中电抗器后，会在黑色预演框中的电抗器后面打一个红叉，即表示短路点在这里。然后单击主菜单的"计算"按钮，计算结果就会显示在"计算结果"栏中，计算结果包括"短路电流有效值"、"短路冲击电流"、"短路全电流有效值"和"短路容量"四项，结果查看完毕后，单击"退出"按钮则退出并结束本次计算。

五、无功补偿计算（WGBC）

　　功能：根据已知的负荷数据和所期望的功率因数计算系统的平均功率因数和无功补偿所需的补偿容量，同时计算补偿电容器的数量和实际补偿容量。

　　该命令用于计算工业企业中的平均功率因数及补偿电容容量并计算补偿电容器的数量，所依据的方法取自中国建筑工业出版社出版的《建筑电气设计手册》中的第五章"无功功率的补偿"。

　　菜单点击或命令行键入本命令后，屏幕弹出如图 13-78 所示的"无功补偿计算"对话框。

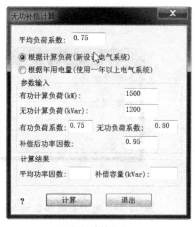
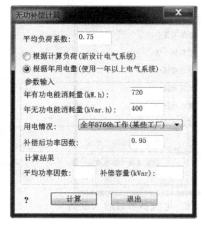

(a) 根据计算负荷   (b) 根据年用电量

图 13-78 "无功补偿计算"对话框

本命令提供了两种不同条件的计算方法，使用两个互锁按钮用于确定计算方法，不同的计算方法所需的计算条件数据不同。

① "根据计算负荷（新设计电气系统）"计算所需参数如图 13-78（a）所示，在参数输入栏中包括有功计算负荷（kW）、无功计算负荷（kVar）、有功负荷系数、无功负荷系数和补偿后功率因数等参数，把这些参数输入在相应的编辑框中。

② "根据年用电量（使用一年以上电气系统）"计算所需参数如图 13-78（b）所示，参数输入栏中参数包括年有功电能耗量（kW·h）、年无功电能耗量（kVar·h）和补偿后功率因数等编辑框，还有一个用电情况下拉列表框（用来选定该系统的用电程度），把这些参数一一输入。

图 13-79 "电容器数量计算"
对话框

完毕后就可以单击"计算"按钮就会在"平均功率因数"和"补偿容量（kVar）"编辑框中得到计算结果。同时还会弹出如图 13-79 所示的"电容器数量计算"对话框，该对话框中唯一的参数是"单个电容器额定容量（kVar）"编辑框，输入单个电容器的额定容量后，单击"计算"按钮就会在"计算结果"栏中得到"需并联电容器的数量"和"实际补偿容量（kVar）"的值。如果想结束计算或不想计算电容器的个数，那么单击"返回"按钮就退出本对话框，返回"无功功率补偿计算"对话框。

单击主对话框的"退出"按钮结束计算并退出此对话框。

六、年雷击次数计算（NLJS）

功能：计算建筑物的年预计雷击次数。

年雷击数计算的命令用来计算建筑物的年预计雷击次数。这些计算程序设计依据来自于国家标准《建筑物防雷设计规范》GB 50057—94，程序中所用的计算公式来自于该标准中的附录一。该计算的计算参数主要有建筑物的等效面积、校正系数和年平均雷击密度等。计算结果可以作为确定该建筑物的防雷类别的一个依据。

菜单点击或命令行键入本命令后，屏幕弹出如图 13-80 所示的"年预计雷击次数计算"对话框。对话框上部"建筑物等效面积计算"栏中的各个参数是用来计算建筑物等效面积的，其中建筑物的"长"、"宽"、"高"三个编辑框必须手动输入值，输入后自动计算出建造物的等效面积（平方公里），并显示在按钮右边的编辑框中，如果用户已经知道建筑物的等效面积也可以直接输入。

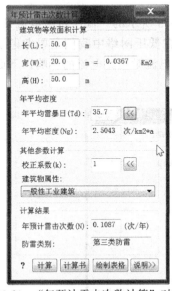

图 13-80 "年预计雷击次数计算"对话框

图 13-81 "雷击大地年平均密度"对话框

单击"年平均密度"按钮，屏幕上出现如图 13-81 所示的"雷击大地年平均密度"对话框，在这个对话框中的"省、区"和"市"列表框中分别选定省、市名，该地区的年平均雷暴日就会显示在"年平均雷暴日"编辑框中，如果用户想更改该地区雷暴日的数据可以在"年平均雷暴日"编辑框中键入新值后单击"更改数据"按钮，那么新值就会存储到数据库中以后也会以新值作为计算的依据。平均密度便自动完成计算同时显示在"计算平均密度"编辑框中。这个计算中用到的各地区的年平均雷暴日数据来自 GB 50178—93《建筑气候区划标准》。单击"确定"按钮可返回主对话框中的"年平均雷击密度"编辑框中，这个值可以在主对话框中直接键入。

单击"校正系数值"按钮，屏幕上出现如图 13-82 所示的"选定校正系数"对话框。在这个对话框中的四个互锁按钮中任选其一，便确定了校正系数值并显示在下面的"选定系数值"编辑框中，然后单击"确定"按钮可返回主对话框。选择建筑物属性可通过下拉菜单选择，主对话框中的校正系数值是可以直接输入参与计算的。

所有三个计算所需数据输入之后，单击"计算"按钮，计算结果便出现在主对话框中。

点击"计算书"弹出详尽的 Word 计算书。

点击"说明"弹出计算说明文件。

点击"绘制表格"按钮可把刚才计算的结果绘制成

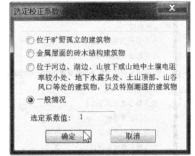

图 13-82 "选定校正系数"对话框

ACAD 表格插入图中。此表为天正表格，点击右键菜单可导出 EXCEL 文件进行备份。

七、低压短路计算

低压短路电流计算用于民用建筑电气设计中的低压短路电流，主要包括 220/380V 低压网络电路元件的计算，三相短路、单相短路（包括单相接地故障）电流的计算和柴油发电机供电系统短路电流的计算。

功能：计算配电线路中某点的短路电流。

菜单点击或命令行键入本命令后，屏幕上出现如图 13-83 所示的"低压短路电流计算"对话框。在这个对话框里可以完成低压短路电流的计算。在低压网络中我们主要考虑了系统、变压器、母线和线路的阻抗值，并且考虑了大电机反馈电流对短路电流的影响。下面我们分别讲述对话框中的各项功能：

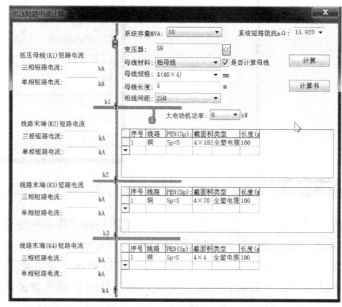

图 13-83　"低压短路电流计算"对话框

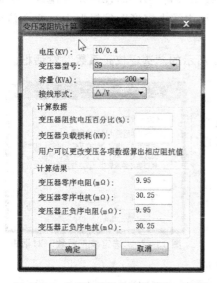

图 13-84　"变压器阻抗值计算"对话框

首先通过下拉菜单选择系统容量（MVA），相应在其右侧会自动通过计算显示出对应的系统短路阻抗值（mΩ）。

选择变压器型号，点击变压器侧按钮，弹出图 13-84 对话框。

通过选择变压器型号、容量及接线方式，在"变压器阻抗电压百分比（％）"和"变压器负载损耗（kW）"编辑框自动显示该类型变压器地相应的数据，同时得到变压器阻抗值，另外用户可以更改变压器各项数据算出相应阻抗值。单击"确定"按钮数据返回到图 13-83 主对话框中。

选择母线：根据以上选择的变压器型号会自动选择出相应的母线规格，也可以通过人为地去选择母线规格。输入母线长度，"相线间距"下拉框选择所要求的母线的各项数据。其中勾选"是否计算母线"表示将母线的阻抗计算在内，不勾选反之。

如计入大电机反馈电流影响只需通过下拉菜单选择大电机功率即可，如不考虑，只需其默认值为 0 即可。

选择线路：通过各项的下拉菜单选择线路材质、保护线与相线截面积之比、线路截面积、线路类型，同时输入线路长度。可输入多级线路参数。

点击"计算"，则在右侧显示出计算的每段电路的三相短路电流以及单相短路电流。

点击"计算书"，则输出详尽的 Word 计算书。

第六节　天正电气绘图综合例

一、电气平面图绘制举例

天正电气不但有丰富的电气绘图工具，而且有丰富的建筑图绘制工具，极大地提高了工作效率。下面以某办公楼 3 层照明平面图为例说明绘制过程。

1. 绘制轴网

在天正电气主菜单（图 13-85）中点击"建筑"，在子菜单中（图 13-86）点击"绘制轴网"，出现对话框（图 13-87），选择直线轴网并选择间距 3300、3000 和 8400 后，再根据命令行提示输入轴线长度 23000 在绘图区画水平轴线，若光标处的轴线为竖向，根据命令行提示输入旋转命令 R 后输入转角 -90，放在选定位置，水平轴网见图 13-88。再点击下部返回按钮 ◀◀，重新输入间距 3000、5100、3000、3300、6000，根据提示输入轴线长度 15000 并绘制（图 13-89）。绘制的水平与垂直轴网见图 13-90。

图 13-85　天正
电气菜单（1）　　图 13-86　天正
电气菜单（2）　　图 13-87　"绘制轴网"
对话框（1）　　图 13-88　水平轴网

2．绘制墙体

点击菜单中绘制墙体，出现对话框图 13-91，调整墙宽后，沿轴线按住左键拖动画墙。画好的墙体见图 13-92。

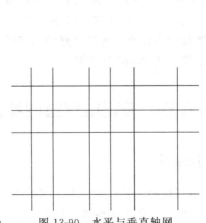

图 13-89　"绘制轴网"对话框（2）　　　图 13-90　水平与垂直轴网　　　图 13-91　"墙体"对话框

3．绘制柱子

在建筑菜单中点击"标准柱"，出现对话框见图 13-93，调整柱子尺寸，插入到相应位置（见图 13-94）。

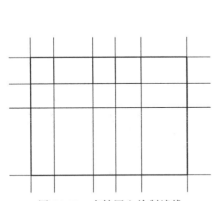

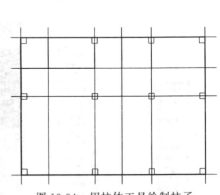

图 13-92　在轴网上绘制墙线　　　图 13-93　"标准柱"　　　图 13-94　用柱体工具绘制柱子
　　　　　　　　　　　　　　　　　　　对话框

4．绘制楼梯

在建筑菜单中点击"双跑楼梯"，出现对话框见图 13-95。根据建筑尺寸选择梯间宽与梯段宽等参数，在相应位置点击矩形两对角点绘制楼梯（见图 13-96）。

5．绘制门

在建筑菜单中点击"新门"，出现对话框见图 13-97。选择门高与门宽后在建筑墙上逐点插入，插入过程中注意移动光标调整门的方向。插入门后的建筑图见图 13-98。

图 13-95　楼梯绘制对话框

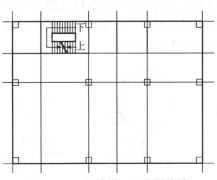

图 13-96　用楼梯工具绘制楼梯

图 13-97　绘制门工具

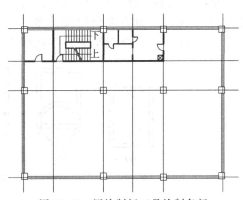

图 13-98　用绘制门工具绘制各门

6. 绘制建筑中附件 1 洗手盆（因建筑电气软件非专业建筑软件，部分附件需绘制）

绘制过程见图 13-99，具体方法是先画竖向轴线，再画两同心圆，在左上部画一切线后利用竖向轴线镜像切线，绘制 3 条横线，在切线上的一点与第 2 条横线做连线并镜像 [图 13-99（a）]。修剪去多余线段 [图 13-99（b）]。画放水孔和开关小圆后利用倒圆角方法绘制各弧线 [图 13-99（c）]，删去中心线 [图 13-99（d）]。

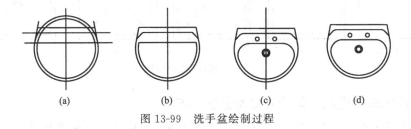

（a）　　　　　　（b）　　　　　　（c）　　　　　　（d）

图 13-99　洗手盆绘制过程

7. 绘制附件 2 小便池

具体过程是先绘制竖向轴线，中心线上部画小圆，左下部画大圆，左大圆边缘画竖向切线。设置好捕捉方式后（如切点捕捉）在绘图菜单中选择画圆，在出现的菜单中选择相切、相切、半径的方式画两圆的外切圆。外切圆的半径应适当，可用查询工具测量后确定 [图 13-100（a）]。

用修剪工具剪去多余线段 [图 13-100(b)]。用偏移的方法偏移出双线 [图 13-100(c)]。镜像后画横线及上下小圆，剪去多余竖线 [图 13-100(d)]。删去中心线 [图 13-100(e)]。全部过程见图 13-100。

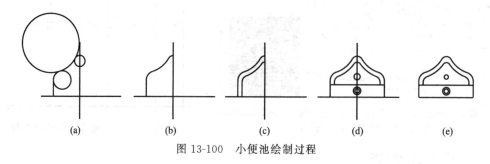

(a)   (b)   (c)   (d)   (e)

图 13-100   小便池绘制过程

8. 绘制附件 3 大便池

先画矩形，再偏移 [图 13-101(a)]。再在下面小矩形边中心绘制同心圆与两矩形相切 [图 13-101(b)]。剪去多余线段 [图 13-101(c)]。用倒圆角方法对上部直角部分倒圆角 [图 13-101(d)]。全部绘制过程见图 13-101。

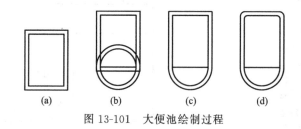

(a)   (b)   (c)   (d)

图 13-101   大便池绘制过程

9. 绘制附件 4 通风口

先用矩形工具画正方形 [图 13-102(a)]。用偏移工具做小正方形 [图 13-102(b)]。画两对角斜线 [图 13-102(c)]。画小圆 [图 13-102(d)]。剪去小圆内线段 [图 13-102(e)]。全部过程见图 13-102。

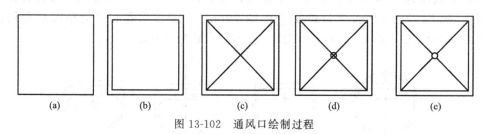

(a)   (b)   (c)   (d)   (e)

图 13-102   通风口绘制过程

10. 在建筑图中插入双管荧光灯及卫生间附件

在天正电气菜单中（图 13-103）点击"平面设备"，再点击"矩形布置"，出现"天正电气图块"对话框（图 13-104）及"矩形布置"对话框（图 13-105）。"天正电气图块"对话框中可在下拉菜单中选择设备类型，上下箭头翻页可查找设备。"矩形布置"对话框可选行数和列数及距边距离等。点击要插入设备区域两对角点即可均匀插入设备，灯具还可自动连线。插入的灯具及洁具等见图 13-106。

图 13-103 天正电气菜单（3）　　　　图 13-104 天正电气图库（1）　　　　图 13-105 "矩形布置"对话框

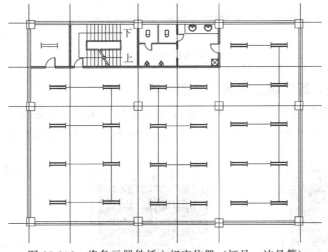

图 13-106 将各元器件插入相应位置（灯具、洁具等）

11. 插入应急照明灯排风扇

在平面设备菜单中点击"任意布置"，出现图块对话框后选择风扇和应急照明灯分别插入相应位置，见图 13-107 和图 13-108。

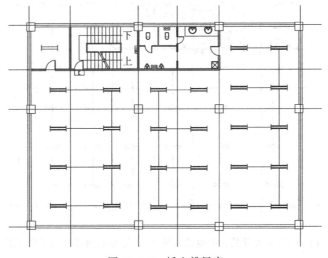

图 13-107 插入排风扇

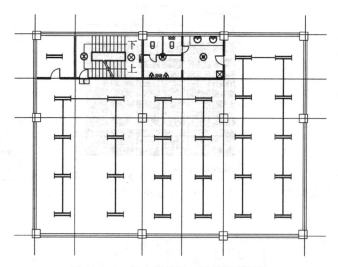

图 13-108　插入楼梯间、卫生间照明灯

12. 插入开关、配电箱、导线引向箭头等

点击"平面设备"后再点击"任意布置",在出现的"天正电气图块"对话框(图 13-109、图 13-110)以及"任意布置"对话框(图 13-111),选择相应设备插入到需要位置,见图 13-112。

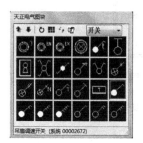

图 13-109　天正电气图库(2)

图 13-110　天正电气图库(3)

图 13-111　"任意布置"对话框

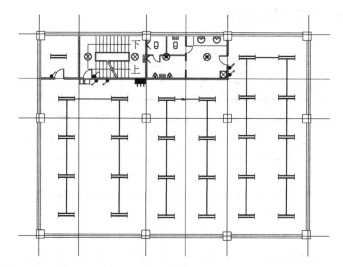

图 13-112　插入开关、配电箱(图库)、导线引向箭头(导线工具)

13. 利用导线工具布线并标注导线根数

在天正电气菜单中点击"导线"（图 13-113），再点击任意导线即可连接任意两点，再标注导线的根数（见图 13-114）。

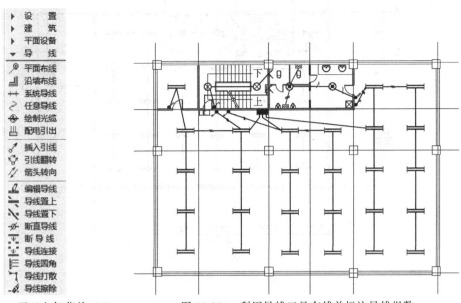

图 13-113 天正电气菜单（4）　　　　　图 13-114 利用导线工具布线并标注导线根数

14. 利用轴网标注工具标注轴网

在前面已经用过的轴网对话框中点击"轴网标注"标签后见对话框图 13-115。选择双侧标注及标注规则等后分别点击上侧轴网左右两端点和左侧横向轴上下两端点即获得标注后的图形（见图 13-116）。清理内部多余轴线后的图形见图 13-117。

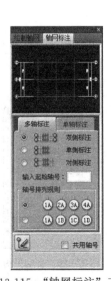

图 13-115 "轴网标注"工具

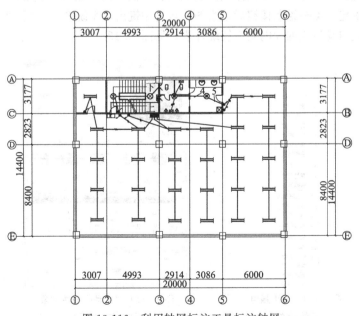

图 13-116 利用轴网标注工具标注轴网

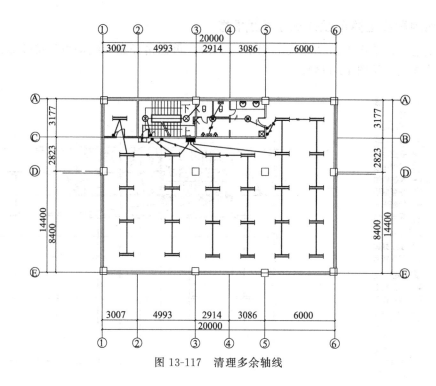

图 13-117 清理多余轴线

二、强电系统图绘制举例

天正电气软件绘制强电系统图十分方便，下面介绍绘制过程。

1. 一般系统图绘制例

从天正菜单中点击"强电系统"，出现子菜单见图 13-118。点击"系统生成"出现对话框见图 13-119。选择回路数以及默认所提供参数，点击平衡相序按钮出现提示框，见图 13-120。确定后点击绘制按钮后在绘图区点击左键出现系统图，见图 13-121。继续在空余处点击左键出现自动生成的配电箱系统统计表，见图 13-122。

图 13-118 天正强电
系统菜单

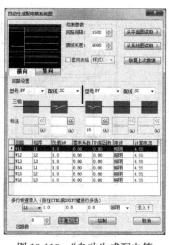

图 13-119 "自动生成配电箱
系统图"对话框

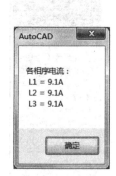

图 13-120 自动平衡
各相电流提示

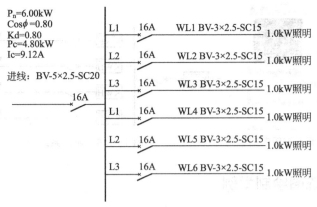

図 13-121　自动生成系统图

序号	回路编号	总功率	需用系数	功率因数	额定电压	设备相数	视在功率	有功功率	无功功率	计算电流
1	WL1	1.0	0.80	0.80	220	L1	1.00	0.80	0.60	4.55
2	WL2	1.0	0.80	0.80	220	L2	1.00	0.80	0.60	4.55
3	WL3	1.0	0.80	0.80	220	L3	1.00	0.80	0.60	4.55
4	WL4	1.0	0.80	0.80	220	L1	1.00	0.80	0.60	4.55
5	WL5	1.0	0.80	0.80	220	L2	1.00	0.80	0.60	4.55
6	WL6	1.0	0.80	0.80	220	L3	1.00	0.80	0.60	4.55
总负荷：Pn=6.00kW			总功率因数：Cosφ=0.80			计算功率：Pc=4.80kW			计算电流：Ic=9.12A	

图 13-122　自动生成配电箱系统统计表

2. 动力系统图绘制例

点击菜单中的"动力系统"，出现"动力配电系统图"对话框见图 13-123。选择回路数后默认其他参数，在绘图区点击左键出现动力系统图，见图 13-124。若要修改开关的类型点击灰色开关出现下拉选项，可以根据需要修改。

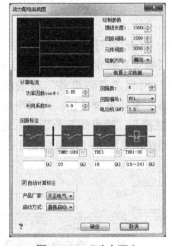

图 13-123　"动力配电
系统图"对话框

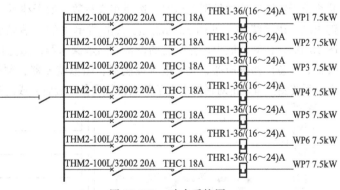

图 13-124　动力系统图

3. 照明系统图绘制例

在强电系统菜单中点击"照明系统"后出现对话框见图 13-125。选择支路数及默认所提供参数后，勾选电度表，点击绘图区，自动出现照明系统图见图 13-126。

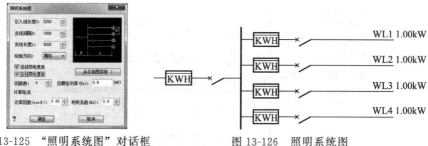

图 13-125　"照明系统图"对话框　　　　　　图 13-126　照明系统图

三、弱电系统图绘制举例

1. 有线电视系统图绘制例

点击天正菜单"弱电系统"，出现子菜单见图 13-127。点击"有线电视"出现"电视天线设定"对话框见图 13-128。选择分配器类型及分支器数等，在绘图区点击左键出现有线电视系统图见图 13-129。

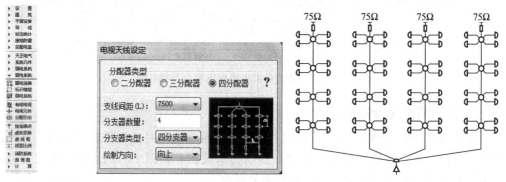

图 13-127　弱电系统菜单　图 13-128　"电视天线设定"对话框　　图 13-129　有线电视系统图

2. 消防系统图绘制例

在天正菜单中点击"消防系统"显示消防子菜单见图 13-130。点击"消防干线"，出现"消防系统干线"对话框见图 13-131。选择相应参数（如干线数、楼层数等）确定后在绘图区点击左键出现干线系统图，见图 13-132。再点击菜单中的"消防设备"出现"消防设备"对话框见图 13-133。在对话框中选择所需的设备如感烟探测器、感温探测器、手动报警按钮、火灾声光报警器、应急广播扬声器、火灾报警控制器、图像监测器、预作用报警阀、喷淋阀等分别插入完成消防系统图。可点击对话框中上下箭头查找设备，最后完成的消防系统图见图 13-134 和图 13-135。

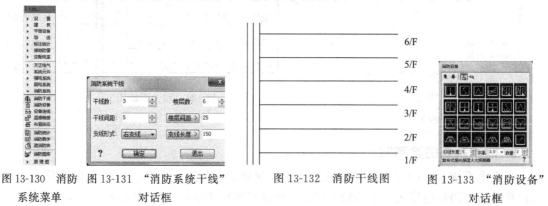

图 13-130　消防　图 13-131　"消防系统干线"　　　图 13-132　消防干线图　　　图 13-133　"消防设备"
　系统菜单　　　　　对话框　　　　　　　　　　　　　　　　　　　　　　　　　　　对话框

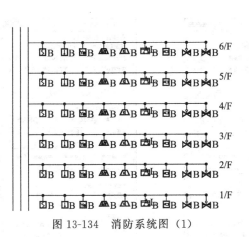

图 13-134　消防系统图（1）

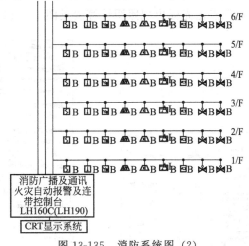

图 13-135　消防系统图（2）

四、利用天正电气软件进行相关计算举例

天正电气软件不但在绘图方面有全面的功能，在有光电气计算方面也有很好的应用。

1. 照度计算例

在天正菜单中点击"计算"出现子菜单见图 13-136。点击"照度计算"，出现对话框见图 13-137。点击对话框中"选定房间"后用光标在图 13-117 中右侧两排灯区域左下角点击左键后拖至右上角再点击即确定选定区域的房间长和宽，见图 13-138。接着在第二步利用系数部分点击"自定义灯具"出现对话框见图 13-139。

图 13-136　计算
菜单

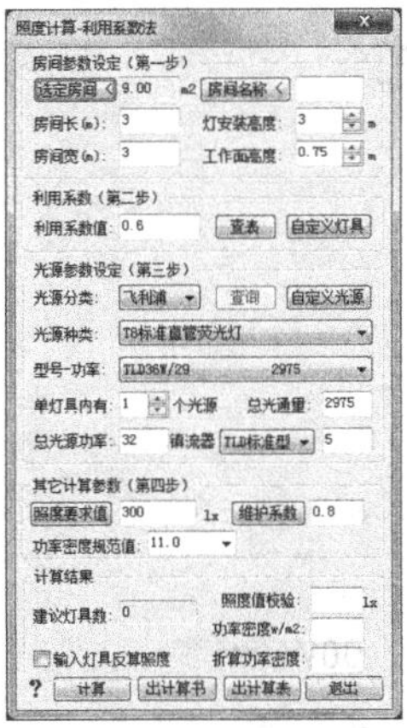

图 13-137　"照度计算"
对话框（1）

图 13-138　"照度计算"
对话框（2）

图 13-139　"照度计算"
对话框（3）

在图 13-140 对话框中选择"裸双管荧光灯"后点计算按钮计算出利用系数。返回"照度计算"对话框，在第三步选择光源分类、光源种类、单灯具内光源个数等，进行第四步，选择照度要求值维护系数等之后按下计算按钮得建议灯具数为 9 盏，照度值为 295.13lx，见图 13-141。考虑到照度小于 300lx，灯具数为 9 不对称，在灯具数中输入 10，挑选输入灯具反算照度后按计算按钮后得到结果对话框见图 13-142。此时照度为 327.92lx，接近于

300lx，符合要求。接着点击"出计算书"按钮自动完成计算书。点击"出计算表"按钮，在绘图区点击光标出现照明计算表见图 13-143。

图 13-140 "照度计算"对话框（4）

图 13-141 "照度计算"对话框（5）

图 13-142 "照度计算"对话框（6）

照明计算表

序号	房间名称	房间长(m)	房间宽(m)	面积(m²)	灯具数	单灯光源数	光源功率(W)	镇流器功率(W)
1		14.40	5.88	84.67	10	2	64	9
总功率(W)	光通量(lm)	利用系数	维护系数	要求照度值(lx)	计算照度值(lx)	功率密度规范值(W/m²)	功率密度计算值(W/m²)	
730	2975	0.58	0.80	300	327.92	11.00	8.62	

图 13-143 照明计算表

照度计算书

工程名：

计算者：

计算时间：

参考标准：《建筑照明设计标准》GB 50034—2013

参考手册：《照明设计手册》第二版

计算方法：利用系数平均照度法

（1）房间参数

房间类别：照度要求值：300.00lx，功率密度不超过 11.00W/m²

房间名称：

房间长度 L：14.40m，房间宽度 B：5.88m，计算高度 H：2.25m

顶棚反射比（%）：80，墙反射比（%）：50，地面反射比（%）：30

室形系数 RI：0.67

（2）灯具参数

型号：飞利浦 TLD36W/29，单灯具光源数：2 个

灯具光通量：2975lm，灯具光源功率：64.00W

镇流器类型：TLD 标准型，镇流器功率：9.00

（3）其他参数

利用系数：0.58，维护系数：0.80，照度要求：300.00lx，功率密度要求：11.00W/m²

（4）计算结果

$$E = N\Phi UK / A$$

$$N = EA / (\Phi UK)$$

式中，Φ 为光通量 lm；N 为光源数量；U 为利用系数；A 为工作面面积 m²；K 为灯具维护系数。

计算结果：

建议灯具数：10，计算照度：327.92lx

实际安装功率＝灯具数×（总光源功率＋镇流器功率）＝730.00W

实际功率密度：8.62W/m²，折算功率密度：7.89W/m²

（5）校验结果

要求平均照度：300.00lx，实际计算平均照度：327.92lx

符合规范照度要求！

要求功率密度：11.00W/m²，实际功率密度：8.62W/m²

符合规范节能要求！

2. 负荷计算例

在计算菜单中点击"负荷计算"出现对话框见图 13-144。在"负荷计算"对话框中的负载中输入负功率如 10kW，在相序中选择三相，进线相序选择三相，其他默认，点击计算按钮则计算结果见图 13-145。若选择单相，重新点击计算按钮则计算结果见图 13-146。若有已知系统图如前图 13-121，点击"系统图导入"按钮后用光标选择框选择图 13-121，然后再点击计算按钮则计算结果见图 13-147。若继续点击"计算书"按钮则自动出现计算书，其中表 13-1 为负荷计算表。接着点击"绘制表格"按钮后光标点击绘图区则出现计算表，见图 13-148。

图 13-144 "负荷计算"对话框（1）

图 13-145 "负荷计算"对话框（2）

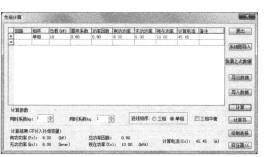

图 13-146 "负荷计算"对话框（2）

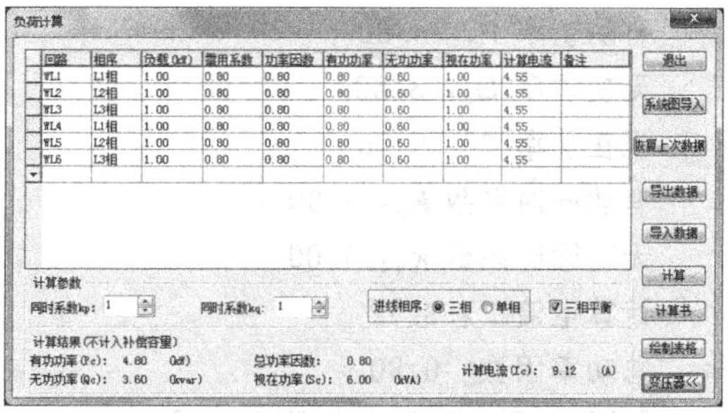

图 13-147 "负荷计算"对话框（3）

序号	用电设备组名称或用途	总功率	需要系数	功率因数	额定电压	设备相序	视在功率	有功功率	无功功率	计算电流	备注
1	WL1	1.00	0.80	0.80	220	L1相	1.00	0.80	0.60	4.55	
2	WL2	1.00	0.80	0.80	220	L2相	1.00	0.80	0.60	4.55	
3	WL3	1.00	0.80	0.80	220	L3相	1.00	0.80	0.60	4.55	
4	WL4	1.00	0.80	0.80	220	L1相	1.00	0.80	0.60	4.55	
5	WL5	1.00	0.80	0.80	220	L2相	1.00	0.80	0.60	4.55	
6	WL6	1.00	0.80	0.80	220	L3相	1.00	0.80	0.60	4.55	
结果	总负荷：6.00		总功率因数：0.80		进线相序：三相		6.00	4.80	3.60	9.12	

图 13-148　照明计算表

用电负荷计算书

工程名：

计算者：

计算时间：

参考标准：《民用建筑电气设计规范》（JGJ 16—2008）

参考手册：《工业与民用配电设计手册》第三版

表 13-1　负荷计算值

用电设备组名称	总功率 /kW	需要系数	功率因数	额定电压 /V	设备相序	视在功率 /kVA	有功功率 /kW	无功功率 /kVar	计算电流 /A
WL1	1.00	0.80	0.80	220	L1 相	1.00	0.80	0.60	4.55
WL2	1.00	0.80	0.80	220	L2 相	1.00	0.80	0.60	4.55
WL3	1.00	0.80	0.80	220	L3 相	1.00	0.80	0.60	4.55
WL4	1.00	0.80	0.80	220	L1 相	1.00	0.80	0.60	4.55
WL5	1.00	0.80	0.80	220	L2 相	1.00	0.80	0.60	4.55
WL6	1.00	0.80	0.80	220	L3 相	1.00	0.80	0.60	4.55

负荷：

【计算公式】：

$$P_c = K_p \times \sum (K_d \times P_n)$$

$$Q_c = k_q \times \sum (K_d \times P_n \times tg\Phi)$$

$$S_c = \sqrt{P_c^2 + Q_c^2}$$

$$I_c = S_c / (\sqrt{3} \times U_r)$$

【输出参数】：

进线相序：三相

有功功率 P_c：4.80

无功功率 Q_c：3.60

视在功率 S_c：6.00

有功同时系数 k_p：1.00

无功同时系数 k_q：1.00

计算电流 I_c：9.12

总功率因数：0.80

【计算过程（不计入补偿容量）】：

$$P_c = K_p \times \sum (K_d \times P_n) = 4.80 (kW)$$

$$Q_c = k_q \times \sum (K_d \times P_n \times tg\Phi) = 3.60(kVar)$$

$$S_c = \sqrt{P_c^2 + Q_c^2} = 6.00(kV \cdot A)$$

$$I_c = S_c / (\sqrt{3} \times U_r) = 9.12(A)$$

3. 电缆电压损失计算例

在计算菜单中点击"电压损失"后出对话框见图 13-149。在下拉菜单中选择线路名称、导线截面积，选择求电压损失，输入有功负荷 15kW 线路长度 1km 点击"增加负荷"按钮，点击"计算"按钮即显示计算结果为 0.022%。再点击"绘制表格"按钮，用光标点击绘图区即出现电压损失计算表格见图 13-150。

图 13-149 "电缆电压损失计算"
对话框（1）

求电压损失计算表				
配线形式	线路名称		导线类型	
三相线路	10kV交联聚乙烯绝缘电力电缆	铜导线	截面积	电阻=1.359
			16.00	感抗=0.133
负荷情况（用负荷矩计算）				
负荷序号	有功负荷(kW)		线路长度(km)	
1	15		1	
计算结果	线路电压损失(%)：0.022			

图 13-150 电缆电压损失计算表

另外一种情况，已知电压损失计算电缆长度。在计算电压损失对话框中选择"求线路长度"则变为另一种形式。选择线路名称、电缆截面积、有功负荷、线路电压损失后点击"计算"按钮，则出现计算结果为 4.57km，见图 13-151。继续点击"绘制表格"按钮并在绘图区点击左键则出现线路长度计算表格，见图 13-152。当电压损失为 10%时线路的长度为 4.57km。

图 13-151 "电缆电压损失计算"
对话框（2）

求线路长度计算表				
配线形式	线路名称		导线类型	
三相线路	10kV交联聚乙烯绝缘电力电缆	铜导线	截面积	电阻=1.359
			16.00	感抗=0.133
负荷情况（用负荷矩计算）				
负荷序号	有功负荷(kW)			
1	15		0.1	
计算结果	线路长度(km)：4.570			

图 13-152 线路长度计算表

4. 无功补偿计算例

某些情况下负载功率因数较低时需进行无功补偿。天正电气软件计算需补偿的电容容量非常方便。首先在计算子菜单中点击"无功补偿"，出现无功补偿对话框，选择负载的有功功率、无功功率、负荷系数、补偿后功率因数等，点击"计算"按钮后自动计算出需补偿的容量，见图13-153。出现计算结果后还出现"电容器数量的计算"对话框，点击"计算"按钮后自动计算结果为1个，见图13-154。还可以根据有功、无功年用电量进行计算，在对话框中选择"根据年用电量"选择框，输入年有功功率和无功功率，在下拉列表中选择用电情况及补偿后的功率因数，点击"计算"按钮则自动出现计算结果，见图13-155。同时出现"电容器数量的计算"对话框点击"计算"按钮后自动出现电容器数量为6个，见图13-156。

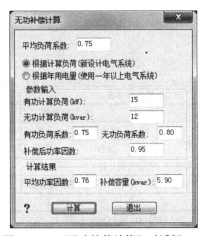

图13-153 "无功补偿计算"对话框（1）

图13-154 "电容器数量的计算"对话框（1）

图13-155 "无功补偿计算"对话框（2）

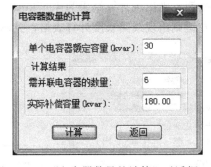

图13-156 "电容器数量的计算"对话框（2）

5. 年预计雷击次数计算例

在计算子菜单中点击"年雷击数"出现对话框见图13-157。但该对话框中的数据要根据实际情况修改。首先在下拉列表中选择是否考虑周边建筑，然后点击"选择区域"按钮，此时对话框暂时消失，用鼠标点击要计算的建筑平面图的左下角拖至右上角后再点击，则自动计算出建筑的面积，见图13-158。继续点击"年平均雷暴日"右侧按钮，出现对话框见图13-159。

图 13-157 "年预计雷击次数计算"
对话框（1）

图 13-158 "年预计雷击次数计算"
对话框（2）

图 13-159 "雷击大地年平均密度"
对话框

在"雷击大地年平均密度"对话框中选择省、市后点击"确定"按钮。返回到"年预计雷击次数计算"对话框中选择建筑物属性后点击"计算"按钮得到计算结果，见图 13-160。点击"绘制表格"按钮得计算表格见图 13-161。点击"计算书"按钮，自动生成计算书。最后的计算结果为年预计雷击次数 0.0989，属三类防雷。

图 13-160 "年预计雷击次数计算"对话框（2）

建筑物数据	建筑物的长L(m)	60.36
	建筑物的宽W(m)	21.40
	建筑物的高H(m)	48
	等效面积Ae(km^2)	0.0382
	建筑物属性	住宅、办公楼等一般性民用建筑物或一般性工业建筑物
气象参数	年平均雷暴日Td(d/a)	25.9
	年平均密度Ng(次/(km^2·a))	2.5900
计算结果	预计雷击次数N(次/a)	0.0989
	防雷类别	第三类防雷

图 13-161 年雷击次数计算表

年预计雷击次数计算书

工程名：
计算者：
计算时间：
参考规范：《建筑物防雷设计规范》（GB 50057—2010）

(1) 已知条件

建筑物的长度 $L = 60.36\text{m}$

建筑物的宽度 $W = 21.40\text{m}$

建筑物的高度 $H = 48\text{m}$

当地的年平均雷暴日天数 $T_d = 25.9$ 天/年

校正系数 $k = 1.0$

不考虑周边建筑影响。

(2) 计算公式

年预计雷击次数：$N = k \times N_g \times A_e = 0.0989$

其中：建筑物的雷击大地的年平均密度 $N_g = 0.1 \times T_d = 0.1 \times 25.9 = 2.5900$

等效面积 A_e 为：$H < 100\text{m}$

$$A_e = [LW + 2(L + W) \times \sqrt{H \times (200 - H)} + 3.1415926 \times H(200 - H)] \times 10^{-6} = 0.0382$$

(3) 计算结果

根据《防雷设计规范》，该建筑应该属于第三类防雷建筑。

附录：

二类：$N > 0.05$ 省部级办公建筑和其他重要场所、人员密集场所。

$N > 0.25$ 住宅、办公楼等一般性民用建筑物或一般性工业建筑。

三类：$0.01 \leqslant N \leqslant 0.05$ 省部级办公建筑和其他重要场所、人员密集场所。

$0.05 \leqslant N \leqslant 0.25$ 住宅、办公楼等一般性民用建筑物或一般性工业建筑。

附录1
AutoCAD命令

A命令：

ABOUT
显示有关 AutoCAD 的信息。

ADCCLOSE
关闭设计中心。

ADCENTER
管理和插入诸如块、外部参照和填充图案等内容。

ADCNAVIGATE
加载指定的设计中心图形文件、文件夹或网络路径。

ALIGN
在二维和三维空间中将对象与其他对象对齐。

ANNOUPDATE
更新现有注释性对象，使之与其样式的当前特性相匹配。

APERTURE
控制对象捕捉靶框大小。

APPLOAD
加载和卸载应用程序，定义要在启动时加载的应用程序。

ARC
创建圆弧。

ARCHIVE
将当前图纸集文件打包以便归档。

AREA
计算对象或所定义区域的面积和周长。

ARRAY
创建按图形中对象的多个副本。

ATTACH
将外部参照、图像或参考底图（DWF、DWFx、PDF 或 DGN 文件）插入到当前图形中。

ATTACHURL
将超链接附着到图形中的对象或区域。

ATTDEF
创建用于在块中存储数据的属性定义。

ATTEDIT
更改块中的属性信息。

ATTEXT
将与块关联的属性数据、文字信息提取到文件中。

ATTIPEDIT
更改块中属性的文本内容。

ATTREDEF
重定义块并更新关联属性。

ATTSYNC
使用所指定块定义中新增和更改过的属性更新块参照。

B命令：

BASE
为当前图形设置插入基点。

BATTMAN
管理选定块定义的属性。

BATTORDER
指定块属性的顺序。

BAUTHORPALETTE

打开块编辑器中的"块编写选项板"窗口。

BCLOSE

关闭块编辑器。

BCONSTRUCTION

将几何图形转换为构造几何图形。

BEDIT

在块编辑器中打开块定义。

BESETTINGS

显示"块编辑器设置"对话框。

BGRIPSET

创建、删除或重置与参数相关联的夹点。

BHATCH

使用填充图案或渐变填充来填充封闭区域或选定对象。

BLIPMODE

控制点标记的显示。

BLOCK

从选定的对象中创建一个块定义。

BLOCKICON

为 AutoCAD 设计中心中显示的块生成预览图像。

BLOOKUPTABLE

为动态块定义显示或创建查寻表。

BOUNDARY

从封闭区域创建面域或多段线。

BOX

创建三维实体长方体。

BREAK

在两点之间打断选定对象。

BREP

从三维实体图元和复合实体中删除历史记录。

BROWSER

启动系统注册表中定义的默认 Web 浏览器。

BSAVE

保存当前块定义。

BSAVEAS

用新名称保存当前块定义的副本。

BTABLE

显示对话框以定义块的变量。

C 命令：

CAL

计算数学和几何表达式。

CAMERA

设置相机位置和目标位置，以创建并保存对象的三维透视视图。

CHAMFER

给对象加倒角。

CHANGE

更改现有对象的特性。

CHPROP

更改对象的特性。

CHSPACE

在模型空间和图纸空间之间移动对象。

CIRCLE

创建圆。

CLASSICIMAGE

管理当前图形中的参照图像文件。

CLASSICLAYER

打开模式图层特性管理器。

CLASSICXREF

管理当前图形中的参照图形文件。

CLIP

根据指定边界修剪选定的外部参照、图像、视口或参考底图（DWF、DWFx、PDF 或 DGN）。

CLOSE

关闭当前图形。

CLOSEALL

关闭当前所有打开的图形。

COLOR

设置新对象的颜色。

COMMANDLINE

显示"命令行"窗口。

COMMANDLINEHIDE

隐藏命令行窗口。

COMPILE

将形文件和 PostScript 字体文件编译成 SHX 文件。

CONE
创建三维实体圆锥体。

CONVERTPSTYLES
将当前图形转换为命名或颜色相关打印样式。

CONVTOSURFACE
将对象转换为三维曲面。

COPY
在指定方向上按指定距离复制对象。

COPYBASE
将选定的对象与指定的基点一起复制到剪贴板。

COPYCLIP
将选定的对象复制到剪贴板。

COPYHIST
将命令行历史记录文字复制到剪贴板。

COPYLINK
将当前视图复制到剪贴板中以便链接到其他 OLE 应用程序。

COPYTOLAYER
将一个或多个对象复制到其他图层。

CUSTOMIZE
自定义工具选项板和工具选项板组。

CUTCLIP
将选定的对象复制到剪贴板，并将其从图形中删除。

CYLINDER
创建三维实体圆柱体。

D 命令：

DDEDIT
编辑单行文字、标注文字、属性定义和功能控制边框。

DDPTYPE
指定点对象的显示样式及大小。

DDVPOINT
设置三维观察方向。

DELAY
在脚本中提供指定时间的暂停。

DELCONSTRAINT
从对象的选择集中删除所有几何约束和标注约束。

DETACHURL
删除图形中的超链接。

DGNADJUST
调整 DGN 参考底图的淡入度、对比度和单色设置。

DGNATTACH
将 DGN 文件作为参考底图插入当前图形中。

DGNEXPORT
从当前图形创建一个或多个 DGN 文件。

DGNIMPORT
将数据从 DGN 文件输入到新的 DWG 文件。

DGNLAYERS
控制 DGN 参考底图中图层的显示。

DIMALIGNED
创建对齐线性标注。

DIMANGULAR
创建角度标注。

DIMARC
创建圆弧长度标注。

DIMBASELINE
从上一个标注或选定标注的基线处创建线性标注、角度标注或坐标标注。

DIMBREAK
在标注和延伸线与其他对象的相交处打断或恢复标注和延伸线。

DIMCENTER
创建圆和圆弧的圆心标记或中心线。

DIMCONSTRAINT
将标注约束应用于选定的对象或对象上的点。

DIMCONTINUE
创建从先前创建的标注的延伸线开始的标注。

DIMDIAMETER
为圆或圆弧创建直径标注。

DIMDISASSOCIATE
删除选定标注的关联性。

DIMEDIT

编辑标注文字和延伸线。

DIMINSPECT

为选定的标注添加或删除检验信息。

DIMJOGGED

为圆和圆弧创建折弯标注。

DIMJOGLINE

在线性标注或对齐标注中添加或删除折弯线。

DIMLINEAR

创建线性标注。

DIMORDINATE

创建坐标标注。

DIMOVERRIDE

控制选定标注中使用的系统变量的替代值。

DIMRADIUS

为圆或圆弧创建半径标注。

DIMREASSOCIATE

将选定的标注关联或重新关联至对象或对象上的点。

DIMREGEN

更新所有关联标注的位置。

DIMSPACE

调整线性标注或角度标注之间的间距。

DIMSTYLE

创建和修改标注样式。

DIMTEDIT

移动和旋转标注文字并重新定位尺寸线。

DIST

测量两点之间的距离和角度。

DIVIDE

创建沿对象的长度或周长等间隔排列的点对象或块。

DONUT

创建实心圆或较宽的环。

DRAGMODE

控制进行拖动的对象的显示方式。

DSETTINGS

设置栅格和捕捉、极轴和对象捕捉追踪、对象捕捉模式、动态输入和快捷特性。

DSVIEWER

打开"鸟瞰视图"窗口。

DVIEW

使用相机和目标来定义平行投影或透视视图。

E 命令：

EATTEDIT

在块参照中编辑属性。

ELEV

设置新对象的标高和拉伸厚度。

ELLIPSE

创建椭圆或椭圆弧。

ERASE

从图形中删除对象。

EXPLODE

将复合对象分解为其组件对象。

EXPORT

以其他文件格式保存图形中的对象。

EXPORTPDF

创建 PDF 文件，从中可逐页设置各个页面设置替代。

EXPORTSETTINGS

设置文件的输出设置。

EXPORTTOAUTOCAD

创建分解所有 AEC 对象的新 DWG 文件。

EXTEND

扩展对象以与其他对象的边相接。

EXTERNALREFERENCES

打开"外部参照"选项板。

EXTERNALREFERENCESCLOSE

关闭"外部参照"选项板。

EXTRUDE

将二维对象或三维面的标注延伸到三维空间。

F 命令：

FIELD

创建带字段的多行文字对象，该对象可以随着字段值的更改而自动更新

FILL

控制诸如图案填充、二维实体和宽多段

线等对象的填充。

FILLET

给对象加圆角。

FILTER

创建一个要求列表，对象必须符合这些要求才能包含在选择集中。

FIND

查找指定的文字，然后可以选择性地将其替换为其他文字。

FLATSHOT

基于当前视图创建所有三维对象的二维表示。

G 命令：

GRADIENT

使用渐变填充填充封闭区域或选定对象。

GRAPHSCR

从文本窗口切换为绘图区域。

GRID

在当前视口中显示栅格图案。

GROUP

创建和管理已保存的对象集（称为编组）。

H 命令：

HATCH

使用填充图案、实体填充或渐变填充来填充封闭区域或选定对象。

HATCHEDIT

修改现有的图案填充或填充。

HELIX

创建二维螺旋或三维弹簧。

HELP

打开"帮助"窗口。

HIDE

重生成不显示隐藏线的三维线框模型。

HIDEPALETTES

隐藏当前显示的选项板（包括命令行）。

HLSETTINGS

控制模型的显示特性。

HYPERLINK

将超链接附着到对象或修改现有超链接。

I 命令：

ID

显示指定位置的 UCS 坐标值。

IMAGE

显示"外部参照"选项板。

IMAGEADJUST

控制图像的亮度、对比度和淡入度显示。

IMAGEATTACH

将参照插入图像文件中。

IMAGECLIP

根据指定边界修剪选定图像的显示。

IMAGEQUALITY

控制图像的显示质量。

IMPORT

将不同格式的文件输入当前图形中。

INSERT

将块或图形插入当前图形中。

J 命令：

JOIN

合并相似的对象以形成一个完整的对象。

JPGOUT

将选定对象以 JPEG 文件格式保存到文件中。

L 命令：

LAYCUR

将选定对象的图层特性更改为当前图层的特性。

LAYDEL

删除图层上的所有对象并清理该图层。

LAYER

管理图层和图层特性。

LAYERCLOSE

关闭图层特性管理器。

LAYERP

放弃对图层设置的上一个或上一组更改。

LAYERPALETTE

打开无模式图层特性管理器。

LAYERPMODE
打开或关闭对图层设置所做更改的追踪。

LAYERSTATE
保存、恢复和管理命名图层的状态。

LAYFRZ
冻结选定对象所在的图层。

LAYISO
隐藏或锁定除选定对象所在图层外的所有图层。

LAYLCK
锁定选定对象所在的图层。

LAYMCH
更改选定对象所在的图层，以使其匹配目标图层。

LAYMCUR
将当前图层设置为选定对象所在的图层。

LAYMRG
将选定图层合并到目标图层中，并将以前的图层从图形中删除。

LAYOFF
关闭选定对象所在的图层。

LAYON
打开图形中的所有图层。

LAYOUT
创建和修改图形布局选项卡。

LAYOUTWIZARD
创建新的布局选项卡并指定页面和打印设置。

LAYTHW
解冻图形中的所有图层。

LAYTRANS
当前图形中的图层转换为指定的图层标准。

LAYULK
解锁选定对象所在的图层。

LAYUNISO
恢复使用 LAYISO 命令隐藏或锁定的所有图层

LAYVPI
冻结除当前视口外的所有布局视口中的选定图层。

LAYWALK
显示选定图层上的对象并隐藏所有其他图层上的对象。

LENGTHEN
更改对象的长度和圆弧的包含角。

LIMITS
在当前的"模型"或布局选项卡上，设置并控制栅格显示的界限。

LINE
创建直线段。

LINETYPE
加载、设置和修改线型。

LIST
为选定对象显示特性数据。

LWEIGHT
设置当前线宽、线宽显示选项和线宽单位。

M 命令：
MARKUP
打开标记集管理器。

MARKUPCLOSE
关闭标记集管理器。

MASSPROP
计算面域或三维实体的质量特性。

MATERIALATTACH
将材质与图层关联。

MEASURE
沿对象的长度或周长按测定间隔创建点对象或块。

MEASUREGEOM
测量选定对象或点序列的距离、半径、角度、面积和体积。

MENU
加载自定义文件。

MESH
创建三维网格图元对象，例如长方体、圆锥体、圆柱体、棱锥体、球体、楔体或圆环体。

MINSERT

在矩形阵列中插入一个块的多个实例。

MIRROR

创建选定对象的镜像副本。

MIRROR3D

创建镜像平面上选定对象的镜像副本。

MLEADER

创建多重引线对象。

MLEADERALIGN

对齐并间隔排列选定的多重引线对象。

MLEADEREDIT

将引线添加至多重引线对象，或从多重引线对象中删除引线。

MLEADERSTYLE

创建和修改多重引线样式。

MLEDIT

编辑多线交点、打断点和顶点。

MLINE

创建多条平行线。

MLSTYLE

创建、修改和管理多线样式。

MODEL

从布局选项卡切换到"模型"选项卡。

MOVE

在指定方向上按指定距离移动对象。

MREDO

恢复之前几个用 UNDO 或 U 命令放弃的效果。

MSLIDE

创建当前模型视口或当前布局的幻灯片文件。

MSPACE

从图纸空间切换到模型空间视口。

MTEDIT

编辑多行文字。

MTEXT

创建多行文字对象。

MULTIPLE

重复指定下一条命令直至被取消。

MVIEW

创建并控制布局视口。

MVSETUP

设置图形规格。

N 命令：

NETLOAD

加载 .NET 应用程序。

NEW

创建新图形。

NEWSHEETSET

创建用于管理图形布局、文件路径和工程数据的新图纸集数据文件。

NEWVIEW

创建不包含运动的命名视图。

O 命令：

OBJECTSCALE

为注释性对象添加或删除支持的比例。

OFFSET

创建同心圆、平行线和平行曲线。

OLELINKS

更新、更改和取消现有的 OLE 链接。

OLESCALE

控制选定的 OLE 对象的大小、比例和其他特性。

OOPS

恢复删除的对象。

OPEN

打开现有的图形文件。

OPENDWFMARKUP

打开包含标记的 DWF 或 DWFx 文件。

OPENSHEETSET

打开选定的图纸集。

ORTHO

约束光标在水平方向或垂直方向移动。

OSNAP

设置执行对象捕捉模式。

P 命令：

PAGESETUP

控制每个新建布局的页面布局、打印设备、图纸尺寸和其他设置。

PAN

在当前视口中移动视图。

PASTEBLOCK

将剪贴板中的对象作为块粘贴到当前图

形中。

PASTECLIP

将剪贴板中的对象粘贴到当前图形中。

PASTEORIG

使用原坐标将剪贴板中的对象粘贴到当前图形中。

PASTESPEC

将剪贴板中的对象粘贴到当前图形中，并控制数据的格式。

PCINWIZARD

显示向导，将 PCP 和 PC2 配置文件打印设置输入到"模型"选项卡或当前布局中。

PDFADJUST

调整 PDF 参考底图的淡入度、对比度和单色设置。

PDFATTACH

将 PDF 文件作为参考底图插入当前图形中。

PDFCLIP

根据指定边界修剪选定 PDF 参考底图的显示。

PDFLAYERS

控制 PDF 参考底图中图层的显示。

PEDIT

编辑多段线和三维多边形网格。

PFACE

逐个顶点创建三维多面网格。

PLAN

显示指定用户坐标系的平面视图。

PLINE

创建二维多段线。

PLOT

将图形打印到绘图仪、打印机或文件。

PLOTSTAMP

在每个图形的指定角放置一个打印戳记并将戳记记录在文件中。

PLOTSTYLE

控制附着到当前布局、并可指定给对象的命名打印样式。

PLOTTERMANAGER

显示绘图仪管理器，从中可以添加或编辑绘图仪配置。

PNGOUT

将选定对象以便携式网络图形格式保存到文件中。

POINT

创建点对象。

POINTLIGHT

创建可从所在位置向所有方向发射光线的点光源。

POLYGON

创建等边闭合多段线。

PROPERTIES

控制现有对象的特性。

PROPERTIESCLOSE

关闭"特性"选项板。

PSETUPIN

将用户定义的页面设置输入到新的图形布局中。

PSPACE

从模型空间视口切换到图纸空间。

PUBLISH

将图形发布为 DWF、DWFx 和 PDF 文件，或发布到绘图仪。

PUBLISHTOWEB

创建包含选定图形的图像的 HTML 页面。

PURGE

删除图形中未使用的项目，例如块定义和图层。

PYRAMID

创建三维实体棱锥体。

Q 命令：

QCCLOSE

关闭"快速计算器"。

QDIM

从选定对象快速创建一系列标注。

QLEADER

创建引线和引线注释。

QNEW

通过选定的图形样板文件启动新图形。

QSAVE

使用“选项”对话框中指定的文件格式保存当前图形。

QSELECT

根据过滤条件创建选择集。

QTEXT

控制文字和属性对象的显示和打印。

QUICKCALC

打开“快速计算器”计算器。

QUIT

退出程序。

QVDRAWING

在预览图像中显示打开的图形和图形中的布局。

QVDRAWINGCLOSE

关闭打开图形和图形中布局的预览图像。

QVLAYOUT

显示图形中模型空间和布局的预览图像。

QVLAYOUTCLOSE

关闭图形中模型空间和布局的预览图像

R 命令：

RAY

创建始于一点并无限延伸的直线。

RECOVER

修复损坏的图形文件，然后重新打开。

RECOVERALL

修复损坏的图形文件以及所有附着的外部参照。

RECTANG

创建矩形多段线。

REDEFINE

恢复被 UNDEFINE 替代的 AutoCAD 内部命令。

REDO

恢复上一个用 UNDO 或 U 命令放弃的效果。

REDRAW

刷新当前视口中的显示。

REDRAWALL

刷新所有视口中的显示。

REFCLOSE

保存或放弃在位编辑参照（外部参照或块）时所做的更改。

REFEDIT

直接在当前图形中编辑块或外部参照。

REFSET

在位编辑参照（外部参照或块）时将对象添加到工作集中，或从工作集中删除对象。

REGEN

从当前视口重生成整个图形。

REGENALL

重生成图形并刷新所有视口。

REGENAUTO

控制图形的自动重生成。

REGION

将封闭区域的对象转换为面域对象。

RENAME

更改指定给项目（例如图层和标注样式）的名称。

RENDER

创建三维实体或曲面模型的真实照片级图像或真实着色图像。

RENDERCROP

渲染视口内指定的矩形区域（称为修剪窗口）。

REVCLOUD

使用多段线创建修订云线。

REVERSE

反转选定直线、多段线、样条曲线和螺旋线的顶点顺序。

REVOLVE

通过绕轴扫掠二维对象来创建三维实体或曲面。

ROTATE

绕基点旋转对象。

ROTATE3D

绕三维轴移动对象。

RPREF

显示或隐藏用于访问高级渲染设置的

"高级渲染设置"选项板。

S 命令：

SAVE
用当前的文件名或指定名称保存图形。

SAVEAS
用新文件名保存当前图形的副本。

SAVEIMG
将渲染图像保存到文件中。

SCALE
放大或缩小选定对象，使缩放后对象的比例保持不变。

SCALELISTEDIT
控制可用于布局视口、页面布局和打印的缩放比例的列表。

SCALETEXT
增大或缩小选定文字对象而不更改其位置。

SECURITYOPTIONS
指定图形文件的密码或数字签名选项。

SEEK
打开 Web 浏览器并显示 Autodesk Seek 主页

SELECT
将选定对象置于"上一个"选择集中。

SETBYLAYER
将选定对象的特性替代更改为"By-Layer"。

SETVAR
列出或更改系统变量的值。

SHAPE
从使用 LOAD 加载的形文件中插入形。

SHAREWITHSEEK
将块或图形上载至 Autodesk Seek 网站。

SHEETSET
打开图纸集管理器。

SHEETSETHIDE
关闭图纸集管理器。

SHELL
访问操作系统命令。

SIGVALIDATE
显示有关附着到图形文件的数字签名的信息。

SKETCH
创建一系列徒手绘制的线段。

SNAP
限制光标按指定的间距移动。

SOLDRAW
在用 SOLVIEW 命令创建的布局视口中生成轮廓和截面。

SOLID
创建实体填充的三角形和四边形。

SOLIDEDIT
编辑三维实体对象的面和边。

SOLPROF
创建三维实体的二维轮廓图，以显示在布局视口中。

SOLVIEW
自动为三维实体创建正交视图、图层和布局视口。

SPACETRANS
计算布局中等效的模型空间和图纸空间长度。

SPELL
检查图形中的拼写。

SPHERE
创建三维实体球体。

SPLINEDIT
编辑样条曲线或样条曲线拟合多段线。

STATUS
显示图形的统计信息、模式和范围。

STRETCH
拉伸与选择窗口或多边形交叉的对象。

STYLE
创建、修改或指定文字样式。

T 命令：

TABLE
创建空的表格对象。

TABLEDIT
编辑表格单元中的文字。

TABLESTYLE
创建、修改或指定表格样式。

TABLET

校准、配置、打开和关闭已连接的数字化仪。

TEXT

创建单行文字对象。

TEXTEDIT

编辑标注约束、标注或文字对象。

TEXTSCR

打开文本窗口。

TEXTTOFRONT

将文字和标注置于图形中的其他所有对象之前。

THICKEN

以指定的厚度将曲面转换为三维实体。

TIME

显示图形的日期和时间统计信息。

TINSERT

将块插入到表格单元中。

TOOLBAR

显示、隐藏和自定义工具栏。

TORUS

创建圆环形的三维实体。

TPNAVIGATE

显示指定的工具选项板或选项板组。

TRACE

创建实线。

TRIM

修剪对象以与其他对象的边相接。

U 命令：

U

撤销最近一次操作。

UCS

管理用户坐标系。

UCSICON

控制 UCS 图标的可见性和位置。

UCSMAN

管理已定义的用户坐标系。

ULAYERS

控制 DWF、DWFx、PDF 或 DGN 参考底图中图层的显示。

UNDEFINE

允许应用程序定义的命令替代内部命令。

UNDO

撤销命令的效果。

UNION

通过加操作来合并选定的三维实体、曲面或二维面域。

UNITS

控制坐标和角度的显示格式和精度。

V 命令：

VBAIDE

显示 Visual Basic 编辑器。

VBALOAD

将全局 VBA 工程加载到当前工作任务中。

VIEW

保存和恢复命名视图、相机视图、布局视图和预设视图。

VIEWGO

恢复命名视图。

VIEWPLAY

播放与命名视图关联的动画。

VIEWPLOTDETAILS

显示有关完成的打印和发布作业的信息。

VIEWRES

设置当前视口中对象的分辨率。

VISUALSTYLES

创建和修改视觉样式，并将视觉样式应用于视口。

VLISP

显示 Visual LISP 交互式开发环境。

VPCLIP

剪裁布局视口对象并调整视口边框的形状。

VPLAYER

设置视口中图层的可见性。

VPMAX

展开当前布局视口以进行编辑。

VPMIN

恢复当前布局视口。

VPOINT

设置图形的三维可视化观察方向。

VPORTS

在模型空间或图纸空间中创建多个视口。

VSCURRENT

设置当前视口的视觉样式。

VSLIDE

在当前视口中显示图像幻灯片文件。

VSSAVE

保存视觉样式。

W 命令：

WBLOCK

将对象或块写入新图形文件。

WEDGE

创建三维实体楔体。

WIPEOUT

创建区域覆盖对象。

WMFIN

输入 Windows 图元文件。

X 命令：

XATTACH

插入 DWG 文件作为外部参照。

XBIND

将外部参照中命名对象的一个或多个定义绑定到当前图形。

XCLIP

根据指定边界修剪选定外部参照或块参照的显示。

XLINE

创建无限长的直线。

XOPEN

在新窗口中打开选定的图形参照（外部参照）。

Z 命令：

ZOOM

增大或减小当前视口中视图的比例。

附录2
建筑电气常用图例符号表

电气图形、图例符号

编号	图形符号	名称和说明
1		变压器
2		变压器 三角-星型连接
3		开关一般符号
4		隔离开关
5		断路器
6		熔断器
7		跌开式熔断器
8		熔断器式刀开关
9		带漏电保护的低压断路器(有过电流保护)

编号	图形符号	名称和说明
10		接触器动合主触点
11		避雷器
12		电压互感器(两个单相互感器 V 形连接)
13		电流互感器
14		动合触点 注:本符号也可作开关一般符号及继电器触点开关辅助触点
15		动断触点 注:本符号也可作开关一般符号及继电器触点开关辅助触点
16		先断后合的转换触点
17		先合后断的转换触点(桥接)
18		吸合时延时闭合的动合触点
19		释放时延时断开的动合触点
20		吸合时延时断开的动断触点
21		释放时延时闭合的动断触点

编号	图形符号	名称和说明
22		限位开关动断触点
23		限位开关动合触点
24	E-\	按钮开关动合触点
25	E-\	按钮开关动断触点
26		液位控制动合触点
27		水流控制动合触点
28	p	压力控制动合触点
29	c	温度控制动合触点
30		热继电器触点
31		热继电器驱动元件
32		线圈一般符号(接触器 继电器 起动器)
33	(A) (V) (cos)	电流表 电压表 功率因数表
34	wh warh	有功电度表 无功电度表
35	⊗	信号灯
36		电铃

编号	图形符号	名称和说明
37		蜂鸣器
38		电警笛
39		可调电阻器
40		电阻器
41		电容器
42		电感器 线圈 扼流圈
43		半导体二极管一般符号
44		整流器
45	SA	电流表转换开关
46	SV	电压表转换开关
47		电缆头
48		插头插座
49		封闭母线槽终端箱
50		封闭母线槽插接箱(带低压断路器)
51		接地一般符号
52		两器件间的机械联锁
53		操作开关或控制器,"·"表示此位置接通
54		操作开关或控制器自动复位

编号	图形符号	名称和说明
55	○	变电所一般符号
56	▬	动力或动力—照明配电箱
57	■	照明配电箱
58	⊠	事故照明箱
59	◹	电源自动切换箱
60	⊗	信号箱
61	▭	控制箱
62	⊞	电度表箱
63	UPS	不停电电源
64	(1) ▣ (2) ✉	(1)低压断路器箱(2)电动机启动器
65	(1) ▣ (2) ☰	刀开关箱(1)带熔断器(2)不带熔断器
66	▭	熔断器箱
67	⊞	组合开关
68	(1) ⊻ (2) ⊻	插座箱(1)明装(2)暗装
69	⊻	地面插座箱(盒)
70	⊙	就地操作箱(按钮盒)
71	Ⓜ	电动机(圈内字母可省略)
72	Ⓖ	发电机
73	◎	轴流风机

编号	图形符号	名称和说明
74		冷风机 空调机
75		电热水器 电开水器
76		电风扇
77		阀的一般符号
78	Ⓜ	电动阀
79		电磁阀
80	或	按钮的一般符号
81	或	消防专用钮 破玻璃按钮
82	(1) ○ ○　(2) ○ ○	按钮盒(1)保护型(2)防水型(密闭型)
83		电子门铃(低压直流)
84	SW	水流开关(水流指示器)
85	SP	压力开关(带电接点压力表)
86	SL	水位开关(液位控制器)
87	SQ	限位开关 SQR;上升限位　SQD;下降限位
88		插座的一般符号
89	(1)　　(2)	单相两孔插座(1)明装(2)暗装

続表

编号	图形符号	名称和说明
90	(1) (2)	单相三孔插座(1)明装(2)暗装
91	(1) (2)	带安全门单相两孔插座(1)明装(2)暗装
92	(1) (2)	带安全门单相三孔插座(1)明装(2)暗装
93	(1) (2)	双联单相三孔插座(1)明装(2)暗装
94	(1) (2)	带安全门单相三孔加两孔插座(1)明装(2)暗装
95	(1) (2)	三相四孔插座(1)明装(2)暗装
96		插座附注 S:带开关 SH:带开关及灯
97		灯具的一般符号
98	(1) (2)	筒灯(1)明装(2)暗装

参 考 文 献

[1] 余桂英，郭纪林主编. AutoCAD 2008 基础教程. 大连：大连理工大学出版社，2008.8.

[2] 刘剑主编. 建筑电气工程 CAD 设计与常见问题. 北京：机械工业出版社，2007.1.

[3] 郭燕萍，王晓喜，叶湘明编著. 建筑电气 CAD 实用教程. 北京：机械工业出版社，2011.1.

[4] 王向军，刘爱军，刘雁征编著. AutoCAD 2008 电气设计经典学习手册. 北京：北京希望电子出版社，2009.1.

[5] 李长胜，赵敬云主编. AutoCAD 2008 中文版实用教程. 北京：机械工业出版社，2011.1.

[6] 田素诚编著. AutoCAD 2010 基础与实例教程. 北京：机械工业出版社，2011.2.

[7] 孙成明，张万江，马学文著. 建筑电气施工图识读. 北京：化学工业出版社，2009.1.

[8] 冯小平，邹昀编著. AutoCAD 2004 中文版建筑绘图实例教程. 北京：机械工业出版社，2004.3.

[9] 潘苏蓉，冯申编著. AutoCAD 2008 中文版教程与应用实例. 北京：机械工业出版社，2009.1.

[10] 王佳编著. 建筑电气 CAD. 第二版. 北京：中国电力出版社，2008.8.

[11] 北京天正工程软件有限公司编著. TELec 8.0 天正电气设计软件使用手册. 北京：中国建筑工业出版社，2010.8.